KB051417

기후와 식량

기후와 식량

기후 변동성과 식량보장, 식량가격

초판 1쇄 발행 **2018년 6월 20일**

지은이 **몰리 E. 브라운**
옮긴이 **이승호(대표)·김흥주·장동호·조창현·허인혜**

펴낸이 **김선기**
펴낸곳 **(주)푸른길**
출판등록 **1996년 4월 12일 제16-1292호**
주소 **(08377) 서울특별시 구로구 디지털로 33길 48 대륭포스트타워 7차 1008호**
전화 **02-523-2907, 6942-9570~2**
팩스 **02-523-2951**
이메일 **purungilbook@naver.com**
홈페이지 **www.purungil.co.kr**

ISBN **978-89-6291-455-9 93980**

• 이 도서의 국립중앙도서관 출판예정도서목록(CIP)은 서지정보유통지원시스템 홈페이지(http://seoji.nl.go.kr)와 국가자료공동목록시스템(http://www.nl.go.kr/kolisnet)에서 이용하실 수 있습니다.(CIP제어번호: CIP2018017601)

이 역서는 2017년 대한민국 교육부와 한국연구재단의 지원을 받아 수행된 연구임(NRF-2016S1A3A2924243).

기후와 식량

기후 변동성과 식량보장, 식량가격

Food Security, Food Prices and Climate Variability

몰리 E. 브라운 지음 | 이승호(대표)·김흥주·장동호·조창현·허인혜 옮김

푸른길

역자 서문

오늘날 '기후변화'라는 말은 모두가 상식으로 알고 있어야 하는 수준의 익숙한 용어가 되었다. 이를 뒷받침이라도 하듯, 최근 기후변화와 관련된 저서나 연구 결과가 수없이 쏟아지고 있다. 대부분 저서는 미래 기후변화의 위험성을 지적하고 있고, 더 나아가 기후변화로 인한 빙하의 축소와 이어지는 해수면의 상승, 생태계의 변화 등에 초점을 맞추고 있다. 이런 연구나 저술을 위해서는 다분히 융·복합적인 지식과 사고가 필요하다. 그런 점에서 '기후변화와 그 영향'에 관한 연구와 저술에 어려움이 따를 수밖에 없다.

이 책의 저자인 몰리 E. 브라운 박사는 학부에서 생물학을 전공하고 대학원에서 지리학을 전공하여 석·박사 학위를 취득하면서 지리적 사고를 키웠다. 이 책에는 그의 학문적 배경이 잘 드러나 있다. 즉 책의 전반에 걸쳐서 융합적인 사고가 밑바탕을 이루고 있다. 지리학은 학문 자체가 다양한 사고를 기초로 하는 다분히 융합적인 학문이다. 특히 자연현상과 인문·사회적 현상을 이어 주는 가교 역할을 하는 대표적인 연계 학문이다. 저자는 바로 그런 점을 책 전반에 반영하고 있다. 기후변화, 특히 그로 인하여 출현하고 있는 극한 기후나 극한 기상이 농업 생산과 더 나아가 식량가격, 식량보장에 어떤 영향을 미치는가를 조망하고 있다. 또한 농업 생산에 기초가 되는 생물학적 이해가 책의 깊이를 더해 주고 있다. 기존의 기후변화와 관련된 저서가 대부분 여러 학자에 의해서 구성되거나 편집되어 개별적인 내용을 묶어 놓은 것에 비하여, 이 책은 기후변화와 농업 생산 및 식량보장에 관한 저자의 융·복합적 사고와 능력이 유감없이 반영되어 미래 식량보장에 대한 향후 과제까지 제시해 준다.

다양한 사례지역을 구체적으로 제시한 것도 이 책의 중요한 특징이다. 여기에는 저자가 10년 동안 조기기근경보 시스템 네트워크(FEWS NET)에 근무한 경력이 일조하였다. 저자가 오랫동안 관심을 가져온 기후 변동성과 농업 생산, 기후가 식량보장에 미치는 영향, 기후 및 기후 변동성과 관련된 시장의 계절성, 환경이 영양에 미치는 영향 등을 구체적 지역을 사례로 들면서 설명하였다. 뿐만 아니라 45컷의 그림과 20개의 표, 23컷의 삽화 등 다양한 시각 자료를 제시하고 있으며, 각 장마다 70여 편이 넘는 풍부한 참고문헌을 제시하여 깊이 있는 이해를 돕고 있다.

역자들은 기후변화나 기후 변동성이 초래할 수 있는 미래 식량 문제에 대한 고민의 키를 찾고 있었다. 그러던 중 이 책에서 그 해답을 찾을 수 있다고 확신하고 우리말로 옮기기로 하였다. 늘 겪는 일이지만, 외국어를 우리말로 바꾸는 것은 결코 쉬운 일이 아니다. 우리말로 바꾸느라 애를 썼다고 했지만, 막상 인쇄된 책을 읽어 보면 마치 한글로 쓰인 외국어를 읽는 느낌인 경우가 많다. 역자들은 그런 상황을 최소화하려고 노력하였다. 하지만 늘 부족함이 있음을 역자들은 잘 알고 있다. 독자들의 넓은 아량으로 이해와 질책을 부탁드린다.

요즘 출판사 사정이 그리 녹록지 않은 상황에서도 역서의 출판을 흔쾌히 수락해 주신 ㈜푸른길의 김선기 사장께 우선 깊은 감사의 뜻을 전한다. 책의 출판 단계에서 교정 작업을 도와준 기후연구소의 임수정을 비롯한 대학원생들과 편집을 담당하여 준 ㈜푸른길의 이선주 씨에게도 고마움을 전한다. 더불어 한국어로 번역될 수 있도록 흔쾌히 허락해 준 저자 몰리 E. 브라운 박사에게도 깊은 감사의 뜻을 전한다. 마지막으로 이 책이 번역될 수 있었던 데에는 교육부와 한국연구재단 SSK 사업의 도움이 컸음을 밝힌다.

2018년 6월

역자 일동

기후와 식량
기후 변동성과 식량보장, 식량가격

농업 시스템은 세계의 인구 증가와 더불어 식단이 곡류 중심에서 고기와 유제품, 가공식품 위주로 바뀌면서 매년 생산량을 늘려야 하는 압박을 받고 있다. 이 책은 10년간의 1차 조사에서 원격탐사를 이용한 작물 재배시기 변동 관찰을 통하여 식량보장이 어려운 지역에서 날씨와 기후가 농업 생산과 식량가격, 식량 접근성에 어떻게 영향을 미치는지를 설명하고 있다.

저자 몰리 E. 브라운은 전구 환경 변화와 기상조건 변화, 주요 식량가격 변동 간의 연관성을 설명하기 위하여 환경과 경제 및 다양한 분야의 연구 결과를 검토하였다. 식량보장 위기에 대응하기 위해 미국 국제개발처(USAID) 조기기근경보 시스템 네트워크(FEWS NET)와 UN 세계식량계획(UNWFP)의 지침을 사용하는 인도주의적 지원 공동체가 이런 분석의 기초가 되었다. 이 기관들은 지난 30년간 원격탐사 자료와 농업 생산량 모델을 이용하여 식량 생산에 대한 기본 정보와 식량가격 자료를 바탕으로 식량 접근성을 평가해 왔다.

몰리 E. 브라운은 미국 메릴랜드에 본부를 둔 나사 고더드우주비행센터(NASA Goddard Space Flight Center)의 과학자이다. 생물학 학사와 지리학 석사, 박사 학위를 취득하였다. 그의 연구 관심사는 식량가격과 시장 기능에 대한 환경 다양성의 영향과 의사결정을 위한 원격탐사의 이용 등이다.

감사의 글

이 책을 쓰는 과정에서 도움을 준 나사 고더드우주비행센터와 대표에게 감사드립니다. 이 책의 초안에 대해 의견을 제시하고 원고를 향상시키는 데 도움을 준 두 명의 익명 평론가와 Ricardo Fuentes-Nieva, 남편 Devin Paden, 그리고 자매 Jill B. Kettler에게 감사드립니다. 책의 내용을 설명하는 데 도움이 되는 지도를 작성해 준 Joseph Nigro와 Mark Carroll에게도 감사드립니다. 마지막으로, 지난 2년 동안 경제 모델링에 관하여 함께 일하면서 날씨와 외부 가격충격이 현지 식량가격에 미치는 영향을 이해하기 위해 협력해 온 동료 Varun Kshirsagar에게 감사드립니다.

출판 과정 전반에 걸쳐 지원해 주시고 2013년 여름 런던에서 시간을 내 주신 Routledge/Taylor & Francis의 Ashley Wright에게 감사드립니다. 또한 책 리뷰를 얻으려는 그녀의 노력에 감사드립니다. 그녀는 원고를 개선하는 데에도 도움을 주었습니다. 끝으로 2013년 가을 정치적 마비로 책의 질을 향상시킬 수 있는 수 주간 자유시간을 갖게 된 것에 대하여 미 의회에 감사드립니다.

다음의 저자와 기관에서 자료 사용을 허락해 주셨습니다.

United Nations Food and Agriculture Organization for reproduction of Figure 1A of C. C. Funk, M. D. Dettinger, J. C. Michaelsen, J. P. Verdin, M. E. Brown, M. Barlow and A. Hoell (2008) The warm ocean dry Africa dipole threatens food insecure Africa, but could be mitigated by agricultural development. *Proceedings of the National Academy of Sciences, 105, 11081-11086. The United Nations for the reproduction of* Figure 5.4 from FAO (2011) Price volatility in food and agricultural markets: Policy responses. Rome, Italy, United Nations Food and Agriculture Organization.

차례

제 1 장

기후 변동성과 식량보장, 식량가격

도입

식량가격 상승은 모두가 걱정하는 상황이지만, 가격이 낮을 때조차도 식량 구입이 어려운 가난한 사람들에게는 더욱 힘든 일이다. 농가는 자가 소비뿐만 아니라 판매를 위해 식량을 재배하므로 식량가격은 농가 소득과 지출에 영향을 미친다. 날씨와 관련된 생산 변동성이 농부들의 소득 불확실성의 주요 원인이며, 식량가격이 높거나 생산에 차질이 생길 경우, 각 가구에서는 하루 세끼의 식량을 얻는 것이 힘들어질 수 있다. 이 책에서는 기후나 날씨와 관련된 식량 생산 변동성과 식량가격, 식량보장 간의 상호관계를 설명하고 있다.

대륙별로 작물의 성장 조건을 판단하기 위해 활용할 수 있는 새롭고 공간 해상도가 높은 30년치 이상의 위성 자료가 구축되었다. 원격탐사 자료를 이용하여 농업 생산에 영향을 미쳐 식량 생산을 좌우할 수 있는 가뭄과 홍수, 그 외의 극한 기상을 관측할 수 있다. 원격탐사는 지표면 영상을 만들기 위해 위성이나 비행기에 장착된 기구를 사용하며, 의사 결정자에게 토지 상태에 대한 최신의 정량적인 정보를 제공할 수 있는 적절한 도구이다. 그런 자료는 광범위한 지역의 식량 생산성에 영향을 미치는 날씨의 경향과 극한값 이해의 기초가 된다. 위성 자료는 기후 변동성을 정량화하는 데 활용할 수 있을 뿐만 아니라, 기후 변동성이 농업과 경제 시스템에 미치는 영향을 평가하는 데 사용할 수 있다.

현지에서 터무니없이 높은 식량가격이 세계 식량 불안정의 일차적 요인이다. 식량가격에 대한 정보는 시장 기능과 날씨로 인한 생산량 부족, 광범위한 지역에서 식량에 대한 접근성의 변화 등을 판단하는 데 도움을 준다. 이런 것들은 모두 정책 결정자가 관심을 가져야 하는 식량보장 문제에 대한 경고 요인이지만, 식량 시스템이 복잡하기 때문에 다른 정보원을 이용하여 가시적으로 나타내기 어렵다. 식량보장 위협에 가장 취약한 부분을 방지하기 위해서 식량가격 분석에 기후에 의한 충격을 통합하는 것이 정책 결정자들에게 새로운 정보원이 될 수 있어야 한다.

기후 변동성은 수십 년 기간의 평균 기온과 강수량의 계절별, 연간, 경년 변동 등으로 설명할 수 있다. 기후 변동성은 농업 생육에 긍정적이거나 부정적인 영향을 미칠 수 있다. 농부들은 기후변화에 따라 가뭄과 홍수 위기가 증가함으로써 변동성이 커진다는 것을 확인할 수 있다(Wetherald and Manabe, 2002; IPCC, 2007). 긍정적이거나 부정적인 극한 현상이 농업 생산에 영향을 미쳐서 결국 식량보장에 영향을 줄 것이다. 아프리카 사헬지대에서 강수량과 식량 생산량의 대규모 감소가 1970년대와 1980년대의 극단적인 식량보장 위기의 지표가 되었다(von Braun et al., 1998). 운송이나 시장여건이 개선되지 않은 상황에서 단기간의 급격한 식량 생산 증가는 시장가격의 폭락으로 이어지고, 저장시설 초과로 곡물이 부패하여 소작농의 소득이 감소할 수 있다(Sharma, 2013). 개발도상국 정부가 기후 극한값을 예측하지 못할 경우, 섣부른 계획과 충분하지 못한 정책 대응으로 광범위한 지역에서 가구의 식량보장을 더욱 악화시킬 수 있다.

1996년 UN 세계식량정상회의(World Food Summit)는 “모든 사람들이 항상 건강하게 활동적인 생활을 유지할 수 있을 정도로 충분하고 안전하게 영양가 있는 식량을 구할 수 있는 상태”를 식량보장으로 정의하였다(UN, 1996). 식량보장을 유지하기 위해서는 다음 4가지를 동시에 충족할 수 있어야 한다. 즉, 식량을 구할 수 있어야 하고, 각 개인이 식량에 접근할 수 있어야 하며, 소비되는 식량으로 영양학적 요구치가 달성될 수 있어야 하고, 건강하게 살 수 있게 안정적으로 충분한 식량을 구할 수 있어야 한다. 이런 요소 간에는 계층이 있으며, 서로 관련되어 있다. 한 지역에서 식량을 비축하면 식량 구득을 어렵게 하여, 어떤 가구가 식량을 구할 수 있을지라도 구성원들이 건강한 생활을 할 수 있을 만큼 효과적인 식량 확보가 어려울 수 있다. 결론적으로 식량보장을 위해서는 개인의 생활 속에서 항상 식량의 가용성과 접근성, 효용성이 유지되어야 한다(Barrett, 2010).

지역사회에서 식량 접근성은 보편적인 식량가격, 소득, 공식·비공식 안전망 제도의 존재 여부 등과 같은 각 개인이나 가구가 취할 수 있는 선택 범위에 달려 있다(Sen, 1981). 식량 수요가 안정적일 때, 식량 접근성은 부의 사회적 재분배와 자원에 대한 접근 정도를 반영한다. 가격이 높거나 급격하게 변하면, 빈곤층 대부분은 소득의 대부분을 식량 구입에 써야 하고, 가격 상승에 대한 특별한 완화책이 없으면 큰 어려움을 겪는다. 모든 식량을 구입해야 하는 도시 빈곤층이 더욱 취약하다. 식량가격 급등이나 몇 달 동안 급격한 상승은 건강, 영양, 교육, 아동 노동, 저축 등에 대한 영향 등 사회복지에 큰 영향을 미칠 수 있다(Grosh et al., 2008). 국민들이 소득의 절반 이상을 식량 구입에 지출하고 있는 국가의 경우, 최상의 경우를 제외하고는 가격이 상승하였을 때 자신의 자산을 유지하면서 적절하게 소비하는 것이 더욱 힘들 수 있다.

현지 시장에서 식량가격은 수요와 공급에 의해서 결정된다. 누구든 매일 먹어야 하므로 수요는 상당히 일정하지만, 항상 식량 수요를 채우기 위해 어려움을 겪는 개발도상국에서는 공급이 상당히 유동적일 수 있다. 식량이 불안정하고 인구가 많은 국가에서는 거의 최저 수준의 생활을 하는 농부가 많고 경지 규모가 작아서 대규모 날씨충격이 국가의 기초 식량에 상당한 영향을 미칠 수 있다. 날씨충격은 일시적으로 공급기간 동안 소규모 현지 시장에서 식량 수요를 증가시켜 농가의 소득과 지출에 영향을 미칠 수 있다. 정상적인 경우에도 현지 시장은 에너지와 식량을 가장 많이 필요로 하는 시기에 식량보장을 어렵게 하는 곡물 공급(수확 후 풍부하고, 성장기간 동안 부족함)과 식량가격(성장기간 동안 높고, 수확 후 낮음)의 계절성에 민감하다.

시장가격의 변동과 시장 기능에 대한 경제분석은 극한 기상이 식량보장에 미치는 영향을 이해하는 데 중요하다. 식량이 불안정한 지역의 소규모 야외 시장은 기능이 부실하고 대도시와 국제 원자재 시장에서 멀리 떨어져 있다. 농촌에서 비싸고 부적절한 교통시설과 높은 거래비용, 부적절한 법망 때문에 생계형 농민들의 시장 진출이 어렵다. 그러므로 날씨충격이 식량 생산에 영향을 미쳐 현지 시장 기능이 약화될 경우, 농부들은 날씨 영향을 받지 않은 다른 지역에서 식량을 구입하는 것이 어려워진다.

식량 생산과 날씨가 식량가격에 미치는 영향을 감안한다면, 이들에 대한 통합적인 추정이 필요하다. 식량보장 위기는 날씨충격보다 시장 상황과 더 직접적으로 관련되어 있다는 사실이 분명해지고 있다. 모델을 사용하여 가뭄과 같은 날씨충격이 식량가격의 변동에 미치는 영향을 파악한다면, 식량정책을 수정하고 시장과 농업 변동에 따른 식량보장 위기에 효과적으로 대응할 수 있다.

주민들이 의존하는 현지 식량시장과 지역사회에 대한 외부 충격의 영향을 설명하기 위해서 경제모델이 사용될 수 있다(Kshirsagar and Brown, 2013). 현지 식량가격에 대한 농업 생산과 국제 가격 간의 상호작용을 파악함으로써 전 세계의 식량보장 문제를 가장 잘 평가하고 대응책을 개선할 수 있다. 이 책에서는 소규모 현지 시장에서 식량 생산량 변화와 식량가격을 이해하기 위하여 과거 30년간 원격탐사에서 얻은 환경 정보를 사용하여 기후 변동성과 식량가격, 식량보장 간의 관계와 상호작용을 파악하였다. 과거의 관측치를 활용한 정량적 모델을 사용하여 자료를 모으기 때문에 취약한 지역의 식량보장에 대한 기후 변동성과 미래 기후변화의 가능성에 대한 통찰력을 얻을 수 있을 것이다.

이 책의 목표

이 책은 개발도상국의 기후 변동성과 식량보장, 식량가격 간의 관련성을 설명한 기초 연구를 종합하는 데 초점을 두었다. 이 책의 목표는 기후 변동성이 경제적으로 취약한 사람들의 식량가격에 미치는 영향을 이해하는 것이다. 조기경보와 인도주의적 공동체에 의한 기존 자료를 개선함으로써 식량보장 위기에 대한 국제기구의 대응방식이 크게 변화할 수 있다.

연구자와 분석가는 모델링 프레임을 사용하여 정량적으로 기후 변동성과 식량가격을 연결함으로써 조기경보 기구가 식량가격의 상승과 식량 생산 감소에 대하여 적절하게 대응할 수 있도록 권고하는 데 도움이 될 수 있는 통찰력을 제시할 수 있다. 생산량–가격 모델을 활용하면, 가뭄이 식량가격에 미치는 영향과 지리적 범위를 조기에 예측할 수 있다. 이 책에서는 다음 질문에 대한 답을 찾고자 하였다.

- 기후 변동성과 극한 기상은 현지 식량가격과 식량 접근성에 어떻게 영향을 미치는가?
- 어떤 식량시장이 기상과 관련된 생산충격에 가장 취약한가? 현지 시장이 식량보장 문제와 관련 있는가?
- 국제 원자재 가격이 현지 식량가격과 식량보장에 어떻게 영향을 미치는가?
- 기후 변동성으로 인한 식물의 생물학적 반응과 전체 식량 생산량을 관련시키기 위하여 위성 자료를 사용할 수 있는가?
- 식량 불안정 지역에서 식량가격은 농업에 대한 날씨충격에 반응하는가?
- 자료와 분석을 통하여 영양 상태를 기후 변동성과 식량가격 변동성에 연관 지을 수 있는가?
- 식량 불안정 국가에서 기후, 기상 및 식량가격 간의 연계성에 대응하기 위해 전구적인 인도주의 시스템에서 어떤 모니터링과 분석 및 정책 변화가 필요한가?

지리적 초점

이 책은 식량보장이라는 세계적 이슈에 초점을 두고 있지만, 대부분 사례와 자료는 심각한 식량보장 문제로 국제사회의 조명을 받고 있는 아프리카의 경우이다. 아프리카에서 가뭄이 발생하여 식량 생산이 어려워지면, 현지 식량시장으로 공급이 제대로 이루어지지 않으면서 식량가격의 변동에 바로 영향을 미친다. 하나의 지역 안에도 식량보장 문제를 완화하기 위한 정부와 비정부의 여러 기구가 있기 때문에 공개적으로 접근할 수 있는 자료에서 식량가격 정보를 수집하고 공개하는 데 많은 노력이 필요하다. 조기기근경보 시스템(FEWS; Famine Early Warning Systems)은 식량보장에 대한 주요 평가자로서 아프리카에서 식량가격 정보를 수집하고 배포하는 데 기여하고 있다.

식량보장 위기 조기경보에는 식량보장 결정요인에 대한 관찰을 정책 입안자와 연결시키고, 그런 위기에 대응할 수 있는 행위자를 연결시키는 일련의 정보전달 시스템이 포함되어 있다. 미국 국제개발처(USAID) 조기기근경보 시스템 네트워크(FEWS NET; Famine Early Warning Systems Network)와 UN 전구 정보 및 조기경보 시스템(GIEWS), 그 밖의 다른 지역적, 광역적 및 국가적 조기경보 시스템 등은 대응해야 하는 사람들에게 적절한 시기에 식량보장에 대한 유용한 정보를 제공하기 위하여 노력하고 있다. 이 기구들은 주기적으로 식량가격과 농업 관련 기상조건에 관한 정보를 수집하고, 지역사회의 식량보장 상황을 평가한다. 그러나 날씨와 식량가격 간의 상관관계가 모호할 수 있으므로 정량적 방식으로 정보를 연결하는 분석틀이 부족한 실정이다(Barrett and Maxwell, 2005; Brown, 2008a).

삽화 1은 현재 UN과 USAID에서 이용할 수 있는 세계 식량가격 정보의 범위를 보여 준다. 특히 아프리카에서 수도 이외 도시들이 많다는 점이 눈에 띈다. 이런 자료는 식량보장 위기에 대응하기 위해 수집·배포되므로 비상 식량원조를 더 필요로 하는 지역에서 더욱 포괄적이다. 인도, 파키스탄, 중국과 같이 포괄적이고 효과적으로 정부 주도의 식량가격 안정 정책이 시행되는 지역은 이 책에서 제외하였다. 기후 변동성과 식량가격, 식량보장 간의 상호작용에 초점을 두고 있기 때문에 인위적으로 식량가격을 통제할 수 있다면, 여기서 제시된 것과 다른 분석방법으로 생산 변동성이 가구 소득과 보장에 미치는 영향을 연구해야 한다.

조기경보 기구가 이 책에서 제시하는 연구와 접근 및 분석의 대상이다. 저자는 FEWS NET에서 근무한 적이 있으며, 지난 10년 동안 조기경보 방법과 자료를 연구하였고, 여기에서 사용된 많은 사례와 자료도 그런 시스템에서 구하였다. FEWS NET은 영향력이 클 뿐만 아니라 규모가 가장 큰 조기경보 시스템으로, 실제로 필요하다고 판단될 때 신속하게 행동한다(Brown et al., 2007; Funk et al., 2007; Husak et al., 2013). 시스템과 파트너는 여기에 설명된 관계와 선택할 수 있는 모델의 초점이기도 하다. 만약 식량보장에 대한 생물리적 요인과 사회경제적 요인을 더 잘 통합할 수 있다면, 효과적이고 시기적절한 정보와 식량보장 위기에 대한 적절한 대응이 인류복지와 개발에 해가 되기 전에 위기 대응을 모색하는 의사 결정자에게 제공될 수 있다.

소득과 식량가격

식량가격은 오르지만 소득이 그렇지 않을 때, 식량가격이 가구의 식량 소비에 영향을 미치므로 식량보장과 관련이 있다(Benin and Randriamamonjy, 2008; Brown, 2008b; Dangour et al., 2012). 개발도상국에서 가구소득은 가족의 규모, 경제활동을 하는 가족 구성원 수, 투자 및 저축에 대한 수익과 그 밖의 요인의 영향을 받는다. 대부분 개발도상국에서 농촌의 가구소득은 친지와 친구에게의 식량 대여, 토지, 농장 도구와 종자, 가축 등의 생산 자원과 공유 천연자원과 같이 대부분 수익을 창출할 수 없는 권리와 자산으로 구성된다. 그러나 시장에서 식량을 구하려면 현금이 필요하다. 자급을 위하여 식량을 재배하는 가구는 토지, 농기구, 가축 및 주택과 같은 상당한 자산을 보유하고 있지만, 이런 자산을 현금화하려면 지역 내 시장이나 구매자가 있어야 한다. 농가는 가뭄이나 위기 시기에 그 해에 필요한 식량을 충분히 키울 수 없다. 한 지역에서 대부분 농부들이 농작물 재배에 실패하여 현금이 필요할 경우, 식량 구매를 위해 팔 수 있는 자산 가치는 더 떨어질 수 밖에 없다(Sen, 1981). 동시에 광범위한 지역에서 식량 접근성이 떨어지므로 식량 구입 비용이 상당히 증가할 수 있다. 적절한 관찰과 모델을 이용하여 시장가격에 대하여 지리적으로 광범위하고 일관된 날씨의 영향을 예상할 수 있다.

풍년이 들더라도 대부분 가구는 시장에서 식량의 전부 혹은 일부를 구해야 하므로 식량보장은 식량가격의 영향을 받을 수밖에 없다(Godfrey et al., 2010; Pinstrup-Andersen, 2009). 그림 1.1은 부르

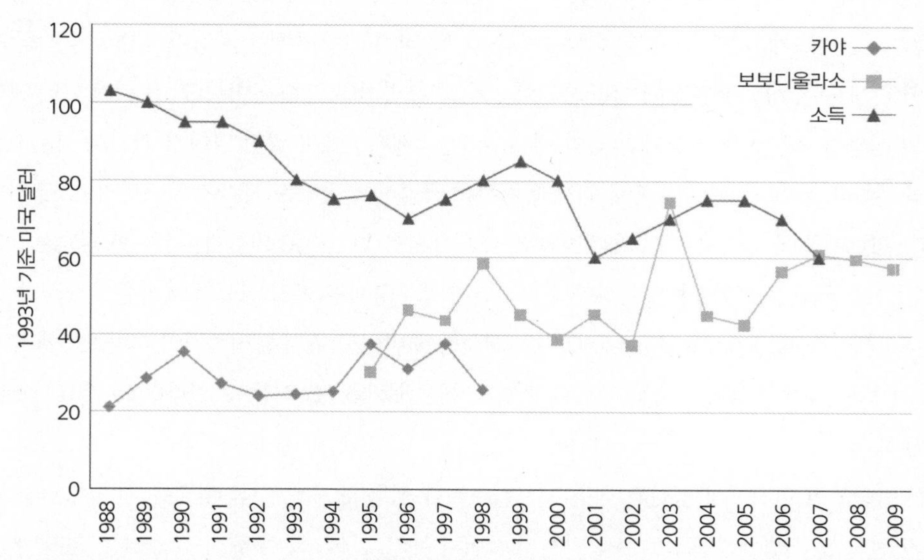

그림 1.1 부르키나파소의 월평균 기장 100kg당 가격과 월평균 소득(출처: 1993년 미국 달러로 환산된 보보디울라소(Bobo Dioulasso)와 카야(Kaya)의 월별 기장가격은 USAID의 가격 자료 기록, 월평균 소득 자료는 Benin and Randriamamonjy(2008)에서 발췌)

키나파소의 가구조사에서 얻은 1993년 미국 달러 가치로 표시된 월평균 가구소득 추정치와 두 도시의 월평균 기장 100kg당 가격을 나타낸다(Benin and Randriamamonjy, 2008). 이 연구에 따르면, 1988년부터 2007년까지 부르키나파소의 소득은 감소했지만 식량가격은 상승하였다. 개발도상국의 극빈층은 대부분의 수입을 농업 부문에서 얻으므로 소득은 느리게 변하는 반면, 식량 구매비용은 급격하게 변한다. 부르키나파소의 토지자원과 수자원은 거의 고정되어 있지만 인구는 증가하고 있다. 식량가격 상승은 국가 빈곤에 단기적으로 영향을 미치지만, 식량시장에 의존하는 도시 빈곤층과 농촌 가구에는 심각한 영향을 미칠 수 있다(Minot and Dewina, 2013). 위기 상황에서는 이런 가구의 식량난 발생 가능성이 훨씬 더 크다.

식량 시스템과 취약성

식량 시스템은 식량 요구조건을 충족시키는 데 필요한 프로세스와 인프라로 정의된다. 식량 시스템은 식량의 재배와 수확, 수집, 저장, 가공, 포장, 운송, 마케팅, 소비를 포함한다(Ericken, 2008). 경제 상황과 현지 개발 수준이 식량 생산 활동에 영향을 미치고, 현지 날씨와 기후, 환경 잠재력이 식량 시스템의 효율성에 영향을 미친다. 가구와 지역사회, 국가의 식량보장은 모든 주민의 요구를 충족할 수 있도록 어느 곳에서든 충분하게 식량을 재배하거나 수입할 수 있는 식량 시스템에 달려 있다.

시장 참여자들이 1개월 또는 1년 후의 식량가격을 예측하기 어렵게 하는 시장가격 변동성은 식량 시스템과 식량 생산량, 시장 효율성에 대한 투자에 상당히 부정적인 영향을 미친다. 전 세계 여러 지역에서 현지의 식량가격은 국제 가격과 거리가 먼데, 이는 국제시장에서 멀리 떨어져 있어서 상호작용이 어렵기 때문이다. Minot(2011)은 국제 원자재 가격이 급격하게 변하는 시기에 아프리카 62개 지역의 식량가격 변동 가운데 13개 지역만 세계적인 가격의 영향을 받았다고 밝혔다. 다른 연구자들은 다른 지역에서 식량 공급과 수입의 불확실성이 증가하면서 정부정책이 현지 식량가격 변동성에 크게 기여한다고 주장하였다(Tschirley and Jayne, 2010). 생산량에 미치는 현지 날씨충격이 식량가격에 영향을 미칠 수 있으며, 이미 부실해진 시장 시스템에 추가적인 변동성을 초래할 수 있다(Zant, 2013; Ihle et al., 2011).

가난한 사람들이 현지에서 생산된 식량으로 칼로리를 섭취할 경우, 가뭄과 같은 기후와 날씨 패턴의 변화가 현지 농업 생산성을 급격히 하락시켜 소비와 무역, 물물교환을 할 수 있는 식량의 양에 영향을 미친다. 이런 생산량의 변동이 광범위하고 강할 경우, 공급이 부족할 때 현지 수요가 증가하기 때문에 고립된 현지 시장의 식량가격에 영향을 미칠 수 있다(Fafchamps, 2004). 그런 영향을 받는 시장 참여자가 대부분 현금 소득이 거의 없는 농부일 경우, 물가가 상승하여 잠재적 이익이 증가한다 하여도 현지 구매력 결핍으로 시장에 공급하려는 지역 외의 거래자와 무역업자의 이익이 줄어든다. 이런 지역에서 극빈층 사람들이 구매하고 소비하는 음식의 양을 줄이면, 수백만 명이 영양실조에 걸릴 위험성이 커진다. 특히 어린이와 노약자가 취약하다(Darnton-Hill and Cogill, 2009). 생산된 식량 총량과 전구적인 곡물가격과 연료 가격, 운송 인프라, 국가정책, 정치적 안정성, 기타 영향을 포함한 다양한 요인이 개발도상국의 소규모 현지 시장 식량가격에 영향을 미친다(Swinnen and Squicciarini, 2012).

식량 시스템의 개념은 식량보장에 대한 사회경제적 요소와 생물리적 요소를 포함하고 있으므로 기후변화와 변동성이 식량보장에 미치는 영향을 평가하는 데 식량 시스템이 유용하다(Ericken, 2008). 여기에서 사회적 식량 가치의 개념과 식량보장, 가구 구성원에 대한 할당량과 식량 선호도, 식량 효용을 포함한 여러 가지 구성요소는 논의되지 않았다. 이 책은 주로 광범위한 지역사회 차원의 식량보장 평가와 인도주의적 원조의 맥락에서 식량가격 변화가 식량보장에 미치는 영향에 관한 것을 다루고 있다(Barrett and Maxwell, 2005; Brown et al., 2009). 사회적 가치와 가구 내의 유통, 식량보장의 개념이 중요하지만, 간혹 사용하기 어려운 상세한 정보가 필요할 수 있기 때문에 여기에 제시된 프레임워크에 포함시키지 않았다.

식량이 불안정한 지역사회는 기후변화에 상당히 취약할 수 있다. 취약성은 재해에 노출(예: 성장기에 강우량 부족)과 위험에 대한 민감성(예: 옥수수 작물이 급격한 성장 단계에 있고 물을 필요로 함), 직면한 위기에 대한 적응능력(예: 손실된 옥수수 종자를 다른 자원으로 대체할 수 있는 농가의 능력)의 함수로 설명할 수 있다(Ericksen et al., 2011). 사람들이 해를 입지 않고 충격을 관리할 수 있는 충분한 자산이나 전략이 있다면, 충격에 취약한 것으로 간주하지 않는다(McCarthy et al., 2001). 기후 패턴의 변화에 노출된다고 해서 반드시 취약성이 증가하지 않는다. 기후변화는 식량 불안정의 원인이 되는 다른 모든 경제적·사회적 요인에 더해지는 하나의 스트레스 요인일 뿐이다(Nelson et al., 2010). 기후로 인해 식량 가용성이 현저히 떨어지거나 단기간에 식량가격이 상승하면, 가난한 사람들은 장기적으로 자산 손실을 줄이기 위해 단순히 식량 소비를 줄이면서 사회복지 기능을 저하시킨다(Watts, 1981).

일반적으로 단기적인 식량 소비의 감소 결과는 영양에 관한 지표(5세 미만 저체중 아동의 비율, 가임기 여성의 체질량지수 등)를 사용하여 지역사회 수준에서 분석된다. 이 지표는 만성 빈곤, 질병 또는 다양하고 영양적으로 적절한 식이요법에 대한 접근성 부족과 같은 영양실조에 영향을 미치는 근본적인 과정은 기술하지 않는다(Ericksen et al., 2011). 이런 요인을 분석하기 위해서는 가구조사 정보를 사용하여 분석 수준을 광역과 지역사회 수준에서 개인과 가구 수준으로 바꾸어야 한다. 개인과 가구에 초점을 맞춤으로써 취약한 지역사회에 미치는 날씨충격과 식량가격 상승의 영향에 대해 훨씬 더 상세하게 분석할 수 있다(Johnson et al., 2013). 이런 자료를 해석하여 많은 것을 얻을 수 있기 때문에 이 책에서는 식량가격과 기후 변동성이 영양에 미치는 이중효과를 이해하기 위한 가구조사 정보를 설명하고 있다.

빈곤과 식량가격

빈곤은 전체 구성원이 적절한 식량 소비를 유지하기에 식량이 충분하지 않은 상태라고 정의할 수 있으며, 식량 불안정의 주요 원인이다(Ravallion, 1998). 2012년 현재, 식량이 충분하지 못한 사람들은 전 세계적으로 8억 7천만 명에 이르며, 이들 대부분(98%)은 인구의 15%가 영양부족 상태에 있는 개발도상국에 살고 있다(FAO, 2012b). 굶주린 사람 대부분은 국가경제를 자급농업에서 환금작물 또는 공업 기반으로 옮길 것을 권고받고 있는 가난한 국가에 살고 있다(Bryceson, 2002; UNCTAD, 2012). 1980년대 이후 개발도상국의 농업에 대한 세계적인 투자가 18%에서 2000년대 중반 4%로 줄었다(OECD, 2007). 2008년 원자재 가격 상승 이후, 수출 지향적 농업 이익이 증가하여 투자가 크게 반등했지만 귀중한 시간도 허비하였다. 1980년대와 1990년대에 수백만 명의 빈곤층과 자급 수준의 농부들에게 생산성을 높이기 위하여 투자했다면, 이들 국가들이 현재 겪고 있는 높은 식량가격에 대한 취약성이 훨씬 적었을 것이다. 식량 수입 의존도가 높은 국가들은 소비하는 식량을 더 많이 생산했을 때보다 그렇지 않을 때, 식량 가격충격에 훨씬 더 취약하다(Moseley et al., 2010). 원자재 가격이 급격하게 상승하는 기간에 식량 수입을 위한 외환 보유액이 충분하지 못한 국가는 식량 공급의 감소 가능성에 취약할 수 있다. 이런 가격충격의 영향을 줄이기 위한 사회 안전망, 무역 정책 또는 전략적 식량 비축 등이 잘 갖추어져 있지 않은 국가의 빈곤층이 더욱 취약하다(Gouel, 2013; Grosh et al., 2008; Cavero and Galián, 2008).

현지 식량가격 변동성과 도매 거래의 증가는 가족이 소비할 수 있는 식량의 양에 부정적 영향을 미친다. 식량 예산의 급증을 미리 계획하지 않았으면, 단기간에 기초 식량가격이 두 배로 상승할 경우, 소비량을 줄이는 것 외에 대안이 없다. 특히 가격이 인상되기 전에 이미 소득의 상당 부분을 식량 구입에 써버린 가구가 위험하다(그림 1.2). 총소득이 낮을수록 총지출에서 식량으로 소비되는 비율이 높아진다(Trostle et al., 2011; von Braun, 2008). 케냐와 같이 국민들이 가처분소득의 50% 정도를 식량에 소비하고 있는 국가들은 소비를 유지하기 위한 추가 자원을 찾는 것이 쉽지 않다. 원조가 어려운 경우, 급

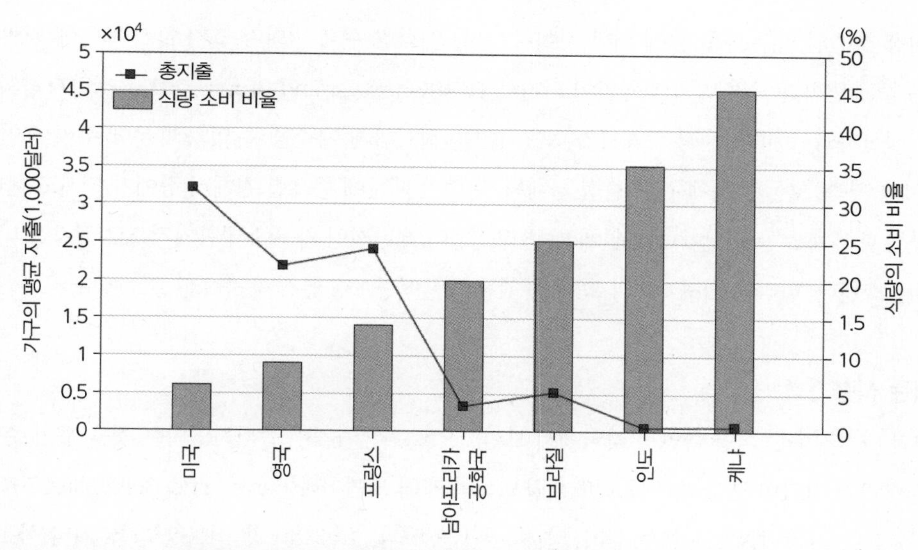

그림 1.2 7개국의 가구 평균 총지출과 식량에 소비된 지출 비율(출처: World Bank, 2013; Meade, 2011)

격한 식량가격 상승은 가구가 충분한 식량을 구입할 수 있는 능력에 영향을 미칠 것이다.

전 세계적으로 보면, 식량에 소비되는 소득 비율은 미국 6~7%, 유럽 10~15%에서 케냐 50%에 이르기까지 다양하다(World Bank, 2013). 니제르의 일부 지역에서는 소득의 60~70%를 식량으로 소비하는 가구가 있다(FEWS NET, 2011). 식량에 소비되는 소득 비율이 매우 높은 지역이 현지 시장에서 판매되는 상품의 가격 인상에 더 취약하다.

식량가격과 임금, 농업 생산 패턴, 소득 분배 간의 관계는 매우 복잡하다. 기후 변동성은 식량가격뿐만 아니라 광범위한 농업경제, 임금노동의 가용성, 재화 비용, 지난해의 시장성 있는 잉여, 생산 위험과 기타 관계에 영향을 미친다(Mellor, 1978). 원격탐사 정보는 환경충격이 생산에 미치는 영향을 정량화함으로써 경제분석에서 불확실성의 원인 하나를 줄이는 데 도움을 줄 수 있다. 현지 식량가격 변동성은 측정할 수 있으며, 다음 절에서 2012년 Minot이 시행한 분석 결과를 설명하였다.

식량가격의 변동성과 최근 변화

이 책에서 "변동성"이라는 용어는 예측 불가능성과 같은 의미로 사용되었다. 이 용어는 종종 뉴스 매체와 정책 분야에서 사용되지만, 때로는 그 의미가 잘 설명되지 않는 경우도 있다. 가격 변동성은 시장 간 가격 차이나 매년 발생하는 가격의 계절적 차이를 의미하며 예측할 수 있다. 시장의 식량가격이 단기간에 크게 오르는 것은 현지 공급 감소, 현지의 수요 증가, 수입 및(또는) 수출 동반 가격 상승, 또는 정부 식량 정책의 일부 변화 등에 의한 것이다. 단기간 식량 수요 변화가 크지 않기 때문에 원인을 알 수 없는 공급 변화가 가격 변동의 원인이 되기도 한다(Kshirsagar and Brown, 2013). 식량가격의 불확실성은 생산자와 소비자, 시장 중개자가 곡물가격을 정확하게 예측할 수 없기 때문에 우려 요인이 되며, 투자와 저축, 노동 분배에 관한 결정을 내릴 수 없기 때문에 중요한 경제적 장애가 되기도 한다. 또한 변동성 때문에 소득이 낮거나 자원에 대한 접근성이 제한적인 가구에서 단기적으로 식량 소비 상당 부분이 감소한다. 따라서 식량가격과 그 예측 가능성은 식량보장 분석의 중요한 요소이다.

변화하는 식량가격

지역별 가격지수는 식량 불안정 지역에서 보편적으로 기본가격이 증가하였다는 것을 보여 준다. 실제로 식량가격 상승이 변동성 자체보다 식량보장의 저해 요인이다(Barrett and Bellemare, 2011). 그림 1.3은 수수, 기장, 콩류, 옥수수, 감자, 양배추, 당근, 양파, 소금, 쌀, 밀, 식물성 기름, 기타 식료품 등 지역적으로 관련된 상품을 사용하는 FEWS NET의 5개 지역의 지수를 보여 준다. 이와 같이 전통적인 밀, 쌀, 옥수수 이외의 작물로 확대시킨 가격지수가 식량보장 평가와 훨씬 더 관련성이 크다(Brown et al., 2012). 그림은 2005–2006년 기간(기준치 100)부터 2010–2011년 기간까지 식량가격이 두 배로 상승한 것을 보여 준다. 2012년의 가뭄과 심각한 식량보장 위기로 동아프리카의 물가가 다른 지역에 비해 훨씬 더 상승하였다.

식량가격 상승은 식량보장에 큰 영향을 미친다. 가격이 높을수록 농부들은 시장에 판매하는 곡물 1kg당 더 많은 돈을 벌 수 있기 때문에 단기간에 농부의 수입이 증가할 수 있다. 그러나 소비 수요에 충분하게 식량을 재배하지 못하는 가구의 경우, 가격 상승이 시장에서 충분한 식량을 구매할 수 없게 할 수 있다. 식량 원가가 정부의 양도나 대출을 통한 소득이나 권리보다 더 빨리 상승한다면, 많은 빈곤층이 적절한 식량을 얻지 못하여 영양실조 비율이 증가할 것이다. 식량보장과 영양 사이의 관련성은 2장에서 논의하였다.

경제분석에 기후 정보를 통합하는 연구로 다음과 같은 질문에 답할 수 있다.

- 지난 2년 동안 재배 상황이 부진하여 식량보장 위기를 겪은 지역에서 국제 시장가격의 유동성이 식량가격 상승에 얼마나 영향을 미쳤는가?
- 인도주의적 지원이 적절하게 제공될 수 있도록 향후 6개월 동안 식량가격 변화를 예측할 수 있는가?
- 식량이 불안정한 지역사회는 기후 변동성과 생산에 미치는 영향에 얼마나 취약한가?

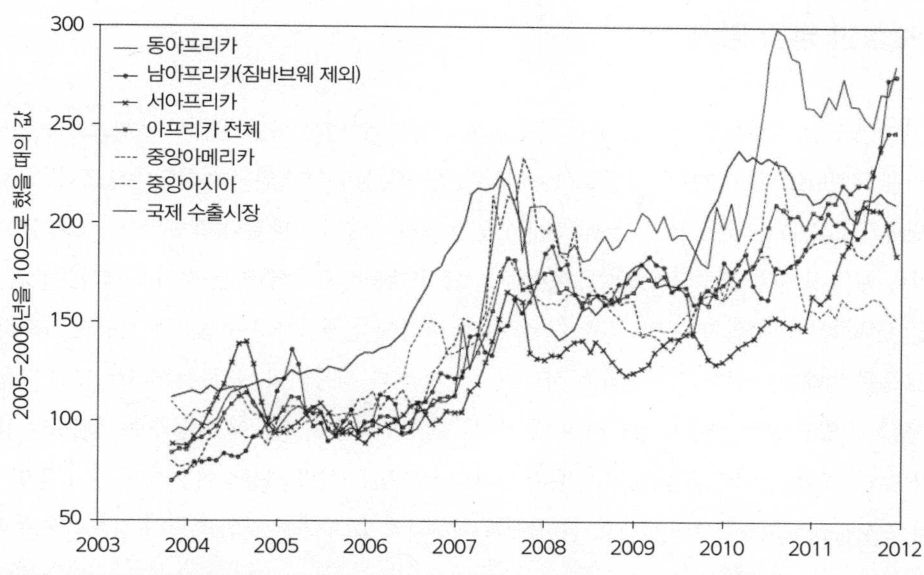

그림 1.3 2005–2006년을 100으로 하였을 때, 지역별 식량 가격지수(출처: FEWS NET 식량가격 데이터베이스)

가뭄의 민감도를 현지 식량가격 변화와 정량적으로 연계시키는 모델은 중재가 필요한 지역과 민간시장 거래자 때문에 적절한 식량을 공급하는 지역을 잘 이해하는 데 도움을 줄 수 있다.

2008년의 식량 가격충격은 엄청난 취약성과 많은 식량 불안정 지역사회가 가격 변동성과 가격 상승에 노출되었음을 보여 주었다. 식량시장이 적절하게 작동하고 있는지 여부와 식량 불안정에 대한 기존의 취약성이 가격 상승에 의해 영향을 받는 정도를 파악하는 것이 기본적이다. 다양한 규모의 날씨충격과 관련된 식량시장의 대응에 대한 지식 증대에 따라 가장 취약한 인구 집단에 대한 식량 접근성의 의미 있는 변화와 영향을 파악하고 이해하는 능력이 향상될 것이다. 기초적인 연구가 향상된 의사결정을 지원할 수 있는 새로운 식량보장 분석 도구의 개발에 도움을 줄 것이다.

식량가격의 계절변화는 가격이 높은 기간에 가구별 대응을 어렵게 한다. 식량가격의 계절성은 저장의 어려움과 생산 부족, 낮은 무역 수준 및/또는 높은 운송비용 등 때문에 다른 지역으로 식량을 이동시키기 어렵다는 것을 시사한다(Handa and Mlay, 2006; Jones et al., 2011; Alderman and Shively, 1996). 주식(主食) 가격의 계절성이 나타나는 것은 시장이 잘 작동하지 않는다는 사실과 공급이 수요를 충족시키지 못하는 가뭄기에 식량가격이 훨씬 더 높아질 것이라는 것을 보여 주는 분명한 신호이다. 날씨충격이 식량가격에 가장 크게 영향을 미치는 지역이 어디인가를 파악하는 것은 조기경보 기구가 위기에 대응할 수 있는 능력을 향상시키는 데 중요하다. 미래 기후 변동성에 대한 취약성을 줄이기 위해서는 장기 계획과 인프라에 대한 투자, 시장 기능의 개선을 위한 다른 조치가 중요할 수 있다.

식량보장과 영양 평가

지난 50년 동안 식량보장 분석은 국가 차원에서 측정할 수 있는 식량 공급의 구성요소를 이해하는 데 초점을 두었다(USDA, 2013). 개발도상국에서는 인구의 상당수가 빈곤에 허덕이고 있다. 빈곤 인구가 극단적으로 많은 국가에서는 모든 국민에게 균등하게 식량이 분배된다고 하더라도 일부는 여전히 식량이 부족한 상태로 남게 되며, 국가 수준에서 적절하게 식량을 공급하는 것이 어렵다. 이것은 식량 가용성의 문제이다. 수십 년 동안 식량 수급표는 한 국가에서 생산하고 수입하는 식량 원자재와 다른 비 식료품을 위해 비축분에서 인출하는 정도를 추정하는 데 사용되어 왔다. 분석가는 그런 다음 소비에 사용할 수 있는 모든 식량에 상응하는 에너지를 전체 인구수로 나누어 일평균 에너지 소비량을 계산한다(FAO, 2012a). 이런 유형의 국가 수준 평가의 문제점은 식량 가용성이 기아의 주요 원인이라고 가정하고 Amartya Sen이 저서에 기술한 경제와 식량가격, 획득권한 간의 복잡한 상호작용을 무시한다는 것이다(Sen, 1990; 1981).

식량보장 문제는 균등하게 분배된다면 모든 사람들에게 충분한 식량 공급이 가능할 때조차도 소득이 부족하여 충분한 식량을 구매할 수 없는 가구에서 발생한다. 이것은 소득이 필요한 지출을 충족시키지 못할 때 발생할 수 있는 접근의 문제이다. 합리적인 가격의 영양가 있는 식품에 대한 접근성을 측정하기 위해 다양한 개념과 방법이 사용되어 왔지만, 이것들은 어느 국가에서나 있을 수 있는 복잡한 식량 시스템에 대한 아주 다양한 평가방법의 일부일 뿐이다(Ploeg et al., 2012). 그림 1.4는 부문별 요소와 주제별 분석, 다양한 평가와 전망을 유도하는 활동과 함께 전형적인 국가 식량보장 분석의 운영 프레임워크를 보여 준다(Haan and Rutachokozibwa, 2009). 국가적, 국제적 규모에서 분석과 의사결정(그림 우측) 간의 연관성이 거의 없으며, 지정학적 지위와 기부자 공동체에 대한 국가의 관계에 따라 다를 수 있다(Barrett and Maxwell, 2005).

영양 측면에서 식량자원의 폭이 넓고, 소비자가 어디서 구입하고 어떤 것을 먹으며, 그러기 위하여 얼마나 많은 시간을 써야 하는지와 기타 식량과 관련된 활동에 대한 선택의 복잡성 때문에 식량 접근성을 특징짓는 것은 어려울 수 있다. 식량 소비에 대한 정량적 평가방법의 개발에는 먹을 수 있는 기회의 수와 음식의 다양성을 문서화하는 것, 일일 칼로리 최소 요구량을 소비하는 가구의 비율을 추정하는 것 등이 포함된다(Swindale and Ohri-Vachaspati, 2005). 전반적인 식량 가용성 대신 소비와 식량 접근성을 연결 짓는 것도 어려울 수 있다.

접근성 문제를 진단하는 것은 종종 특정 시장이나 지역의 식량가격과 관계가 있다. 조기경보 기구는 소매업체와 도매업체, 운송업체, 인프라, 금융 서비스 정보를 사용하여 가구 수준이 아닌 시장 시스

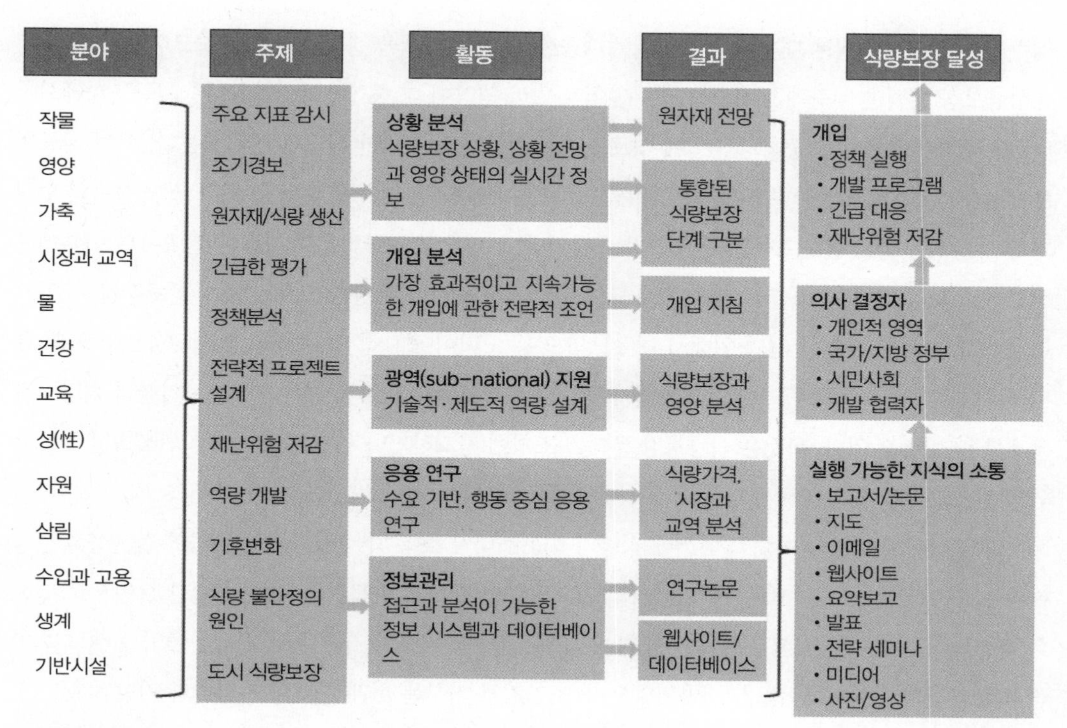

그림 1.4 탄자니아의 다양한 분야의 주제 영역, 분석에 이르는 활동과 개선된 식량보장 달성(출처: Haan and Rutachokozibwa, 2009의 부록 4)

템 수준에서 식량 접근성을 관찰한다. 지역의 식량가격과 가용성에 대응하는 정부의 역할을 설명해 주는 현지 정책 환경의 영향도 평가된다. 관찰되는 중요한 시장 특성의 예로는 원자재 시장 네트워크, 시장통합 평가, 식량 원자재의 지리적·경제적 분포, 저장시설의 용량, 계절별 도로 여건, 국가 수입/수출 정책과 국경 무역 등이 있다.

대부분 식량보장 지표는 식량 접근성과 영양은 물론 가용성에 대한 측정을 통합하려는 것이다. 예를 들어, 세계기아지수(GHI; Global Hunger Index)는 다음과 같은 3가지 가중치 지표를 결합한 것이다. (1) 영양실조 인구비율(FAO 식량 수급표로 측정) (2) 5세 미만 저체중 아동의 비율 (3) 5세 미만 아동 사망률(IFPRI and Welthungerhilfe, 2006). 키와 체격의 유전적 경향과 상관없이 5세 미만의 아동들은 동일한 속도로 성장해야 하므로 포괄적인 표본 추출 대신 5세 미만 아동의 영양에 초점을 맞추고 있다. 따라서 어린이의 식량 부족과 영양결핍은 이 연령 이전에 쉽게 감지될 수 있으며, 이런 장기적인 결손 영향은 평생 지속된다(Darnton-Hill and Cogill, 2009). GHI의 약점은 정책과 경제 운영자가 아이들의 영양에 기초한 결과에 영향을 줄 수 있는 적절한 개념틀을 갖고 있지 않다는 것이다. 기후 변동성의 맥락에서 극단적 현상에 대하여 효과적으로 대응할 수 있는 정책을 결정하는 것이 중요하다.

식량보장 분석은 식량의 이용 가능성뿐만이 아니라 영양에 더 중점을 두고 있으며, 가구조사에서부터 보다 전통적인 식량 균형 접근법에 이르기까지 아동복지에 대한 관찰과 관련짓는다. 이런 지표의 문제점은 매년 주요 작물의 수확 직후 식량 수급표를 계산할 수 있지만, 아동을 위한 영양 정보의 수집과 분석은 가구별로 설문조사를 해야 한다는 것이다. 그러므로 일반적으로 자료 수집 후 1년 이후에는 정보가 유효하지 않다. 또한 이 과정에는 모든 국가에서 조사를 수행하고 자료 품질을 보장할 수 있으면서 비교 가능한 자료를 얻기 위해서 대규모의 공동 노력이 필요하다(Macro, 2013). GHI와 그 외 유사한 지수로 매 5년 또는 그 이상에 한해서 생성할 수 있으며 긴급한 상황이 아닌 장기간의 식량보장 문제를 평가할 수 있다. 이것은 식량보장 문제를 조기에 경고하거나 위기 상황에서 시기적절한 인도주의적 원조를 보장하기 위해서 사용할 수 없다(Hillier and Dempsey, 2012).

식량 소비량의 측정이 어렵기 때문에 식량가격과 소비자 소득 차이에 근거하여 식량 접근성을 추정한다. 소득이 급격히 증가하는 경우는 거의 없으므로 식량가격의 급격한 변화가 시장 요인으로 인한 식량 접근성의 변화를 이해하는 데 사용될 수 있다. 2008년 식량위기 이후에 최빈곤층이 실제로 소비한 식량가격의 데이터베이스가 개발되었으며, 조기경보 기구는 현재 가격을 지난달과 지난 3개월 전, 지난해 같은 기간과 비교하여 미국 달러와 현지 통화로 보고하기 시작하였다(Eilerts, 2013). 그러므로 식량가격은 식량보장 분석이 수행되는 방법과 식량보장에 미치는 영향을 폭넓게 파악하는 데 더욱 중요해지고 있다.

기후 변동성과 환경 관측

기후 변동성은 엘니뇨-남방진동(ENSO; El Niño Southern Oscillation)과 같은 대규모의 자연적 기후 현상과 관련된 변동을 포함하여 기온과 강수의 경향과 최근 날씨를 설명하는 데 유용하다. 대규모 바람과 해수면 온도 변화의 상호작용에 의한 극심한 가뭄과 습한 기간의 출현을 기후 변동성이라 하기도 한다. 예를 들면, 10년 혹은 계절적인 대서양의 바람 패턴과 해수면온도의 변화가 허리케인 발생 빈도에 영향을 미친다. 1930년대 미국의 더스트 볼(Dust Bowl, 먼지폭풍) 가뭄은 대규모적인 10년 기후 과정으로 야기된 지속적이고 극단적인 기후 현상으로, 기후 변동성의 또 다른 사례이다.

기후 변동성과 기후변화 사이의 상호작용은 평균 기후와 평균 변동성의 변화가 동시에 발생할 수 있기 때문에 불확실하다. 예를 들어, 평균기온 상승이 보다 더 극단적인 결과를 가져오지만, 변동성을 증가시키는 것은 아니다. 기후변화는 평균 변화뿐만 아니라 더 높은 변동성을 초래할 수 있다(삽화 2). 이 두 가지의 변화는 식량 생산에 부정적인 영향을 줄 수 있는 보다 극단적인 현상을 야기할 수 있다.

극단적인 기온 변화는 문서화할 수 있지만, 이런 극한값을 평균기온, 평균 변동 또는 둘 모두의 변화와 연결시키기 쉽지 않다. 모든 분산 통계가 평균인 추정치에 의존하기 때문에 평균 변화율의 불확실성이 분산의 변화에 대한 해석을 어렵게 한다(Meehl, 2007). 일반적으로 강수량은 정규 분포가 아니므로 기온보다 훨씬 더 복잡하며, 강수량의 변동성에 대한 통계적 설명은 5년에서 10년 정도의 짧은 기간에 더욱 복잡하다. 인구와 토지이용, 경제 변화가 극단적이면서 같은 시기에 동시에 일어나기 때문에 환경 변동성과 변화가 사회에 미치는 영향을 예측하기 어렵다.

이 책에 소개된 분석에서는 기후 변동성이 식량보장에 미치는 영향을 이해하기 위한 모델링 프레임워크 대신 관측 자료를 가능한 많이 사용하였다. 전구 혹은 지역 기후 모델과 달리, 관측에 의한 분석 결과는 오류가 적다. 관측은 다양한 시·공간적 해상도로 이루어져 있으며, 분석 목적에 적합한 자료를 사용할 수 있다. 농업 지역에서는 생육조건에 상당한 영향을 미칠 수 있는 기온과 강수량의 미세한 변화가 있을 수 있다. 따라서 적절한 공간 해상도는 생육조건이 농업 생산에 미치는 영향을 이해하는 데 중요하다.

원격탐사 관측으로 지표면에서 날씨가 농업과 식생에 미치는 영향을 평가할 수 있다. 수십 년에 걸친 반복된 관찰로 토지이용 및 생태계 기능, 기후변화로 인한 장기적인 환경 조건의 저하를 정량화할 수 있다. 농업과 식량 생산에 대한 원격탐사 평가는 어느 한 해 동안 경작지(Husak et al., 2008), 가뭄 조건(Atzberger, 2013; Eklundh and Olsson, 2003; Jeyaseelan, 2003), 관개 경작지(Thenkabail et al., 2005), 건조 지대의 토지 황폐화(Evans and Geerken, 2004)와 인위적 활동으로 인한 장기적 영향(Turner et al., 2003)을 파악하는 데 도움이 된다. 이런 관측은 식량보장 평가의 기초가 되며, 날씨의 영향과 기후변화가 식량 시스템에 미치는 영향을 이해하는 데 기초가 된다(Vermeulen et al., 2012).

식량가격과 식량보장 관계

원격탐사로 측정된 환경 변동성을 식량가격 변동과 연결하는 모델을 사용하여 환경 변화가 식량가격에 미칠 수 있는 영향을 정량적으로 평가할 수 있다. 현지 식량가격 변동에 대한 예측적 방법으로 외인적 충격을 판단할 수 있다. 여기에 설명된 모델 결과는 월별 식량가격 조사값이 최소 5년 이상인 179개 지역 중 87개 지역에서 현지 식량가격 변화를 예측할 수 있다는 것을 보여 주었다. 87개 지역 중 59

개 지역은 2008년과 2012년 사이에 원격탐사로 측정된 국내 날씨충격의 영향을 강하게 받은 곳이다. 모델링 프레임워크는 날씨로 인한 생산충격에 대한 이런 소규모 현지 식량시장의 취약성과 현지 시장에서 효율을 높이고 거래비용을 줄이기 위한 긴급한 투자의 필요성(Zant, 2013)과 좋은 조건인 해에 수확량을 향상시키기 위한 식량 생산의 근대화(Hansen et al., 2011)와 공급을 보장하기 위해 농부들의 시장 참여가 늘었다는 것을 보여 준다.

현지 시장에서 식량가격은 식량보장의 중요한 지표이며 식량 부족에 대한 보다 적절한 조기경보를 나타낼 수 있다. 현재와 앞으로 예상되는 시장 상황에 대한 명확한 이해 없이는 식량보장 분석이 불완전하고 부적절할 것이다. 특정 지역의 강수량이 부족하여 식량 생산에 부정적인 영향을 미치는 경우, 시장 네트워크에 대한 지식을 활용하면 대안 물자가 있는 지역과 그렇지 않은 지역을 파악하여 가장 영향을 많이 받는 지역을 보다 정확하게 판단할 수 있다. 무역 패턴으로 많은 피해를 입은 사람들이 가뭄의 영향을 받지 않는 지역에 있을 수 있다. 바로 인접한 지역에만 초점을 맞추면 식량난이 불안정한 가구수를 지나치게 과소평가할 수 있고 잠재적으로 도움이 필요한 지역을 간과할 수 있다. 날씨충격과 현지 식량가격 변화를 연결하는 모델을 사용하면, 현재 조기경보 기구에서 사용할 수 없는 즉각적이고 유용한 정보를 제공 할 수 있다.

식량가격의 계절성은 기후 변동성에 대한 중요한 현지 취약성 정보이다. 고립된 소규모 시장에서 식량가격의 계절적인 증가는 저장용량 부족과 농촌 생산자의 수출 채널 접근이 어렵기 때문에 발생한다(Becquey et al., 2012; Hillbruner and Egan, 2008; Brown et al., 2009). 가격이 높을 때는 거래비용이 높기 때문에 지역과 국제시장의 식량에 접근하는 것이 매우 어렵다(Brown et al., 2012). 그러므로 대부분 시장에서 수확 전 곡물가격이 수확 후보다 상당히 높다. 이 연구에서 식량가격의 계절성은 기능이 부실한 시장을 설명하기 위해 사용되며 생육조건이 다른 지역보다 해당 시장의 식량가격 결정에 더 중요 할 수 있음을 보여 준다.

시장과 식량가격은 식량보장의 두 가지 측면, 즉 현지에서 이용할 수 있는 식량이 있는지 여부와 사람들이 그 식량에 접근 할 수 있는지 여부에서 빛을 발한다. 시장이 비정상적으로 재고가 부족하거나 식량가격이 비정상적으로 높으면 접근성과 가용성의 문제가 발생할 수 있으므로 시장에서 식량 공급을 모니터링할 수 있다. 비록 식량 생산과 경제성장이 평균 이상인 해조차도 계절적으로 희소한 시기에 빈곤 가구가 식량 소비를 줄임으로써 접근성과 식량 불안정이 만연해진다(Eilerts, 2006; Darnton-Hill and Cogill, 2009). 식량가격과 생산 정보를 활용하는 식량보장 분석은 농촌 가구와 도시 빈곤층의 식량에 대한 소득 감소와 지출 증가의 영향을 동시에 포괄적으로 평가할 수 있다.

식량보장 분석가들은 시장에서 식량가격이 특정 가구의 경우, 엄두를 내지 못할 정도로 높지 않은 지의 여부를 알고 있어야 한다. 시장분석은 특정 사건이나 상황이 시장 참여자가 식량 재고를 방출하거나 상품을 다른 곳으로 이동하는 것을 방해하는지를 판단하는 데 도움을 줄 수 있다. 식량가격은 생산 부족, 식량과 투입물 가격의 상승, 농업 생산가격의 하락, 가축의 출혈 수매(예: 종축이나 역축 판매) 등은 물론, 특이한 경우로 조기 가격 변동이나 대규모 고용 이주 등에 대한 정보를 제공할 수 있다. 이런 것들은 모두 보고되어야 하는 식량보장 문제에 대한 경고이지만 다른 정보원을 통해서는 파악할 수 없다.

FEWS NET의 시장 지침 핸드북은 시장 정보와 분석, 식량보장 분석에 기여하는 방법을 설명하고 있으며, 그런 정보와 분석에는 다음 사항이 포함된다.

- 식량보장에 대한 이해를 깊이 한다.
- 식량보장 분석에 시간 변동을 추가한다.
- 가구를 현지와 국가, 지역 및 국제 경제와 연결한다.
- 중요한 국가와 지역의 공간관계 혹은 연결성을 강조한다.
- 인도주의와 개발의 필요성을 보다 정확하게 추정한다.
- 시나리오와 전망의 개발과 감시를 개선한다.
- 대응의 적절한 유형과 규모, 시기를 명확히 한다.
- 시장의 불규칙성과 비효율성으로 인한 식량보장 제약에 영향을 미친다(FEWS NET, 2009).

조사된 식량가격과 시장 기능에 관한 정보는 이런 변화에 대한 가구의 반응을 예측하기 위해 잠재 시장의 스트레스와 제약, 반응을 예상하는 데 필요하다.

시장통합 평가도 식량보장 분석에서 식량가격 정보를 사용하는 한 가지 방법이다. 시장통합은 시장 간 거래 행위와 정보, 가격 차이 등을 측정하는 척도이다. 식량보장 분석가는 시장 간에 상품이 물리적으로 거래되는지 여부를 파악하고, 두 시장의 가격 차이가 상품의 운송비와 비슷한지에 대하여 평가하는 것과 두 시장의 가격이 시간에 따라 비슷하게 바뀌는 경향이 있는지 아닌지를 파악하는 데 관심을 갖는다(FEG, 2013). 안타깝게도 두 시장의 통합 상황을 평가하려면, 개발도상국에서 구하기 어려운 많은 정보가 필요하다. 즉, 현지 연료 가격, 거래비용, 운송비용, 정부 정책과 시장에서 소비자의 실제 수요 등이 포함된다(Goletti and Christina-Tsigas, 1995). 개발도상국 시장에 대한 현지의 세세하고 정확한 정보가 거의 없기 때문에 정량분석 대신 정성적인 가격의 시계열 조사로 통합 상황을 추론하기도 한다(Brown et al., 2012).

2008년 세계의 식량과 연료 가격 급등 이후, FEWS NET은 일반 유통을 위해 식량 불안정 국가의 현지 시장에서 매달 거의 실시간으로 갱신된 식량가격 자료를 모았다. 이 자료는 FEWS NET이 적용되는 23개 국가의 주요 시장에서 가격 변동에 대한 정보를 제공하는 보고서에 제시되었다. 이 보고서는 3개월 전과 전년도 같은 기간의 전월 대비 변화율을 계산하여 현지 통화와 미국 달러로 환산된 현재 가격을 제공하였다. 이 보고서는 식량보장 분석에서 시장 정보의 가시성을 높였으며, 자료는 시장가격에 미치는 환경충격의 영향에 대한 실시간 평가 연구의 기초가 되었다. 식량가격 수준과 가격 변화에 대한 보고 관행을 모든 국제적, 지역적, 국가적 및 비정부 식량보장 기구에서 채택하였으며, 식량가격 변화에 영향을 받는 사람들에 대한 인도주의적 대응을 파악하고, 측정하여 우선순위를 정하는 데 사용한다(Eilerts, 2013).

FAO 웹사이트에서 계속 갱신되는 식량가격 데이터베이스가 인도주의적 구호단체에게 중요한 절차이지만, 식량가격이 식량보장에 대한 날씨와 국제적 충격을 모니터링하기 위한 노력에 완전히 통합되기까지는 갈 길이 멀다. FEWS NET과 UN 세계식량계획은 국가 생산통계와 평가, 농업 관련 강우와 기온에 대한 원격탐사 평가, 수확 후 상품의 이동을 위한 연료와 비료 등과 같은 농업 투입물 거래를 통해 식량 생산에 미치는 기후의 영향을 모니터링한다. 이런 정보 흐름은 현재 독립적으로 이루어지며, 생산 변화에 대한 식량가격의 반응을 정량적으로 평가하기 위한 노력은 거의 없다. 이 책은 정량적 연계와 개념적 연결을 제시하여 가격 정보가 위기를 평가하고 대응하는 데 사용되는 방식을 개선하는 데 기여할 수 있을 것이다.

이 책의 개요와 구조

이 장에서는 식량보장을 이해하기 위해서 생산과 소득에서 현지 시장의 역할과 기후 변동성을 강조하는 데 핵심적인 이슈와 개념에 대한 설명에 중점을 두었다. 원격탐사 자료와 기타 환경 정보원은 공간적으로 명확하다는 이점이 있어서 농업 생산에 미치는 악기상의 영향을 원격으로 즉각 평가할 수 있다. 또한 이 장에서는 지역의 기상이변과 식량 공급 변화에 따르는 시장가격 반응에 대한 모델과 정량 분석이 식량보장을 분석하기 위해 어떻게 사용될 수 있는지에 대하여 설명하였다. 이런 연계에 대한 이해는 조기경보 시스템을 개선하고 변동성이 크고 비싼 식량가격의 영향을 줄일 수 있는 적절한 대응책을 고안하고 개선된 정책을 수립하는 데 도움을 줄 수 있다.

제2장에서는 세계 식량보장 평가 시스템의 개요와 식량가격과 날씨충격이 시스템 내에서 어떻게 개

념화되는지를 설명하였다. 또한 조기기근경보 시스템과 아주 구체적인 자료원, 필요성과 증거를 설명하였다. 이 장에서는 세계에서 가장 가난하고 식량이 불안정한 국가 중 하나인 니제르의 생계분석을 사례로 생계와 날씨충격이 소득에 미치는 영향에 대해 간략히 설명하였다. 마지막으로 조기기근경보 시스템의 자료와 정보 필요성에 대한 설명과 시스템 내에서 자료가 사용되는 방법을 설명하였다.

제3장은 환경 변화 여부를 결정하는 방법을 포함하여 기후 변동성에 대해 논의하였다. 또한 강수량과 기온의 변동 추세와 모델 및 관측에서 이런 추세를 식별할 수 있는 능력을 설명하였다. 식량 생산에 영향을 줄 수 있는 수분 조건에 대한 원격탐사는 생태계가 어떻게 변하고 있는지를 이해할 수 있는 장기간의 관찰과 함께 기후 변동성에 대한 지식의 토대가 된다. 식생에 대한 원격탐사는 식량가격에 대한 날씨충격 정보를 수집하는 데 사용되는 주요 정보원이며, 이는 농업에 대한 기온과 강수량의 영향을 포함할 수 있는 관측 능력과 관측값이 독립적이기 때문이다. 이 장에서는 이런 관찰에 대하여 기술하였고 기후 변동성에 대한 평가가 논의되었다.

제4장에서는 국가의 식량보장 추세와 기후 변동성과 변화가 식량 불안정 국가의 식량 수요를 충족시키는 데 미치는 영향에 대해 설명하였다. 투자 부족으로 식량 생산에 어려움을 겪는 지역에서는 구조적인 문제로 식량보장 위기가 발생할 수 있지만, 개발 노력은 증가하는 인구에 대하여 적절한 대체 수입원을 제공하지 못한다. 국가에서 생산에 대한 가뭄의 영향이 광범위하게 확대되고 인구의 수요를 충족시킬 수 있는 충분한 식량을 수입하고 분배할 수 없을 때 식량보장 위기가 발생한다. 이 장에서는 이런 취약성에 대해 간략히 설명하고 식량보장에 영향을 줄 수 있는 농업 관련 날씨의 장기 추세를 이해하기 위한 노력에 대해 설명하였다.

제5장에는 지난 10년간 식량가격과 가격 변동성의 추세를 요약하였다. 식량가격 수준이 역사상 가장 높기 때문에 가격 동향에 대한 국가와 지역사회, 가구의 취약성이 훨씬 더 분명해지고 있다. 이 장에서는 식량난을 겪고 있는 인구의 추세와 높은 가격이 이들에게 미치는 영향에 대해 논의하였다. 또한 국제 가격이 현지 식량가격에 미치는 영향과 함께 가격의 변화가 영양에 미치는 영향을 탐구하였다.

제6장은 계절성에 중점을 두었다. 제 기능을 하지 못하는 고립된 식량시장에서 식량가격의 계절성이 나타날 가능성이 있으며, 일반적으로 수확 이전이 수확 이후보다 가격이 훨씬 높다. 많은 개발도상국에서는 가구소득의 많은 비율이 식량에 소비된다. 따라서 이런 계절적 증가는 영양뿐만 아니라 부채부담과 가구의 자원 축적에도 영향을 미칠 수 있다. 또한 이 장에서는 가격 계절성과 기후 변동성이 있는 지역 간의 연계성에 대하여 탐구하였다.

제7장에서는 예측 계량경제 모델에서 원격탐사를 이용하여 기후 변동성 관측과 식량가격의 변동 관계를 정량적으로 연결하는 연구를 제시하였다. 공급곡선과 수요곡선을 사용하여 근본적인 경제이론

을 제시하였고, 또 다른 환경 조건하의 시장 기능을 설명하였다. 칼만 필터(Kalman filter) 접근법을 사용하여 아프리카의 옥수수 가격을 계절과 추세, 노이즈 구성요소로 분해하고, 각각을 환경요인과의 연결성에 대해 분석하였다. 모델은 기후 변동성이 가격 변동에 미치는 영향과 위성관측 사용으로 인한 오류 감소를 입증하는 데 사용되었다.

제8장은 기후 변동성과 환경 변화가 영양에 미치는 영향을 기술하였다. 가뭄과 다른 날씨충격이 식량가격에 미치는 직접적인 영향을 정량화할 수 있지만, 기후 변동성이 식량보장에 영향을 미칠 수 있는 다른 많은 경로가 있기 때문에 환경과 건강 사이의 광범위한 연결성을 탐구하였다. 이 장에서는 지역사회에서 취약한 어린이와 다른 사람들의 영양 상태를 직접 측정하는 인구통계와 건강조사 정보를 사용하여 현재 진행 중인 연구를 제시하였다.

마지막 장은 기후 변동성과 식량가격, 식량보장 간의 상호작용에 대하여 진전된 내용과 정책 관련성을 제시하였다. 식량가격 급등에 대한 정부의 대응과 가격과 생산 간의 상호작용에 대한 새로운 정보를 통합할 가능성에 대해 검토하였다. 기후 변동성은 가뭄과 극한기온 증가 등으로 세계 농업시장에 계속 영향을 미칠 것이다. 취약한 가구의 탄력성을 개선하기 위한 혁신적인 해결책과 접근법이 조기경보 기구를 위한 결론과 방법과 함께 제시되었다.

참고문헌

Alderman, H. and Shively, G. E. (1996) Economic reform and food prices: Evidence from markets in Ghana. *World Development*, 24, 521-534.

Atzberger, C. (2013) Advances in remote sensing of agriculture: Context description, existing operational monitoring systems and major information needs. *Remote Sensing Journal*, 5, 949-981.

Barrett, C. (2010) Measuring food insecurity. *Science*, 327, 825-828.

Barrett, C. B. and Bellemare, M. F. (2011, July 12) Why food price volatility doesn't matter: Policy makers should focus on bringing costs down. *Foreign Affairs*.

Barrett, C. B. and Maxwell, D. G. (2005) *Food aid after fifty years: Recasting its role*, New York, Routledge.

Becquey, E., Delpeuch, F., Konaté, A. M., Delsol, H., Lange, M., Zoungrana, M. and Martin-Prevel, Y. (2012) Seasonality of the dietary dimension of household food security in urban Burkina Faso. *British Journal of Nutrition*, 107, 1860-1870.

Benin, S. and Randriamamonjy, J. (2008) Estimating household income to monitor and evaluate public investment programs in sub-Saharan Africa. *IFPRI Discussion Paper 00771*, Washington DC, International Food Policy Research Institute.

Brown, M. E. (2008a) *Famine early warning systems and remote sensing data*, Heidelberg, Springer Verlag.

Brown, M. E. (2008b) The impact of climate change on income diversification and food security in senegal. In Millington, A. and Jepson, W. (Eds.) *Land change science in the tropics*, Heidelberg, Springer-Verlag.

Brown, M. E., Tondel, F., Essam, T., Thorne, J. A., Mann, B. F., Leonard, K., Stabler, B. and Eilerts, G. (2012) Country and regional staple food price indices for improved identification of food insecurity. *Global Environmental Change*, 22, 784-794.

Brown, M. E., Funk, C., Galu, G. and Choularton, R. (2007) Earlier famine warning possible using remote sensing and models. *EOS Transactions of the American Geophysical Union*, 88, 381-382.

Brown, M. E., Hintermann, B. and Higgins, N. (2009) Markets, climate change and food security in west Africa. *Environmental Science and Technology*, 43, 8016-8020.

Bryceson, D. F. (2002) The scramble in Africa: Reorienting rural livelihoods. *World Development*, 30, 725-739.

Cavero, T. and Galián, C. (2008) Double-edged prices: Lessons from the food price crisis. *Oxfam Briefing Paper Number 121*, London, Oxfam International.

Dangour, A. D., Green, R., Häsler, B. H., Rushton, J., Shankar, B. and Waage, J. (2012) Symposium 1: Food chain and health linking agriculture and health in low- and middle-income countries: An interdisciplinary research agenda. *Proceedings of the Nutrition Society*, 71, 222-228.

Darnton-Hill, I. and Cogill, B. (2009) Maternal and young child nutrition adversely affected by external shocks such as increasing global food prices. *Journal of Nutrition*, 140, 162S-169S.

Eilerts, G. (2006) Niger 2005: Not a famine, but something much worse. *HPN Humanitarian Exchange Magazine*, London, Overseas Development Institute.

Eilerts, G. (2013) 2013 pioneers in development innovation competition: Use of price data as a food security monitoring and assessment tool. Washington DC, US Agency for International Development.

Eklundh, L. and Olsson, L. (2003) Vegetation index trends for the African Sahel 1982-1999. *Geophysical Research Letters*, 30.

Ericksen, P., Thornton, P., Notenbaert, A., Cramer, L., Jones, P. and Herrero, M. (2011) Mapping hotspots of climate change and food insecurity in the global tropics. London, CGIAR Research Program on Climate Change, Agriculture and Food Security.

Ericksen, P. J. (2008) Conceptualizing food systems for global environmental change research. *Global Environmental Change*, 18, 234-245.

Evans, J. and Geerken, R. (2004) Discriminating between climate and human-induced dryland degradation. *Journal of Arid Environments*, 57, 535-554.

Fafchamps, M. (2004) *Market institutions in sub-Saharan Africa: Theory and evidence*, Cambridge MA, MIT Press.

FAO (2012a) FAO statistical database. Food and Agricultural Organization of the United Nations (FAO).

FAO (2012b) The state of food insecurity in the world. Rome, Italy, United Nations Food and Agriculture Organization.

FEG (2013) Food Economy Group website: www.feg.org. Accessed July 12, 2013.

FEWS NET (2009) Markets, food security and early warning reporting. *FEWS NET Markets Guidance No. 6*,

Washington DC, US Agency for International Development.

FEWS NET (2011) Livelihoods zoning "plus" activity in Niger. Washington DC, US Agency for International Development.

Funk, C., Verdin, J. and Husak, G. (2007) Integrating observation and statistical forecasts over sub-Saharan Africa to support famine early warning. San Antonio TX, American Meterological Society.

Godfrey, H. C. J., Beddington, J. R., Crute, I. R., Haddad, L., Lawrence, D., Muir, J. F., Pretty, J., Robinson, S., Thomas, S. M. and Toulmin, C. (2010) Food security: The challenge of feeding 9 billion people. *Science*, 327, 812-818.

Goletti, F. and Christina-Tsigas, E. (1995) Analyzing market integration. In Scott, G. (Ed.) *Prices, products and people: Analyzing agricultural markets*, Boulder, CO, Lynne Rienner Publishers.

Gouel, C. (2013) Food price volatility and domestic stabilization policies in developing countries. *WP6393*. Washington DC, World Bank.

Grosh, M., Ninno, C. D., Tesliuc, E. and Ouerghi, A. (2008) For protection and promotion: The design and implementation of effective safety nets. Washington DC, World Bank.

Haan, N. and Rutachokozibwa, V. (2009) Tanzania food security and nutrition analysis system: Design framework. Dar es Salaam, Tanzania, Food and Agriculture Organization.

Handa, S. and Mlay, G. (2006) Food consumption patterns, seasonality and market access in Mozambique. *Development Southern Africa*, 23, 541-560.

Hansen, J. W., Mason, S. J., Sun, L. and Tall, A. (2011) Review of seasonal climate forecasting for agriculture in sub-Saharan Africa. *Experimental Agriculture*, 47, 205-240.

Hillbruner, C. and Egan, R. (2008) Seasonality, household food security, and nutritional status in Dinajpur, Bangladesh. *Food and Nutrition Bulletin*, 29, 221-231.

Hillier, D. and Dempsey, B. (2012) A dangerous delay: The cost of late response to early warnings in the 2011 drought in the Horn of Africa. Oxford, Save the Children and Oxfam GB.

Husak, G. J., Funk, C. C., Michaelsen, J., Magadzire, T. and Goldsberry, K. P. (2013) Developing seasonal rainfall scenarios for food security early warning. *Theoretical and Applied Climatology*, 111, 1-12.

Husak, G. J., Marshall, M. T., Michaelsen, J., Pedreros, D., Funk, C. and Galu, G. (2008) Crop area estimation using high and medium resolution satellite imagery in areas with complex topography. *Journal of Geophysical Research-Atmospheres*, 113, D14112.

IFPRI and Welthungerhilfe (2006) The challenge of hunger: Global hunger index: Facts, determinants, and trends. Case studies of post-conflict countries of Afghanistan and Sierra Leone. Bonn, International Food Policy Research Institute and Welthungerhilfe.

Ihle, R., Cramon-Taubadel, S. V. and Zorya, S. (2011) Measuring the integration of staple food markets in sub-Saharan Africa: Heterogeneous infrastructure and cross border trade in the East African community. *CESifo Working Paper No. 3413*. Göttingen, Münchener Gesellschaft zur Förderung der Wirtschaftswissenschaft - CESifo GmbH [Munich Society for the Promotion of Economic Research].

IPCC (2007) Climate change 2007: Working Group II: Impacts, adaptation and vulnerability. Washington DC,

United Nations Intergovernmental Panel on Climate Change.

Jeyaseelan, A. T. (2003) Droughts and floods assessment and monitoring using remote sensing and GIS. In Sivakumar, M. V. K., Roy, P. S., Harsen, K. and Saha, S. K. (Eds.) *Satellite Remote Sensing and GIS Applications in Agricultural Meteorology.* Dehra Dun, India World Meteorological Organization.

Johnson, K. B., Jacob, A. and Brown, M. E. (2013) Forest cover associated with improved child health and nutrition: Evidence from the Malawi demographic and health survey and satellite data. *Global Health: Science and Practice*, 1, 237-248.

Jones, M., Alexander, C. and Lowenberg-Deboer, J. (2011) An initial investigation of the potential for hermetic purdue improved crop storage (PICS) bags to improve incomes for maize producers in sub-Saharan Africa. Lafayette, IN, Purdue University.

Kshirsagar, V. and Brown, M. E. (2013) Sources in local food price volatility: Evidence from thirty six developing countries. Greenbelt MD, NASA Goddard Space Flight Center.

McCarthy, J. J., Canziani, O. F., Leary, N. A., Dokken, D. J. and White, K. S. (2001) *Climate change 2001: Impacts, adaptation and vulnerability: Contribution of working group II to the third assessment report of the intergovernmental panel on climate change*, Cambridge, Cambridge University Press.

Macro (2013) Measure DHS website: www.measuredhs.com. Calverton MD, USAID and Macro International.

Maxwell, D. G., Ahiadeke, C., Levin, C., Armar-Klemesu, M., Zakariah, S. and Lamptey, G. M. (1999) Alternative food-security indicators: Revisiting the frequency and severity of "coping strategies." *Food Policy*, 24, 411-429.

Meade, B. (2011) USDA/ERS Euromonitor data expenditures (PCE) for food and beverages. Washington DC: US Department of Agriculture.

Meehl, G. E. A. (2007) Climate change 2007: The physical science basis. In Solomon, S., Qin, D., Manning, M., Chen, Z., Marquis, M., Averyt, K. B., Tignor, M. and Miller, H. L. (Eds.) *Contribution of working group I to the fourth assessment report of the intergovernmental panel on climate change*, Cambridge and New York.

Mellor, J. W. (1978) Food price policy and income distribution in low-income countries. *Economic Development and Cultural Change*, 27, 1-26.

Minot, N. (2011) Transmission of world food price changes to markets in sub-Saharan Africa. Washington DC, International Food Policy Research Institute (IFPRI).

Minot, N. and Dewina, R. (2013) Impact of food price changes on household welfare in Ghana. Washington DC, International Food Policy Research Institute.

Moseley, W. G., Carney, J. and Becker, L. (2010) Neoliberal policy, rural livelihoods, and urban food security in West Africa: A comparative study of The Gambia, Côte D'Ivoire, and Mali. *Proceedings of the National Academy of Sciences*, 107, 5774-5779.

Nelson, G. C., Rosegrant, M. W., Palazzo, A., Gray, I., Ingersoll, C., Robertson, R., Tokgoz, S., Zhu, T., Sulser, T. B., Ringler, C., Msangi, S. and You, L. (2010) Food security, farming, and climate change to 2050: Scenarios, results, policy options. Washington DC, International Food Policy Research Institute.

OECD (2007) International development statistics, creditor reporting system. Paris, Organisation for Economic

Co-operation and Development

Pinstrup-Andersen, P. (2009) Food security: Definition and measurement. *Food Security Journal*, 1, 5-7.

Ploeg, M. V., Breneman, V., Farrigan, T., Hamrick, K., Hopkins, D., Kaufman, P., Lin, B.-H., Nord, M., Smith, T. A., Williams, R., Kinnison, K., Olander, C., Singh, A. and Tuckermanty, E. (2012) Access to affordable and nutritious food: Measuring and understanding food deserts and their consequences Washington DC, Economic Research Service, US Department of Agriculture.

Ravallion, M. (1998) Reform, food prices and poverty in India. *Economic and Political Weekly*, 33.

Sen, A. (1990) Food, economics and entitlements. In Dreze, J. and Sen, A. (Eds.) *The Political Economy of Hunger*, New York, Clarendon Press.

Sen, A. K. (1981) *Poverty and famines: An essay on entitlements and deprivation*, Oxford, UK, Clarendon Press.

Sharma, D. (2013) Paradox of plenty: India's problem is how to manage food surplus and ensure millions don't go to bed hungry. *Ground Reality: Understanding the politics of food, agriculture and hunger.* Blogspot.com.

Swindale, A. and Ohri-Vachaspati, P. (2005) Measuring household food consumption: A technical guide. Washington DC, Food and Nutrition Technical Assistance Project (FANTA).

Swinnen, J. and Squicciarini, P. (2012) Mixed messages on prices and food security. *Science*, 335, 405-406.

Thenkabail, P. S., Schull, M. and Turral, H. (2005) Ganges and Indus river basin land use/land cover (LULC) and irrigated area mapping using continuous streams of MODIS data. *Remote Sensing of Environment*, 95, 317-341.

Trostle, R., Marti, D., Rosen, S. and Westcott, P. (2011) Why have food commodity prices risen again? Washington DC, US Department of Agriculture Economic Research Service (ERS).

Tschirley, D. and Jayne, T. S. (2010) Exploring the logic behind southern Africa's food crises. *World Development*, 38, 76-87.

Turner, B. L., Matson, P., McCarthy, J. J., Corell, R., Christensen, L., Eckley, N., Hovelsrud-Broda, G. K., Kasperson, J. X., Kasperson, R. E., Luers, A., Martello, M. L., Mathiesen, S., Naylor, R., Polsky, C., Pulsipher, A., Schiller, A., Selin, H. and Tyler, N. (2003) Illustrating the coupled human-environment system for vulnerability analysis: Three case studies. *Proceedings of the National Academy of Sciences*, 100, 8080-8085.

UN (1996) Rome declaration on world food security: World food summit. Rome, Italy, United Nations.

UNCTAD (2012) Economic development in Africa report 2012: Structural transformation and sustainable development in Africa. Geneva, Switzerland, United Nations Conference on Trade and Development.

USDA (2013) US Department of Agriculture global food security. US Government.

Vermeulen, S. J., Aggarwal, P. K., Ainslie, A., Angelone, C., Campbell, B. M., Challinor, A. J., Hansen, J. W., Ingram, J. S. I., Jarvis, A., Kristjanson, P., Lau, C., Nelson, G. C., Thornton, P. K. and Wollenberg, E. (2012) Options for support to agriculture and food security under climate change. *Environmental Science and Policy*, 15, 136-144.

Von Braun, J. (2008) Rising food prices: What should be done? *IFPRI Policy Brief.* Washington DC, International Food Policy Research Institute.

Von Braun, J., Teklu, T. and Webb, P. (1998) *Famine in Africa: Causes, responses, and prevention*, Baltimore MD, Johns Hopkins University Press.

Watts, M. (1981) The sociology of seasonal food shortage in Hausaland. In Chambers, R., Longhurst, R. and Pacey, A. (Eds.) *Seasonal dimensions to rural poverty*, London, Frances Pinter Limited.

Wetherald, R. T. and Manabe, S. (2002) Simulation of hydrologic changes associated with global warming. *Journal of Geophysical Research-Atmospheres*, 107, 4379.

World Bank (2013) Data: The World Bank. Washington DC, World Bank.

Zant, W. (2013) How is the liberalization of food markets progressing? Market integration and transaction costs in subsistence economies. *World Bank Economic Review*, 27, 28-54.

제 2 장

식량보장과 모니터링 시스템

이 장의 목표

이 장에서는 식량보장을 정의하고 식량보장 위기를 예측하는 방법을 설명하고자 하였다. 지역 공동체와 국가, 국제 규모에서 식량 생산과 식량보장 추세를 설명하였다. 기후충격과 경제 충격이 소득과 식량 소비에 미치는 영향의 연결고리를 밝히는 개념틀을 제시하여, 식량보장을 모니터링할 수 있는 방법을 제시하였다. 소득과 획득권한(entitlement)*은 식량보장 위기의 전개와 대응에 핵심적인 역할을 한다. 그다음 미국 국제개발처(USAID)의 조기기근경보 시스템 네트워크(FEWS NET)와 이 네트워크가 농업활동과 식량가격, 국제무역에 대한 정보의 이용과 분석을 통하여 어떻게 식량보장을 모니터링하는지를 설명하고, 이와 관련된 니제르 사례를 살펴보았다. 식량보장을 이해하는 데 필요한 자료를 설명하고, 이런 분석에서 식량가격이 얼마나 적합한지를 평가하였다. 마지막 절에서는 조기경보와 조기행동 간 연결고리에 관하여 평가하였다.

식량보장 구성요소

식량보장은 모든 사람이 활기차고 건강한 삶을 누리는 데 충분한 양으로 안전하면서 영양가가 풍부

* 옮긴이: 아마티아 센(Amartya Sen)이 제시한 개념으로, '획득권리'라 번역하기도 한다.

한 식량에 물리적, 사회적, 경제적으로 항상 접근할 수 있는 능력으로 정의된다(United Nations, 1948; G8, 2009). 이런 높은 기준에는 현재 상황뿐 아니라 식량보장 상태의 변화에 따른 미래 취약성도 포함된다(Barrett, 2010). 식량 불안정 상태인 사람이 누구인지, 그들이 사는 곳이 어디인지, 영양실조의 원인이 무엇인지를 모니터링하는 데에는 기상학과 농업, 경제학, 정치학, 무역 등 수많은 분야의 방대한 양의 정보가 필요하다. 빈곤과 불균형한 자연 자원, 불평등한 국제무역 체계, 무능하고 부패한 정부 등과 같은 여러 이유 때문에 모든 사람을 위한 전구적 식량보장이 달성되지 못하고 있다.

1996년 UN 세계식량정상회의(World Food Summit)는 식량보장을 "모든 사람이 건강하고 활기찬 삶을 유지하는 데 충분한 양으로 안전하고 영양이 풍부한 식량에 항상 접근할 수 있을 때"로 정의하였다. 사람들의 필요 식단을 충족하는 식량에 대한 물리적, 경제적 접근성뿐만 아니라 사람들의 식량 선호 역시 식량보장의 개념에 포함된다. 다음 4가지가 식량보장의 개념을 구성하는 기본요소이다.

- 국내 생산이나 수입(식량원조 포함)으로 공급되는 적절한 품질과 충분한 양의 식량 가용성
- 영양이 풍부한 식단 구성에 적합한 식량을 획득할 수 있는 충분한 자원을 가진 각 개인의 식량 접근성
- 모든 생리적 욕구가 충족되는 영양적으로 웰빙 상태에 도달하는 데 충분한 식단과 깨끗한 물, 위생, 의료 등을 통한 식량 이용
- 식량 확보에 있어서 이들 구성요소의 안정성은 한 인구 집단, 가구, 개인이 적절한 식량에 항상 접근할 수 있어야 한다. 또한 갑작스러운 충격이나 주기적인 현상에 의해 식량 접근성을 잃을 위험성이 없어야 한다.

이 개념에는 위계적 측면이 있다. 식량 가용성은 식량 접근성의 필요조건일 뿐 충분조건은 아니며, 접근성이 확보된 뒤에야 식량보장이 달성된다. 식량 가용성은 국가나 광역 규모에서, 식량 접근성은 지역 공동체 규모에서 분석되지만, 식량의 이용은 개인 규모에서 분석되며, 식량보장보다는 건강이나 의료의 일부로 정의된다(Barrett and Lentz, 2010)(그림 2.1).

건강과 웰빙을 위해 충분한 다량 영양소(탄수화물, 지방, 단백질)의 소비가 필요하기 때문에 식량보장의 핵심은 적절한 식량 가용성이다. 인류 역사의 대부분 시기에서 식량 부족으로 수명이 짧고 건강 상태가 좋지 않았지만, 18세기부터 전체 인구를 대상으로 적절한 식량을 공급할 수 있게 되어 개인 건강 상태뿐만 아니라 광역 경제까지 크게 변하였고, 그 결과 경제 생산성도 크게 늘었다(Fogel, 2004). 20세기에는 거의 모든 지역 공동체와 국가가 주민들에게 적절한 식량을 공급할 수 있게 되었으며, 식

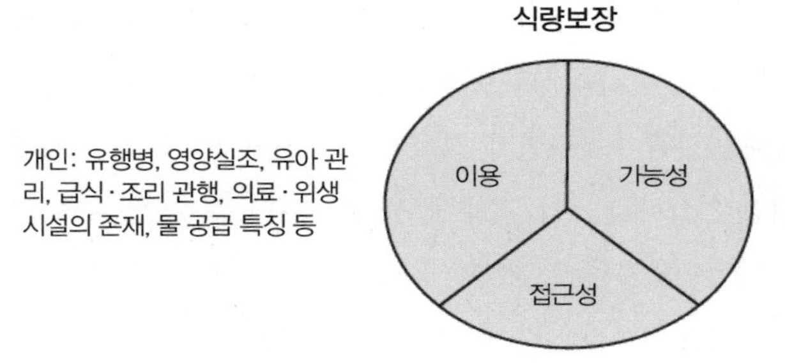

그림 2.1 식량보장은 식량의 이용, 가용성, 접근성으로 구성되며, 3개 분석 수준(개인, 공동체, 국가/광역)에서 평가할 수 있다(출처: Gary Eilerts).

량보장은 불균형한 접근성에 의한 빈곤 문제가 되었다. 최근 연구에 따르면, 영양실조로 장내 미생물 군집이 크게 바뀌어 전염병과 면역결핍에 걸릴 위험성이 커지는 것으로 밝혀졌다(Izcue and Powrie, 2012). 또한 5세 미만 아동이 열악한 위생 상태로 다량의 감염 물질에 노출되면, 인체가 면역체계에 에너지를 집중하게 되어 아동의 성장과 발달에 충분한 에너지가 공급되지 못하여 발육부진이 발생한다(Lunn et al., 1991).

식량 접근성이 확보되려면 각각 개인적, 문화적으로 수용 가능한 식량을 구매할 수 있는 충분한 소득이 있어야 한다(Sen, 1981). 접근성의 개념은 가용 소득과 획득권한, 특정 시기와 장소에서 그런 소득으로 구매할 수 있는 식량의 양 사이의 간극을 넓히는 다양한 충격에 직면하였을 경우, 가구가 식량 소비를 유지할 수 있는 능력에 초점을 둔 것이다. 이런 충격에는 실업, 생계의 기초가 되는 자산 손실, 현지 식량 공급의 감소나 수요 증가로 인한 식량가격 상승, 자원 획득권한을 축소시키는 광범위한 정치, 경제 위기가 포함된다. 접근성 문제는 개인 웰빙과 가구 웰빙이라는 사회과학 개념으로 명확하게 기술되며, 이 개념은 여러 규모의 스트레스와 대응전략을 포함하고 있다(Barrett, 2010).

가축, 주곡 등 판매 가능한 상품 간의 거래조건과 식량가격 자료는 비교적 수집이 쉽고 여러 시장 간 비교가 가능하다는 점 때문에 한 지역 공동체의 식량 접근성 능력을 모니터링하는 데 종종 사용된다. 하지만 적절하게 식량보장 관련 개입이 이루어지려면 특정 장소에서 식량가격이 높은 이유를 이해해야 한다. 높은 식량가격은 생산자의 수취 가격을 높여 내다 팔 잉여 농산물이 있는 농부에게는 득이 되지만, 토지가 없는 빈농이나 도시 소비자와 같은 식량 순구입자에게는 손해가 될 수 있다(Swinnen and Squicciarini, 2012). 관세, 세금, 수입 금지가 수행하는 복잡한 역할로 인해 밀, 쌀과 같은 수입 식량의 가용성과 더불어 현지에서 생산된 식량가격도 변할 수 있으며(Moseley et al., 2010), 그 결과 농업의 수익성이 바뀌고 식비도 줄 수 있다. 거래 메커니즘에 대한 이해를 향상시키기 위한 식량 생산, 식량가격, 식량 시스템에 대한 모니터링은 식량 접근성 변화를 예상하고 가격 급변에 대응하기 위해 어떻게 개입해야 하는지를 파악하는 수단으로써 점점 중요해질 것이다(FAO, 2011; Gouel, 2013).

식량 이용은 가구와 개인의 건강과 실제로 접근할 수 있는 식량을 효과적으로 이용할 수 있는 능력과 관련 있다. 식량보장은 흔히 개인 건강 측면에서 정의되지만, 최근에는 가격은 적당하지만 영양소, 탄수화물, 지방 간의 불균형으로 발생하는 영양실조, 비만과 같은 문제를 포괄하는 쪽으로 개념이 확장되었다(Eckhardt, 2006). 식량이 적절히 준비되었으며, 환경 오염물질이나 수인성 병원균을 포함하고 있지 않은가? 어린 아동이 충분히 다양하고 영양적으로 균형을 갖춘 식량을 섭취하고 있는가? 식량 이용 문제는 식량 가용성과 접근성이 충분한 상황에서도 식량보장을 훼손하는 문제들에 관한 지역 공동체의 관심에 초점을 맞추고 있다(Myers and Patz, 2009).

마지막으로, 안정성은 한 개인의 일생 동안 식량의 가용성, 접근성, 이용이 보장되는 것을 필수로 한다. 어린이, 환자, 노인과 같은 취약계층의 경우 식량보장 문제로 인한 단기적 식량 소비 감소조차 인지 능력, 생산 능력에 장기적 영향을 미칠 수 있으며 심할 경우 사망할 수 있다(Alderman et al., 2006; Mason et al., 2003). 따라서 식량 안정성이 여러 달, 계절, 해에 걸쳐서 이어지면 최빈곤층에게 긍정적 결과를 가져온다는 점에서 중요하다.

식량 불안정의 요인

그림 2.2는 화살표로 연결된 상자를 이용해서 날씨충격에 의해 생산성이 바뀌는 맥락과 그에 대한 정부의 대응 주기를 보여 준다. 이를 통하여 빈곤과 현지 식량가격 상승을 가구 우선순위, 영양, 적응, 생존, 경제성장, 위기와 연결시킬 수 있다. 이 개념들은 식량보장 문제와 그로 인한 영양과 환경 및 식량가격 모니터링 네트워크를 하나의 그림으로 보여 주고자 한 것이다. 가운데서 시작하여 보면, 기후 변동성과 토지 피복 변화 및 토지 황폐화 등과 같은 인위적 요인이 식생의 계절 변동과 강우에 영향을 미치고, 이는 식량 생산에 직접적 영향을 미치며 환경 변화와 기상 변동에 의한 농업의 취약성에도 영향을 미친다. 현지 식량가격은 해당 시기의 식량 생산뿐만 아니라 장기 잠재 성장과 기타 요인(식량과 연료로 사용되는 원자재 가격 등)에 의해서도 영향을 받는다. 식량가격 변화가 빈곤 가구의 예산을 압박하여 식량 소비량이나 섭취량이 감소할 수 있기 때문에 식량가격 변화는 빈곤의 증가와 관련된다. 식량 섭취량의 감소와 식량가격의 상승으로 가구의 예산 우선순위가 바뀌어 건강관리와 교육 비용, 심리적 웰빙이 감소된다. 의료 이용과 식량 섭취량에 문제가 발생하면, 발육부전과 소모성 질환 증가, 단기 유아 출생률 저하와 같은 영양 결과로 이어질 가능성이 크다.

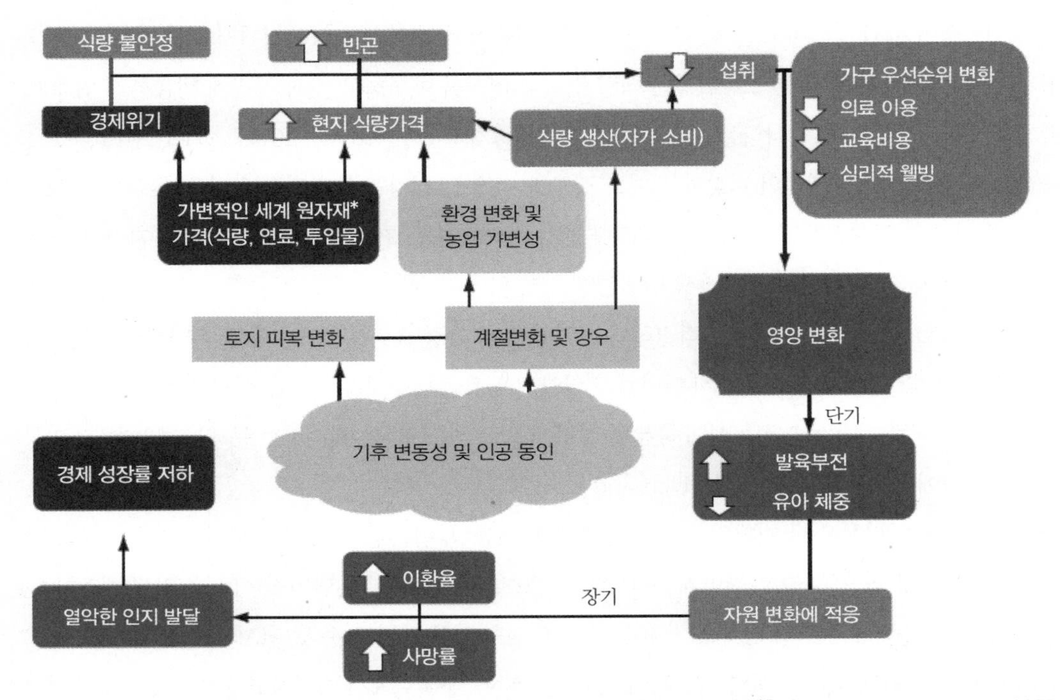

그림 2.2 기후 변동성과 인위적 요인이 식량 생산, 식량가격 등에 미치는 영향을 연결하는 개념틀(출처: Darnton-Hill and Cogill, 2009; Woldetsadik, 2011)

주: 밝은 회색 상자: 관찰 가능한 환경 매개변수, 중간 톤 회색 상자: 가구 수준 요인, 회색 상자: 개인적 요인, 어두운 회색 상자: 사회적 요인

지난 수십 년 동안 식량자원 부족으로 수명 감소와 질병률과 사망률의 증가, 생애 초기 수년간의 영양결핍에 의한 인지 능력의 저하가 발생하였다(Atinmo et al., 2009; Martorell et al., 1994). 신체 노동을 위한 인지 발달과 에너지 가용성에 대한 장기적 영향으로 사회 전반의 경제 성장률을 낮추어(Grosh, 2008) 경제 위기가 초래되며, 농산품 및 농업 투입물 가격 상승(하락)과 같은 외부 요인에 의해서도 경제 위기가 발생할 수 있다.

영양실조가 광범위하고 지속적인 식량보장 문제의 결과이기는 하지만, 인도주의 단체들은 가장 취약한 인구 집단에서 영양문제가 확실해지기 전에 개입하려고 노력한다. 식량보장을 위한 단체들은 한 지역의 식량 가용성과 가구와 지역 공동체의 식량 접근성에 관한 분석에 초점을 맞추는 경향이 있으며, 그 결과 식량 이용과 관련된 요소는 건강 공동체의 몫으로 남는다. 기후 변동성을 영양과 더 직접적으로 연결시키는 새로운 연구에서 환경 변화와 생태계의 전환이 영양에 미치는 영향에 대한 이해가 점점 중요해지고 있다. 그림 2.2에 표시된 구성요소 간 상호작용이 복잡하다는 점은 정책 개발에서 기후 변동성이 이 체계에 미치는 영향에 대한 연구와 교란 요인이 각 측면에 어떤 영향을 미치는지에 관한 연구를 늘려야 한다는 것을 보여 준다.

식량 접근성과 소득, 가격

식량 접근성 문제는 모든 사회에서 발생하지만, 선진국에서는 어떤 개인이나 가구가 식량을 구매할 수 있을 만큼 소득이 충분하지 않을 때 식량을 제공하는 다양한 공식, 비공식적인 방식이 있다. 획득권한을 통한 식량 접근성은 전적으로 구매력과 자신의 기술과 노동력을 식량 구매를 위한 현금으로 전환하는 능력에 달려 있다(Sen, 1981). 대규모 위기가 발생하여 특정 인구 집단의 기술과 노동력 판매 능력이 줄어들고, 그 결과 소득과 식량 구입 능력이 줄어들면, 식량 가용성에 아무 변화가 없다 해도 식량보장 위기가 발생할 수 있다.

빈곤층에게 제공하는 사회보장이나 사회 안전망 프로그램에는 이들 개인이 충분한 식량을 확보할 수 있도록 필요 충족에 초점을 맞추는 보조 소득이 포함되어 있다. 미국의 영양보충 프로그램(Supplemental Nutrition Assistance Program 일명 "푸드 스탬프(food stamps)")은 미국 빈곤층의 굶주림을 줄이기 위한 정부의 정책이다. 식량을 나누어 주고 하루 세끼 식사도 제공하는 푸드 팬트리(food pantry) 역시 소득이나 신분에 관계없이 모든 사람이 이용할 수 있다. 이런 프로그램은 식량 접근성 문제로 인한 열량 부족에 의하여 발생하는 영양실조를 줄이거나 없앨 수 있는 기초 안전망이 될 수 있다. 하지만 미량 영양소 결핍은 더 어려운 문제로, 세계 전역에서 발생하며 특히 비만에 시달리는 사람들에게서 자주 목격된다(Eckhardt, 2006).

접근성 문제가 광범위하기는 하지만 식량의 물리적 부족은 아주 드물게 발생하며, 일반적으로 소말리아처럼 장기간에 걸친 갈등이 있는 지역에서 일어난다. 식량 불안정은 식량 부족 때문이 아니라 사회 일부 계층이 개인적 자원 부족으로 충분한 식량에 접근할 수 없기 때문에 발생한다(Sen, 1981). 식량보장에 대한 획득권한 접근법은 다음 4가지 범주를 포함한다.

- 생산 기반: 자신이 생산하는 것
- 거래 기반: 자신이 구매하는 것
- 자가 노동 기반: 자신이 버는 것
- 전환(transfer) 기반: 자신이 받은 것

이 네 가지 획득권한이 한 사회 내의 모든 사람이 기아를 피할 수 있을 정도의 충분한 식량을 보장한다. 획득권한은 모든 가구와 개인이 확보할 수 있는 건강과 활력 수준을 유지하는 데 충분한 식량을 구매할 수 있는 능력을 소득과 구매력에 초점을 맞춘다(Pinstrup-Andersen, 2009).

식량 접근성을 판단하기 위하여 소득과 획득권한에 대한 자료 대신 식량가격 정보를 사용하는 것이 일부 장점이 있다. 가구의 식량 소비에 관한 정보와 달리 획득권한의 상대적 변화를 측정하는 데 사용할 수 있는 매달 전 세계 여러 시장의 주식 가격에 대한 일관되고 비교 가능한 관측치가 있다. 한 사회의 빈곤 구조와 식량보장에 변화가 없는 상황에서 현지 시장에서 식량가격이 날씨나 식량, 연료의 국제가격 변화 같은 외부요인 때문에 바뀌면, 해당 지역 공동체 내 빈곤 가구가 영향을 받을 것이라 추정할 수 있다(Schreiner, 2012). 가구소득과 식량 구매에 관한 직접적인 정보는 복잡하며, 수집하는 데 여러 달에 걸친 면담이 필요하고, 발표하고 배포하는 데 여러 해가 걸린다(Macro, 2013). 이런 정보는 일부 지역에서 짧은 기간에 대해서만 이용할 수 있다. Sen(1981)이 지적한 바와 같이, 빈곤층 등의 많은 자산이 금전화되어 있지 않고 이들 자산이 독특한 방식의 하나의 묶음으로 결합되어 식량에 접근할 수 있게 하고 있어서, 소득과 획득권한 분석이 복잡하다. 이런 복잡한 시스템은 사회와 지역에 따라 다르고 측정이 어렵다. 하지만 시장의 식량가격은 비교적 쉽게 측정되므로 빈민의 식량 접근성을 나타내는 대리변수로 사용할 수 있다.

빈곤은 한 지역에서 식량 가용성을 보장하기에 충분한 수요 창출 능력을 축소시키는 핵심이다. 식량가격 상승은 한 인구 집단 내의 여러 계층에 다른 영향을 미칠 수 있다. 토지와 생산 자산을 소유한 빈곤층, 임금 노동으로 생계를 꾸리는 빈곤층, 미용이나 옷 제작과 같은 기술을 보유한 빈곤층, 시장에서 노동하는 빈곤층 등이 있다(Sen, 1981). 각 계층별로 식량가격 변화가 복지에 서로 다른 방식으로 영향을 미칠 수 있는 각기 다른 특징이 있다. 빈곤층과 극빈층의 가구소득 차이가 커서 식량가격 급등의 영향이 상당히 다르게 나타날 수 있다.

소말리아에서 식량가격의 큰 변화가 인류복지에 영향을 미치는 사례를 찾을 수 있다. 그림 2.3에는 부(wealth)를 기준으로 나눈 소말리아의 두 개 집단이 가뭄이 들지 않은 정상적인 해에 소비하는 상품범주를 제시하였다. FEWS NET은 획득권한 접근법을 이용하여 빈곤층을 여러 범주로 구분하며, 이들 범주는 식량가격 변화, 경제충격, 기타 식량보장 위협 요인에 대한 노출 정도에서 차이가 있다. 이 그림에 따르면, 극빈층 가구가 소득의 73%를 식량에 소비하는 반면, 빈곤층 가구는 60%를 소비한다. 극빈층 가구는 빈곤층 가구에 비해 소득에서 식비가 차지하는 비율의 급격한 변화를 더 자주 겪으며, 충격기간에 기본적인 일상 필수 식량을 위한 선물이나 외부 지원이 필요하다. 이런 대응 전략이 없으면, 식량 소비량이 현저히 감소할 수 있다(Hillbruner and Egan, 2008; Handa and Mlay, 2006).

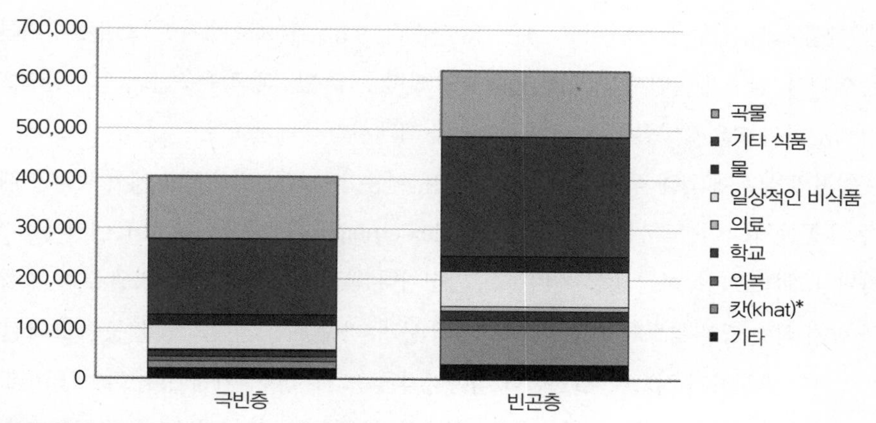

그림 2.3 정상적인 해 소말리아 빈곤층과 극빈층의 지출(단위: 소말리아 실링)

주: 위 수치를 보면 극빈층 가구가 소득의 73%를 식비로 지출하는 반면, 빈곤층 가구는 60%를 지출한다. 극빈층은 가격이 오를 때 기초 소비량을 유지할 수 있는 능력이 떨어진다.

기근과 식량보장 위기

식량가격이 극단적으로 상승하면 식량보장 위기가 발생하는가? 한 국가나 지역의 식량보장 위기가 너무 심하여 기근을 선언할 때는 언제쯤인가? 이런 일이 식량가격 급등만큼 자주 발생하는가? 이런 질문은 식량가격 상승이 중요한 시기, 가격상승이 식량보장 위기를 유발하는 방식, 가격이 상승하여도 식량보장 위기가 발생하지 않을 가능성이 높은 시기를 이해하는 데 중요하다.

기근은 사망률과 영양실조, 굶주림의 측정 지표가 특정 기준을 충족할 때에 선언된다. 즉, 한 지역 내에서 가구의 20% 이상이 대처 능력이 떨어진 상태에서 극심한 식량 부족에 시달리고, 급성 영양실조 비율이 30%를 넘으며, 사망률이 10,000명당 하루 2명 이상이어야 한다. 기근은 아주 드물게 발생하며, 지난 30년 동안 몇 차례 정도 발생하였다(Gráda, 2009). 기근의 원인은 복잡하며, 대부분의 기근 발생 지역은 열악한 거버넌스나 분쟁 등의 이유로 국제사회와 격리된 곳이다.

표 2.1에는 문헌에서 기술된 기근 발생의 촉발 요인과 프로세스들이 제시되어 있다. 가뭄, 홍수와 같은 기후적 촉발 요인은 기후변화, 인간에 의한 토지 생산성 감소, 사막화와 같은 장기적 프로세스에 의해 유발된다(Devereux, 2000). 인구학적, 경제적, 정치적 촉발 요인과 프로세스 역시 기근의 요인으로 여겨진다(Shipton, 1990). 이들 각각의 이론은 부분적인 설명에 불과하며, 그 자체로 기근이 발생하지

* 옮긴이: 아프리카, 중동 등에서 씹어 먹거나 차로 마시는 식물로 각성제 역할을 한다.

는 않는다. 예를 들어, 인구 증가는 식량 가용성의 지수적 성장을 필요로 하지만 그 자체가 기근을 유발하는 것은 아니다. 인구가 늘면서 농업 기술, 교통망 변화, 기술 발전과 같은 프로세스와 산업 프로세스 역시 함께 발전하여 수요 충족을 위한 식량 가용성을 확대시키기 때문이다.

기근은 일련의 실패에 의해 식량 접근성과 가용성, 이용이 동시에 같은 장소에서 붕괴할 때 발생한다. 인도주의 공동체는 이를 "복합 위기 상황(complex emergencies)"이라 부르며, 여기에는 일반적으로 열악하거나 제대로 기능하지 않는 거버넌스, 막히거나 왜곡된 거래망, 외부 지원 부족, 갈등이나 전쟁에 의한 현지 식량 생산 활동의 붕괴, 지역 경제의 붕괴, 가구 대응 전략의 훼손 등이 포함된다. 가뭄만으로는 기근이 발생하지 않으며, 갈등이나 식량가격 상승 역시 마찬가지이다. 하지만 여러 촉발 요인과 프로세스가 동시에 진행되고, 지방 정부나 국제사회의 대응이 느리거나 비효율적인 경우 기근이 발생할 수 있다.

소말리아에서 최근 발생한 기근의 경우, 극심한 강우량 부족으로 완전한 농작물의 생산 실패가 정점에 달한 수년에 걸친 가뭄과 인구 증가로 인한 1인당 식량 생산량 감소, 생산자원 획득권한의 광범위한 실패, 식량 무역과 사람들의 이동을 방해하는 극심한 갈등 등이 기근의 원인이었다(Maxwell and Fitzpatrick, 2012). 갈등으로 해당 지역의 지속된 거버넌스의 부재로 공식, 비공식 안전망이 망가졌으며, 현지 군벌인 알샤밥(Al Shabab)의 활동 때문에 국제 인도주의 기구들의 활동도 어려웠다. 무역 제한으로 현지 식량가격이 매우 높아졌으며, 국제 식량가격 상승으로 식량을 수입하는 기관의 능력도 떨

표 2.1 기근을 발생시키는 주된 촉발 요인과 프로세스

촉발 요인	프로세스
기후 가뭄 홍수	사막화 지구 온난화
인구/영양 전염병 인구 증가	맬서스주의 인구학적 변화
경제 시장 실패 획득권한 실패	빈곤 인프라
정치 전쟁 대응 실패	내부 소요 정부 정책

출처: Stephen Devereux, Institute of Development Studies, "Summer School on Food Security and Famine Prevention in Developing Countries."

어졌다. 이런 요인이 결합하여 2011-2012년 소말리아에서 기근이 발생하였다(FEWS NET, 2012a).

이런 위기를 피하는 핵심적인 방법은 식량보장 문제가 발생할 가능성이 높다는 것을 파악하는 것이다. 1970년대와 1980년대 아프리카의 기근 상황 당시와 이후에 수행한 연구(von Braun et al., 1998; Watts, 1983)는 초기의 집중적인 개입이 기상이변과 기근 사이의 연결고리를 깨뜨릴 수 있음을 보여주었다(Wisner et al., 2004). 이 연구와 이어서 수행된 연구들은 환경 이변과 시장 기능 장애, 거버넌스 부재로 대규모 식량보장 위기가 발생할 수 있는 사회적, 정치적 맥락에 초점을 맞추었다(Corbett, 1988; Cutler, 1984; De Waal, 1988; Khan, 1994; Lele, 1994; Moseley and Logan, 2001).

1980년대 후반과 1990년대에 단기적 식량 생산의 하락과 제대로 기능하는 시장의 부재, 그것이 가구와 지역 공동체의 식량보장에 미치는 영향 사이의 연결고리로 조기경보 시스템이 개발되었다(Mellor and Gavian, 1987; Buchanan-Smith, 2000; Brown, 2008). 지난 20년 동안 대규모 원격탐사의 출현과 컴퓨터와 통신 시스템 향상으로 식량, 식량 가용성, 식량 접근성에 관한 정보가 크게 증가하였다(Davies et al., 1991; Buchanan-Smith, 1994; Hutchinson, 1998). 곧 다가올 식량보장 문제에 대한 모니터링과 분석은 날씨가 농업에 미치는 영향과 식량가격 변화 사이의 연결고리에 관한 연구에서 큰 효과를 발휘할 수 있는 핵심 영역이다. 기관들이 사회 자산을 보호할 목적으로 식량보장 위기가 발생할 때까지 기다리는 것은 타당하지 않다.

지난 30년 동안 조기경보 시스템은 복지 변화를 잘 탐지할 수 있도록 식량보장 지표들을 개량하고, 사용하는 자료의 정확도를 향상시키고, 적절한 시기에 경보를 발령하는 능력도 향상시켰다(Scheel, 2012; Verdin et al., 2005). 조기경보 시스템은 수요에 대응하는 공급 반응을 더 잘 이해할 수 있다는 점에서 시장과 식량 생산 사이의 상호작용을 제도화하고 효과적인 정책 개입을 설계하는 데 중요한 도구가 될 수 있다. 조기경보 시스템을 통하여 관찰된 결과와 충격이 식량보장에 미칠 영향 사이의 관련성을 정책 결정자에게 명확하게 전달할 수 있으며, 이를 제대로 수행하면 지역, 국가, 국제기구가 적절하게 반응할 수 있다. 다음 절에서는 USAID의 조기경보 시스템과 거기에서 사용하는 자료와 분석방법(분석은 정보의 원천이자 향상된 정보 시스템를 위한 목표이기도 하다)을 살펴볼 것이다.

미국 국제개발처(USAID)의 조기기근경보 시스템 네트워크(FEWS NET)

FEWS NET은 저자가 작업에 참여하여 비교적 잘 알고 있는 조기경보 기구이다. FEWS NET은 전 세계 식량보장 위기를 이해하고 조기경보를 발령하는 데 초점을 맞춘 수많은 조직 중 하나에 불과하다. FEWS NET의 목표는 위기 발생 시 충분한 예산이 뒷받침되고 적극적으로 대응할 수 있도록 정책 결정자에게 조기에 정보를 제공하는 것이다(FEWS NET, 2012b). FEWS NET은 세계 최대의 식량원조 기부자 중 하나인 미국 정부가 인도주의적 모니터링을 할 수 있도록 식량보장의 모든 측면을 모니터링하는 광범위하고 종합적인 도구를 개발하였다(FAIS, 2012). 이 조직이 개발하고 유지하는 자료들은 이 책에서 제시하는 중요한 연구 자료이다. 또한, FEWS NET은 환경 변화와 식량이 불안정한 현지의 식량가격 간의 관계를 이용하여 개선된 결과를 얻는 데 중요한 역할을 한다.

FEWS NET은 1980년대 중반에 원격탐사를 이용하여 가뭄과 그것이 식량 생산에 미치는 영향을 모니터링하는 방법을 개척했으며, 그 후 지속적으로 식량보장에 관하여 보고하였다(Brown, 2008). FEWS NET은 서아프리카 사헬지대의 반건조 지역 내 지역 공동체들의 식량보장 상태에 관한 정보를 제공하기 위하여 설계되었으며, 동아프리카와 서아프리카, 중앙아메리카, 남아시아로 사업 범위를 확장하였다. FEWS NET은 사회과학자와 자연과학자, 국제적 명성의 전문가, 의료·농업·영양 분야에서 경험이 있는 각 국가별 인력 등 다양한 전문 인력을 양성하였다.

FEWS NET에서 가장 주목할 점은 약 23개국에 있는 현장 사무소와 현장 인력, 그리고 이들을 관리하고 기술적으로 지도하는 역할을 맡은 곳이 워싱턴 DC USAID 부근의 계약업체 사무소 1곳이라는 것이다. 각 사무소에는 1개월 단위로 식량보장 상태와 추세에 관한 국가 및 준국가 수준의 정보를 제공하는 국가 대표와 부대표가 있다(삽화 3). 계약자는 FEWS NET의 글로벌 조기경보 정보와 교육 재료, 훈련활동을 통합하고 USAID의 정보 수집과 가공 프로세스 및 광범위한 파트너에게 결과물을 제공할 수 있게 해당국과 워싱턴 DC에 직원을 고용해야 한다.

FEWS NET은 각국 사무소가 제공하는 월별로 업데이트된 식량보장 정보를 이용하여 USAID 의사결정자들에게 특정 지역 상황에 관한 분명한 메시지를 전달한다. 이 조직은 원격탐사 자료와 식량 공급량을 측정하는 식량 생산에 관한 지상 측정치와 식량 수요를 측정하기 위한 다양한 지표와 현지 식량보장에 영향을 미칠 수 있는 정치적, 경제적 압력을 측정하기 위한 여러 지표와 같은 다양한 자료를 이용해서 현지 식량의 가용성, 접근성, 이용을 추정하였다(Schmidhuber and Tubiello, 2007). FEWS NET은 행동 가능한 조기정보를 제공하여 식량보장에 개입할 수 있지만(Davies et al., 1991; Wisner et al., 2004), 인도주의적 대응에 직접적으로 관여하지 않는다. 인도주의적 대응은 UN 세계식량계획과 지역, 국가, 국제 비정부 기구들이 관리한다. 지역 FEWS NET 대표들은 현지, 광역, 국제 수준 집단과의 협력을 통해 공동의 이해관계를 갖는 연대를 만들기 위해 노력하며, 이를 통해 의도하는 결과를 주창할 수 있는 결집된 능력을 강화하였다.

조기경보 공동체는 환경 자료와 기상 자료, 예측을 받아들여 위험 관리 프레임워크에 이용함으로써 시즌(작물 재배기간) 시작 전, 그리고 시즌 중의 기후 조건이 식량보장에 미칠 영향에 관한 정보를 얻는다. 한 지역에 대하여 추가 조사를 하거나 더 많은 관심을 기울이고 향상된 보고 절차를 시작하는 데에 확실성이 비교적 낮더라도 상관없다. 하지만 인도주의 공동체는 대규모 인도주의적 대응을 시작하기 전에 정량 분석과 정치적 압력에 대한 정보를 얻어야 한다. 언론과 대중 정서도 여기에 기여한다. 언론은 사람들이 고통을 겪는 사진과 이야기를 널리 유포시켜 예산이 부족한 상황에서도 비상 상황에 자원을 투입하는 어려운 결정을 내릴 수밖에 없게 만드는 "동인(driver)" 역할을 한다. 이와 같이 위기를 초래할 수 있는 의사결정을 방지하기 위해서 더 체계적인 국가적·광역적 수준의 비상기금과 보험 기반의 접근방식을 사용할 수 있다. 미리 계획을 세워 이미 지역에 있는 자원을 시급한 수요 대처에 유연하게 사용할 수 있도록 보장하는 것도 가능하지만, 위기가 시작되기 전에 배치해야 한다.

조기경보를 위한 개념적 프레임워크

식량보장의 원인과 영향을 이해하기 위한 새로운 접근법이 지난 10년간 식량보장 위기에 대한 조기경보를 위해 수집된 모니터링 도구와 자료를 크게 확장시켰다. 이런 새로운 접근법은 세계 원자재 시장과 지역의 식량 거래, 에너지 비용, 도시화의 가속화, 기후변화, 식량의 재고 변화, 글로벌 정보 전송 능력의 향상 등에 대한 정보를 포함하는 세계 식량 시스템의 변화에 대응하기 위해 개발되었다. 이런 요인들은 식량을 불안정하게 할 수 있지만, 취약성의 원인은 과거의 자원에 기초한 문제보다 훨씬 더 복잡하고 새롭다. 빈곤과 교육, 질병 부담, 격리된 농촌 농부의 시장에 대한 태도 등이 지속적으로 취약성의 주요 원인이었다.

USAID FEWS NET은 Sen(1981)이 처음 설명하였고 해외개발연구소와 인도주의 공동체의 조기경보 기구에 의해 더욱 발전된 획득권한과 생계 접근법을 사용하였다(Scoones, 1996; Boudreau, 1998; Frankenberger, 1992; Maxwell Frankenberger, 1992). 생계 접근법의 목적은 위험(hazard)이 식량보장에 미치는 영향을 운영 방식으로 평가하는 것이다. FEWS NET은 "가구가 즉각적이고 장기적인 생존을 위해 필수적인 자원에 접근하고 유지하는 수단"을 생계로 정의하였다(FEWS NET 웹사이트, 2012년 5월 접속). 가구는 지리와 농업생태, 생산 수단의 소유권, 가구 간의 관계를 포함한 다양한 요소에 의하여 필수 자원을 얻는다. 한 지역의 지리학과 농업생태는 사람들이 생산하거나 키울 수 있는 것을 결정하는 반면, 생산 수단에 대한 접근과 가구 간의 관계는 사람들이 식량과 현금 수요를 충족시킬 수 있는 정도를 결정한다. 가구가 접근성을 유지할 수 있는 정도는 식량과 수입에 대한 일반적인 접근을 방해하는 가격충격을 견디고 회복할 수 있는 능력에 달려 있다. 식량보장 평가에서 생계 접근법의 목적은 사회의 다양한 경제 그룹별 수입과 지출원을 추정하고, 각 지역 공동체가 최소 소비로 획득 권한을 유지하는 능력에 미칠 수 있는 여러 가지 충격의 영향을 연계하는 것이다.

생계에 기초한 조기경보 시스템의 주요 장점은 지역 혹은 국내에서 식량과 생활 보장에 대하여 서로 연계된 시각을 제시한다는 것이다. 분석가들은 서로의 연계성을 명확히 이해하거나 일상적인 상태에서 가구가 어떻게 운영되는지를 분석함으로써 충격이 가구의 식량과 소득에 미치는 영향을 더 잘 측정 할 수 있다. 생계 프레임워크는 가구의 정상적인 식량과 소득 접근성이 한 사건에 의해 어떻게, 어느 정도의 영향을 받았는지, 결과적으로 가구가 식량이나 생활비 부족에 시달릴 가능성이 있는지와 같은 식량보장에서 중요한 질문에 답하기 위해 필수적이다. 인도주의적 대응의 목적은 장기적 발전을 이루게 하거나 그 자체가 국가의 사회 안전망이 되는 것이 아니기 때문에 조기경보 기구는 국가를 정상적인 상태로 되돌릴 수 있도록 "정상적인" 상태를 이해할 필요가 있다(Barrett and Maxwell, 2005).

FEWS NET은 최대한 많은 국가와 지역에 생계 정보를 제공하며, 지난 10년 동안 이를 발전시켜 왔다. 생계 접근법의 핵심 결과물에는 다음과 같은 것이 포함된다.

- 생계 구역 지도: 한 국가를 비슷한 생계 패턴을 가진 사람들이 거주하는 등질 구역으로 구분하며 식량 획득 조건, 시장 기회 등이 기준이다.
- 지도에 포함된 생계 구역 기술: 각 구역별 주요 생계 특징을 간략히 기술한다. 생계 구역 지도와 설명은 모니터링에 적합한 지리 변수를 식별함으로써, 그 자체로 모니터링 시스템에 기여한다. 총 36개국에 생계 구역 지도와 설명이 구축되어 충격의 영향을 해석하는 데 도움을 줄 수 있다.
- 생계 프로파일: 집단(부를 기준으로 나눈 집단) 간의 경제적 차이와 여러 식량 공급원과 소득원 간 상대적 중요성에 관한 정보를 제공한다. 이 정보는 특정 사건에 대한 취약성을 이해하는 기초가 된다. 즉, 어떤 스트레스가 어떤 인구 집단에 어떤 식으로 영향을 미칠지 파악할 수 있게 한다. FEWS NET 웹사이트에는 총 18개국의 생계 프로파일이 구축되어 있다.
- 생계 기준선: 가구 생계 조건(식량, 현금, 지출 패턴)과 생계 구역 내 여러 부 집단들의 대응 능력과 확장성을 수치를 이용하여 세부적으로 분류하여 시장 연계와 경제성장 제약 요인과 기회를 부각시킨다. 생계 기준선은 어떤 충격이 어떤 집단에게 어떤 식으로 얼마만큼 영향을 미칠지 예상하는 데 사용할 수 있다. 또한 인구 정보와 연결하여 수혜자 숫자와 지원 요건을 추정하는 데에도 사용할 수 있다. 총 11개국에 생계 기준선이 구축되어 있다.
- 계절별 모니터링 달력: 프로파일에서 발견되는 계절 달력과 부 집단별 식량과 소득원 정보를 결합

하여 각 구역별로 어떤 변수가 어떤 부 집단에 중요한지 식별한다. 모니터링 달력은 모니터링 계획 개발 때 간단히 참조하는 도구 역할을 한다. FEWS NET이 운영되는 모든 국가에 모니터링 달력과 관련된 작물 달력이 있지만, 모니터링 달력은 총 22개국에 구축되어 있다.

FEWS NET 사업 범위에 속한 대부분 국가에 생계 구역 지도와 설명이 있고 일부 국가에 생계 기준선이 있지만, 모든 결과물이 구비된 국가는 거의 없다. 이런 결과물은 5년마다 업데이트되며, 변화가 빠른 일부 지역에서는 더 자주 업데이트된다. 이런 결과물은 조기경보 시스템에서 기상이변이나 식량가격 충격이 식량보장에 미치는 영향을 분석하는 주요 방법이다.

조기경보를 위한 위험 감소 프레임워크

식량보장 분석 및 조기경보와 관련해서는 재해위기 감소(DRR; Disaster Risk Reduction) 프레임워크가 가구의 특정 재해 취약성과 식량 불안정 위험 간의 관계를 이해하는 데 유용하다. 이 프레임워크는 식량보장 조건이 위기 상황에 대비하는 대신, 위기와 연결시키는 실용적인 방법을 제공하였다. 위기(risk)는 위험과 그런 위험 요인에 대한 가구의 취약성에 따라 결정되며 가구의 대응능력 역시 영향을 미친다.

가장 보편적으로 사용되는 DRR 프레임워크는 "한 사회 전체의 취약성과 재해 위험을 최소화하고 위험 요인의 부정적 영향을 예방하거나 제한(완화 및 대비)할 수 있는 가능성을 가진 것으로 간주되는 구성요소로 이루어진 개념틀"로 정의된다(UNISDR, 2004). 위험 감소와 관련된 사고와 실천에는 재해 발생 원인에 대한 더 광범위하고 심층적인 이해, 더 넓은 정치·경제적 맥락에 초점, 재해가 사회에 미치는 영향을 줄이는 데 필요한 전체적이고 종합적인 접근법이 필요하다(Wisner et al., 2004). 식량보장 위기의 조기경보 맥락에서는 식량 불안정과 획득권한 축소의 원인이 다양하다는 것을 인식하는 것이 중요하다. 이런 점에서 생계를 이해하는 일은 재해를 피하기 위해 위기의 징후를 어디서 찾아야 할지를 파악하기 위한 핵심이다.

대부분의 조기경보가 위험 감소 평가에 통합되었지만, 인도주의 공동체는 비상 상황에 대응하여 행동하기 전에 위험이 영양에 미칠 영향에 관한 구체적인 정보가 필요하며, 이런 점에서 두 공동체가 여전히 분리된 상태에 있다. 이 책의 맥락에서 보면, 위험 감소 방법과 분석은 세계 식량가격 상승이 현지 접근성에 미칠 영향에 관한 계획을 수립하는 데 도움이 될 수 있는 영역 중 하나이다. 각 국가는 곡물 비축, 국가 수준의 보험 프로그램, 소득 안정화 기금(Rainy Day Fund)과 같은 위험 감소 접근법을 개발하여 국제시장에서 수입되는 식량가격의 급격한 상승이 식량보장에 미칠 위험을 줄일 수 있다.

생계 사례: 니제르

실제로 생계 접근법을 이용하는 방법과 생계를 이용해서 식량가격 및 기후 변동성을 식량보장 이해에 활용하는 방법을 파악하려면 특정 국가를 사례로 살펴봐야 한다. 니제르의 사례는 어떤 날씨충격이나 경제 충격이 특정 지역이나 구역 내의 생계에 미치는 영향에 대하여 평가할 때 고려해야 하는 고도의 복잡성과 다양한 요소를 보여 준다(Brown et al., 2012). FEWS NET이 사용하는 프레임워크는 기본적으로 생계를 위한 자연자원에 의존하며 수자원의 가용성 변동에 큰 영향을 받는 농부들이 살고 있는 농촌적인 것이다. 식량가격은 농부가 생산하는 상품의 가치 측면과 농부의 식량이 고갈되었을 때 시장에서 구매하는 비용 측면에서 농부에게 영향을 미친다. 이런 평가에 비농업 소득원과 인근 지역의 환경충격을 통합하는 일은 농촌 경제조차 소득 창출 기회와 다른 광역, 국가, 국제 경제와의 연계가 점점 더 다양해지기 때문에 어렵다. 그러므로 아프리카 국가에서 점증하는 기후 변동성과 인구 성장에 대처하는 과정에서 식량가격에 관한 정보가 이런 평가에 매우 중요하다(Funk and Brown, 2009).

현재 니제르의 인구는 약 1,600만 명이고, 그중 약 1,400만 명이 농촌에 거주하고 있다(CIA, 2012). 농촌인구에는 작물을 경작하는 농부와 목축업자가 포함되고, 그들이 어떤 활동에 의존하는 것은 해당 지역의 연평균 강수량과 강수량 변동에 좌우되며, 이런 경향은 북쪽으로 갈수록 심하다. 기상 변동에 대한 이런 취약성이 현지 생계 이해의 핵심이며, FEWS NET 역시 해당 지역의 식량보장 상태를 모니터링하는 데 이용한다. 하지만 토양 조건, 주요 시장 중심지와의 근접성, 국제무역, 시장에서 소득을 창출할 수 있는 특별한 지역 자원(암염의 존재 등)과 같은 다른 고려 사항도 영향을 미친다.

니제르 북부에서 남부로 가면서 강수량이 증가하여 북부 사막에서는 50mm 이하이지만 최남단 지역에서는 800mm 정도이다. 강수량에 따라 사막이 펼쳐지기 전 초원(유목 구역)과의 경계와 목초지(목축 구역)가 펼쳐지기 전에 분포하는 작물 경작지의 한계가 정해진다. 또한 주요 천수 농업 구역과 여러 작물의 상대적 비중(기장과 수수의 균형이 대표적)도 강수량에 따라 결정된다(삽화 4). 지하수도 작물 경작을 위한 관개용수로 이용되거나 작물 재배기간 중 강수량 변동에 대응하는 데 도움을 주기 때문에 지하수 접근성도 13개 생계구역 중 8개에서 중요한 요인이다(FEWS NET, 2011c).

그림 2.4의 달력은 작물 경작과 목초지 재생을 위해 필수적인 우기가 니제르의 생계를 지배하고 있다는 것을 보여 준다. 6월부터 9월까지 4달 동안의 강수량이 얼마인지가 해당 농업 연도의 성공을 좌우하며, 우기 시작시기는 북쪽으로 갈수록 늦어진다. 강수량이 충분하지 않을 경우 흉작을 줄여 줄 두 번째 시즌(작물 재배기간)이 없기 때문에 이와 같이 단 한 번의 수확에 의존하는 것은 기본적으로 위험하다. 또한 빈곤층 입장에서는 매년 수확 직후에 식량 가용성이 높아졌다가 식량 비축분이 일찍 바닥나고 식비도 매우 부족하게 되는 다음 수확 직전의 춘궁기에 식량 가용성이 낮아지는 일이 반복된

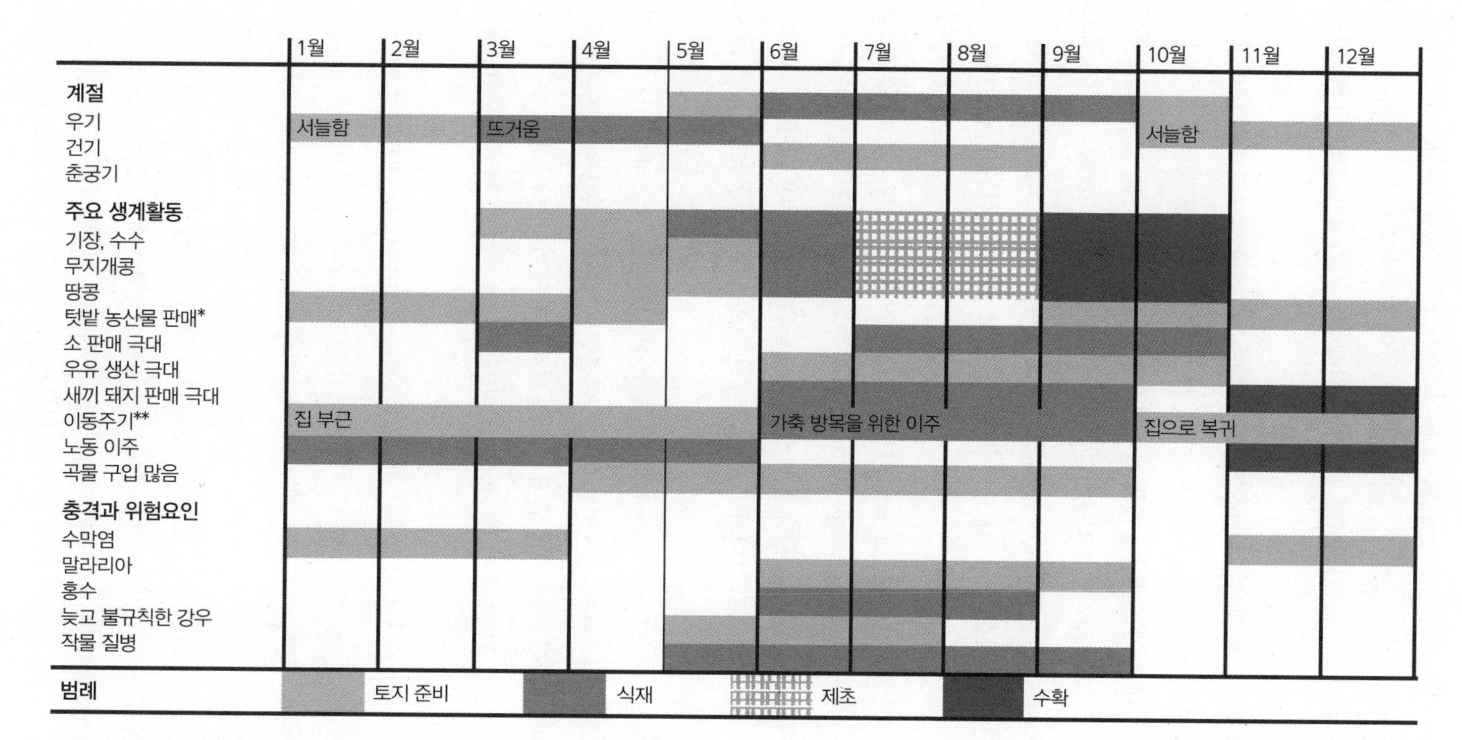

* 텃밭 농산물에는 건기까지 수확이 가능한, 관개용수를 이용한 채소 판매가 포함된다.

** 이런 가축 이동주기는 이동 방목 목부 및 목축업자들이 계절에 따라 가축 방목을 위해 주생활 영역에서 다른 곳으로 이주하는 형태로 이루어지는 가축 사용의 일반적 패턴(소가 대표적)을 가리킨다(농부가 이동 방목을 하는 경우도 있다).

그림 2.4 니제르의 시즌 모니터링 달력(출처: FEWS NET Niger livelihood zoning document, 2011)

주: FEWS NET은 각 국가의 생계 구역별로 이들 구성요소 각각을 보여 주는 시즌 달력을 제공한다.

다는 것을 뜻한다. 현지 식량가격은 춘궁기에 가장 높고 수확 전에서 후에 이르는 기간 동안 계절적으로 큰 변동을 보인다(Brown et al., 2009). 또한 이 시기는 농사활동이 최고조에 달하는 시기이자, 노동력 감소와 급성 영양실조 위험을 높이는 말라리아와 수막염이 발생하는 시기이기도 하여 더욱 힘들다(FEWS NET, 2011c).

기후조건이 식량 불안정에 영향을 미칠 수 있는 6–7월에 기후 변수가 파종 날짜와 발아 날짜에 영향을 미칠 수 있다. 발아된 씨앗이 말라죽어 대규모로 재파종을 해야 하거나 때로는 재파종을 하기 어려울 정도로 시기가 너무 늦어 그 해 경작기간에 농지를 놀려야 하는 위험이 있기 때문에 우기 시작시기의 변동은 농부의 의사결정에 도박적 요인으로 작용한다(Brown and de Beurs, 2008). 곡물이 얼마나 열릴지 결정되는 8월 말에서 9월의 곡물 개화기도 생육조건이 최종 생산물에 큰 영향을 미칠 수 있는 민감한 시기이다. 이 시기에 2주 이상 소나기가 내리지 않으면 광범위한 지역에서 수확량이 대폭 감소할 수 있다.

가축을 키울 경우, 성장이 가장 활발한 시기에 녹색 식생이 적으면 목초지에 위기가 발생할 수 있다. 가축 떼가 먼 방목지에서 돌아오지 못하거나 비가 내리기 전에 가축 떼를 먼 곳으로 일찍 이동시키는 것은 현지 목초지 조건이 열악해서 가축 떼를 유지할 수 없다는 것을 의미한다(FEWS NET, 2011c). 이런 조건은 위성 자료를 이용하여 원격으로 모니터링할 수 있지만, 반드시 해당 국가에서 수집한 자료와 결합해서 사용해야 한다.

니제르 전역에 걸쳐 농업 활동이 거의 없는 건기에 많은 사람들이 일자리를 찾아 대도시나 나이지리아, 코트디부아르, 부르키나파소, 리비아와 같은 인근 국가로 이주한다. 상황이 나쁜 해에는 더 많은 사람이 일자리를 찾아 이주하며, 농작물 수확 훨씬 전에 이주가 시작되기도 한다. 이주율은 수확 부진이 예상되어 해당 연도에 다른 수입을 극대화해야 할 긴급한 상황임을 보여 주는 중요한 지표이다(FEWS NET, 2011c).

시장의 신호와 현지 시장의 식량가격은 니제르의 식량보장 문제에 효과적으로 대응하기 위한 조기경보 발령에 매우 중요한 요소이다. 늦가을 수확 후 식량가격이 일찍 상승하는 것은 빈곤층이 주식을 이미 사들이고 있다는 것을 보여 준다는 점에서 수확 부진의 징후를 나타낸다(그림 2.4). 수확기 직후에 현지 곡물가격이 크게 떨어지지 않는 것도 또 다른 신호이다. 이후에 발견되는 다른 중요한 신호는 다음 수확 전에 주곡 가격이 오르는 정도이다. 빈곤층은 정상적인 시기에도 곡물시장에 크게 의존한다는 점을 고려할 때, 주곡 가격이 일찍 급등하는 것은 춘궁기가 일찍 시작될 수 있음을 의미한다.

시장 내에서 가축 가격과 가용성 변동도 중요하다. 판매용으로 내놓는 가축의 숫자가 이례적으로 많은 추세가 이어지면, 목초지 조건이 열악하여 목축 공동체에 위기가 임박했음을 나타내는 징후일 수 있다. 비가 내린 후에는 가축 떼가 먼 곳의 목초지에서 돌아오지 못하기 때문에 판매용으로 내놓는 가축의 숫자가 적을 수 있다. 건기 후반에는 가축을 먹일 목초지나 사료 값을 감당하거나 식량을 구입할 돈이 절실히 필요하여 가축을 팔아 치우려는 사람이 늘기 때문에 가축의 공급 과잉으로 가격이 매우 낮아질 수 있다. 가축 가격이 극히 낮은 수준까지 하락할 수 있다. 이런 점에서 시장 감독의 중요한 부분 중 하나가 가축과 곡물의 거래조건의 추세이다.

곡물가격의 계절 변동도 비가 적은 시기에 매우 취약한 상태에 놓이는 목축 공동체의 식량 불안정에 영향을 미치며, 그들은 목초지가 부족하기 때문에 식량가격이 가장 높은 시기에 가축을 판매할 수밖에 없다(그림 2.5)(Brown et al., 2008). FEWS NET은 가축이 일종의 저축 역할을 하여 어려운 시기에 식량을 구할 수 있게 하는 역할을 하기 때문에 가축 가격에 초점을 맞춘다. 가난한 농부가 가족이 채 10일을 먹지 못할 정도의 곡물(50kg 미만)을 구입하기 위해 자신의 마지막 염소를 팔아야 하는 상황이라면 식량보장 위기가 임박한 것이다. 이런 순간이 닥치기 훨씬 전에 조기경보에서 추세를 파악해야 한다(FEWS NET, 2011c).

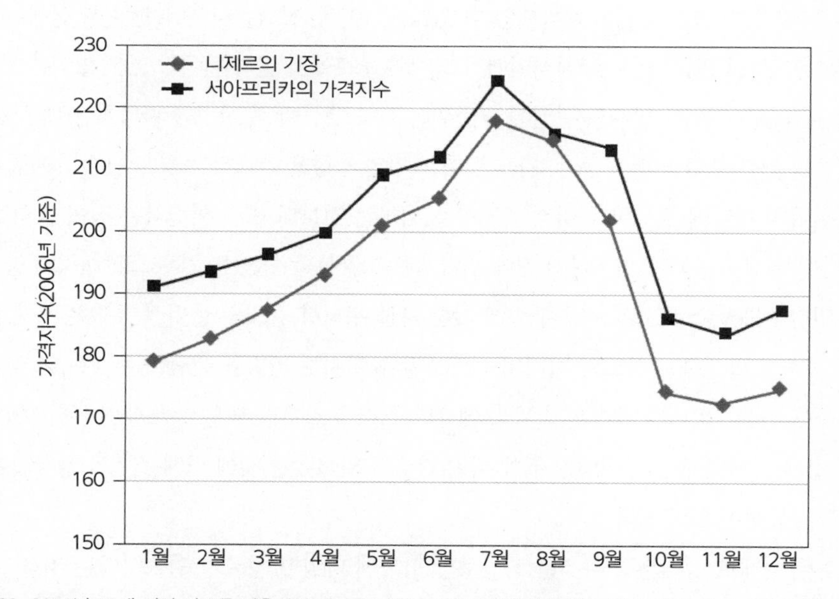

그림 2.5 2002-2012년 13개 시장 자료를 이용하여 계산한 니제르 기장의 월평균 가격(kg당 CFA*로 표시; 2006년을 기준으로 비교)과 서아프리카 가격지수(출처: FEWS NET의 자료와 Brown et al.(2010; 2012))

주: 그림은 반건조 지역에서 수확 전 시기인 7-8월에 가격이 상승했다가 수확 시기인 10-11월에 하락하는 모습을 보여 준다.

* 옮긴이: CFA 프랑은 과거 프랑스 식민 국가였던 서아프리카의 베냉, 부르키나파소, 코트디부아르, 기니비사우, 말리, 니제르, 세네갈, 토고 등 8개국에서 사용되는 통화이다.

식량보장 분석을 위한 자료

앞에서 제시한 사례는 행동 가능하면서 유용한 식량보장을 평가하기 위해서 얼마나 자세하고 구체적인 정보가 필요한지를 보여 준다. 식량보장 문제의 본질과 심각성을 이해하는 데 기초가 되는 자료와 분석방법은 다양하며, 식량가격, 환경조건, 거래 흐름에 대한 정보와 기타 정보가 포함된다. 원격탐사는 식량 생산 문제를 나타내는 조기 지표 역할을 할 수 있고, 일반적으로 논란의 소지가 적어서 실제 대응을 하기 전에 반드시 합의에 도달해야 하는 많은 당사자들 간 협상과 논의에 중요한 역할을 하며, 식량보장 평가에서 핵심적이라 할 수 있다(Brown et al., 2007). 식량 생산을 모니터링하기 위해 이용할 수 있는 자료는 1980년대의 식생 건강 정보에서 출발하여 정확한 강우량 추정(Xie et al., 2002), 수확에 미치는 영향을 보여 주는 모델(Vermeulen et al., 2012), 고해상도 작물 경작면적 추정(Husak et al., 2008), 각 지역 작물 성장기에 대한 지속적이고 다면적인 모니터링을 가능하게 하는 그 밖의 도구로 확장되었다(Maselli et al., 2000; Bolton and Friedl, 2013).

환경조건 모니터링을 위한 원격탐사 시스템의 발전으로 적은 비용으로 한 대륙 전체의 현재 기후 변동성을 모니터링할 수 있는 방법이 개발되었다(Tucker, 1979). 원격탐사 시스템 출현 전에는 생육조건에 관한 정보를 얻기 어렵고 매우 국지적이어서 도시와 도로에서 멀리 떨어진 넓은 영역은 모니터링되지 않았다. 원격탐사 정보는 날씨와 관련된 광범위한 식량 생산 부족 상황을 파악하는 데 사용될 수 있다. 기근경보를 위한 초기 노력을 통해, 기후 위험 요인의 영향을 추정하는 것은 단순히 가뭄의 지속이나 홍수의 심각성 파악에 필요한 물리적 증거를 분석하는 것보다 훨씬 어렵다는 점이 밝혀졌다. 실질적이고 광범위한 생계 붕괴가 일어나기 전에 취약계층이 극복할 수 있는 기후 스트레스의 양 사이에는 큰 차이가 있다(Dilley, 2000). 강우량 부족에 의한 작물 수확량 감소의 물리적 특징은 구체적일 수 있지만, 이런 감소가 발생하는 장소와 시기의 식량보장에 미치는 영향을 판단하는 것은 그 맥락에 따라 달라진다. 예를 들어, 몇 년간 괜찮은 수확 후에 변덕스러운 강우량 때문에 기장 생산이 50% 줄 경우, 몇 년 동안 평균 이하의 생산이 이어진 뒤에 이런 감소가 일어났을 때에 비해 개입을 정당화할 수 있는 식량 불안정 가능성이 훨씬 적다.

앞서 살펴본 니제르 생계분석 사례는 식량보장 평가에 다양한 자료가 필요하다는 것을 보여 준다. 표 2.2에는 식량보장 평가에 사용되는 사회·경제 자료가 제시되어 있다. 표 2.3에는 식량 생산 가변성 평가에 사용되는 원격탐사 결과물과 생물물리적 결과물이 제시되어 있다. 하지만 모두 조기경보 기구에서 사용하는 모든 제품의 목록을 포함하지 않으며(Brown, 2008 참조, 표 3.1에 더 종합적인 목록이 제시되어 있음), 단지 조기경보와 기타 모니터링 기구가 식량보장 평가를 위해 실제로 사용할 수 있는

표 2.2 식량보장 모니터링에 이용할 수 있는 사회·경제 자료

자료 유형	결과물	설명	공간 범위	해상도	주기/시간 범위
식량가격	FEWS NET 가격 데이터베이스	소매가격과 지역에서 중요한 원자재	35개국	각국별로 최소 3개 이상의 시장	매달; 2003년부터 시작
식량가격	FAO 전구 정보 및 조기경보 시스템(GIEWS) 전구 가격 데이터베이스	도매가격(주로 곡물): FEWS NET 자료를 획득하여 배포	75개국	대부분 수도에 한정	매달; 시작 시기가 다름(가장 빠르게는 2000년부터)
식량가격	과거 USAID 자료 수집 시스템에서 얻은 역사적 가격 자료	모든 원자재에 관한 광범위한 데이터베이스	15개국	각국별로 수백 개의 시장	매일, 10일마다, 매달; 2000년에 종료
식량가격	국가 수준 가격 정보 시스템	가축, 상품, 서비스, 식량가격이 포함된 각국 정부가 수집하는 국내 자료	거의 모든 국가: 대부분의 경우 누구에게나 공개되지는 않음.	대부분의 도시와 광역지자체 수도	매일 및 매달; 다양함
고용	노동시장	국가 대표에 의한 비공식적 모니터링	FEWS NET이 존재하는 국가만	–	–
인구	인구 밀도도: 이주나 대규모 인구 이동을 포착할 목적으로 업데이트	LandScan 데이터에 기반한 인구 탐색기	지구 전체	1,000m	지속적으로 업데이트; 최신 인구 자료, 비상사태 정보
무역 흐름도	흐름도: 시장 유역*과 지역 간 상품 이동에 관한 정보를 제공	식량보장에 중요한 시장 네트워크와 관련된 경험과 지식에서 얻은 무역 흐름 정보	지방정부, 시장 정보 시스템, UN 기구, 네트워크 파트너, 시장 행위자들로부터 얻은 무역 흐름 정보	현지 식량보장에 중요한 곡물, 가축, 노동력을 보여 주는 국가별 지도 1개	5년 이하의 주기로 업데이트: 지역과 변화 속도에 따라 업데이트 주기 결정
국경무역의 양	국경무역 보고서	설문조사 결과 및 분석	동아프리카 26개 국경시장의 88개 원자재 및 가축	–	매달

출처: Brown(2008)

* 옮긴이: market shed: 상품 생산지와 소비지를 연결시키는 개념이다. 유역이나 집수역을 뜻하는 watershed에서 따온 말이다. 다음 문서의 3페이지 참조: http://ageconsearch.umn.edu/record/121866/files/idwp121.pdf

표 2.3 식량 생산 가변성 모니터링을 위한 생물물리 데이터

데이터 유형	제품	설명	공간 범위	해상도	주기/시간 범위
강수량	NOAA[1] 강우량 추정	복합센서(Meteosat, TRMM,[2] AMSR/E[3])와 측정기가 통합된 모델	광역(아프리카, 남아시아)	0.1°	매일, 10일마다; 2006년–현재
강수량	CHiRP[4] 데이터	정지궤도 IR[5] 기온(Meteosat/AVHRR[6])과 측정기가 통합된 모델	전구	0.05°	매일, 10일마다; 1980년–현재
강수량	TRMM	복합센서와 측정기가 통합된 모델	전구	0.25°	매일; 1997년–현재
강수량	GTS* 관측소 자료	기상 관측소 자료: WHO[7] 네트워크에서 자동으로 추출하여 매일 업데이트 됨	전구	점	매일; 역사적 시계열 자료로 시작시기 다양
강수량	강우량 측정망	국가 수준 기상 관측소 자료: 밀도는 다양함, 각 국가 내에서만 이용 가능하고, 모든 사람에게 공개되지는 않음.	거의 모든 국가	점	매일
계절 기술자(descriptor)	계절의 시작과 끝, 길이	강수량 자료를 기초로 작물 성장기간의 시작일을 결정	광역(아프리카, 중미, 아이티)	0.1°	10일마다; 역사적 시계열 자료 없음
호수 수위	전구 저수지와 호수에 대한 모니터링	위성 관측	전구	점	매일; 관측할 수 있을 때
수확량 모델	WRSI** 작물 모델	작물 유형별 수확량 감소 예상 비율 추정	광역(아프리카, 서남아시아, 중미, 아이티)	0.1°	매일; 역사적 시계열 자료 없음
목초지 조건	방목장 WRSI	방목장 목초지 조건 추정	광역(아프리카)	0.1°	매일; 역사적 시계열 자료 없음
강수량 및 기온 예측	NOAA 전구 예측 시스템	1–7일 후의 강수량 추정	전구	0.25°	매일
적설	지역 공동체 육상 모델을 이용하여 통합한 자료에서 얻은 북반구 적설 자료	센티미터 단위로 적설을 추정하는 모델	적도 북쪽 지역	0.5°	매일; 시계열 자료 제한적
증발산(ET)	매달 증발산 이상치를 보여주는 결과물	MODIS 지표 기온 기반의 관개용수 추정	광역(중앙아시아)	1km	매달; 2000년–현재

기온	MODIS 지표 기온	지표 온도 추정치	전구	1km	매일; 2000년-현재
식생	NDVI[8]	AVHRR	전구	8,000m	매일; 1981년-현재
식생	eMODIS NDVI	중간 해상도 분광복사계(MODIS 데이터)	전구	250m, 5,000m	매일; 2000년-현재
식생	SPOT[9], NDVI	SPOT 식생 데이터	전구	1,000m	매일; 1998년-현재
식생	NDVI, 표면 반사도	Landsat	전구: 범위가 완전하지 않으며, 구름이 많은 지역에서는 부족	30m	가변적; 16일마다 반복적으로 통과함; 1960년대-현재
토지 피복	다중센서, 다중제품	농지 피복, 경지 및 농장, 자연 식생 유형	전구: 많은 지역에서 확인되지 못함	30m-8,000m	매년, 주기적; 시작시기 다양
경작지(작물 재배 영역)	고해상도 이미지	Ikonos, Quickbird, Rapid Eye, GeoEye	전구: 범위가 완전하지 않으며, 구름이 많은 지역에서는 부족	1m-20m	다양함; 약 2000년부터 기록 시작

출처: Brown(2008)

약어 1 National Oceanic and Atmospheric Administration (NOAA): 미국해양대기청
2 Tropical Rainfall Monitoring Mission (TRMM): 열대 강우 관측 미션
3 Advanced Microwave Scanning Radiometer – Earth Observing System (AMSR-E): 다중채널 마이크로파 영상관측 복사계
4 Climate Hazard group InfraRed Precipitation with Station (CHIRPS) data: 기상위험 그룹 기상 관측소 적외선 강수량 자료
5 InfraRed (IR): 적외선
6 Advanced Very High Resolution Radiometer (AVHRR): 고성능 고해상도 복사계
7 World Health Organization (WHO): 세계보건기구
8 Normalized difference vegetation index (NDVI): 정규식생지수
9 Satellite pour l'observation de la terre vegetation (spot vegetation)

옮긴이: * Global Telecommunication System
** Water requirement satisfaction index

가용 자료를 제시할 뿐이다.

식량보장 상태와 관련된 정보는 각국 대표가 FEWS NET 국가 사무소에서 매달 작성하여 인터넷상의 데이터베이스(www.fews.net)에 게시하기 위해 워싱턴 DC의 중앙 사무소로 보내는 보고서 체계를 통해 소통된다. 이런 보고서는 USAID가 어디에 어떤 형태로 원조를 보내야 할지와 관련된 의사결정을 내리는 데 중요한 정보가 된다. FEWS NET 분석가들은 식량보장 위기의 시작을 파악하기 위해서 생물물리적 정보와 기후 정보를 현지와 광역 수준의 사회경제적 가구 생계분석과 결합하는 "증거수렴" 접근법을 사용한다. 구체적으로 각 국의 분석가들은 생산통계와 강수량, 기온, 식생 자료를 이용하여 식량 가용성을 평가하며, 이런 자료는 현지 측정치와 비정상적으로 강수량이 많거나 적은 시기를 식별하기 위하여 원격탐사에서 얻는다(Brown, 2008). 또한 분석가들은 시장조건, 목축 자원 위협요인, 야생 식량 가용성도 평가하며, 궁극적으로는 농업경제 전체를 평가하여 이런 성장조건이 식량보장 전체에 어떤 영향을 미칠지 파악한다. 그다음 생계와 관련된 맥락 정보를 이용하여 이런 시장과 환경조건이 해당 국가 각 지역 공동체 내 특정 집단에게 어떤 영향을 미칠지 파악한다(Verdin et al., 2005).

조기경보 시스템의 효과

1970년대와 1980년대 아프리카 기근 시기와 그 후에 수행된 연구(von Braun et al., 1998)에서 초기의 집중적인 개입이 극단적인 기후와 기아 사이의 연결고리를 단절시킬 수 있다는 것이 입증되었다(Wisner et al., 2004). 지난 10년 동안 통신 시스템이 크게 발전하면서 경보의 초점이 지난 몇 달 및 현재 상황에서 향후 6개월 동안 일어날 변화로 바뀌었다. 이런 "보다 이른" 조기경보는 여러 대륙의 식량보장 상황에 관한 시기적절하고 비교 가능한 정량적인 정보를 제공한다.

불행하게도 2011년 아프리카의 뿔 지역에서 일어난 식량보장 위기는 조기경보에 의한 대응이 진행되지 못하였다. 2012년 세이브더칠드런(Save the Children)과 영국 옥스팜(Oxfam Great Britain)이 공동 발표한 보고서에 따르면, 적절한 대응이 이루어지기 1년 전에 식량 위기에 관한 정확하고 정량적인 조기경보가 있었다.

> 이 위기는 에티오피아, 케냐, 지부티, 소말리아에서 상당히 다르게 진행되었지만, 조기경보에 대한 대응이 느렸다는 공통점이 있다. 비상사태가 정점에 도달하기 여러 달 전에 식량 위기가 임박했다는 조기 징후가 분명하였다. 하지만 국제 시스템은 상황이 위기로 발전한 다음에야 대규모 대

응을 시작하였다. (Hiller and Dempsey, 2012)

조기경보 시스템이 대응 능력과 정보를 탐지하고 분석하는 능력을 크게 향상시켜 경보를 보다 빠르게 제공할 수 있게 되었지만, 이런 경보에 대응하는 인도주의 시스템 능력에서는 그에 상응하는 변화가 없었다. 조기경보 공동체의 안내를 진지하게 받아들이기 위한 변화가 인도주의 공동체의 장기 개발 프로그램과 단기 생계지원에서는 이루어지지 않았던 것이다.

Hiller and Dempsy(2012)의 보고서는 위기 시에 피해자들의 생명과 생계를 지키는 데 필요한 획득권한 이전에 전념하는 기존의 태도를 재고해야 할 필요성에 초점을 맞추었다. 인도주의 대응에 필요한 대규모 자금을 모금하기 위해서는 자금의 이동을 촉발시키기에 충분한 언론 보도와 대중의 관심이 있어야 한다(Maxwell and Fitzpatrick, 2012). 분석과 보고를 통해 어떤 사건이 일어날 가능성이 높다는 것이 밝혀지면, 언론 보도와 정치적 반응이 시작되기 전에 즉각적인 대응을 시작해야 한다는 조기경보의 핵심에서 벗어나는 것이다. 이는 상황이 위기로 발전하여 굶어 죽는 아이들과 다른 곳으로 이주하는 가족들, 누렇게 타버린 농경지의 사진이 언론을 강타해야 대응이 이루어지기 때문이다. 이는 동아프리카와 같은 곳에서 반복되는 가뭄에 대한 만성적인 취약성과 인도주의 원조에 대한 의존을 더욱 키운다.

이 보고서는 동아프리카의 식량보장을 위해 노력하는 기구와 기관이 엄청나게 많다는 점을 지적하였다. 각국 정부가 자체적으로 식량보장 문제에 큰 관심을 기울이고 있을 뿐만 아니라, 정보를 분석하고 지원하며 식량보장 상황을 개선하기 위한 장단기 프로그램을 수행하는 국가와 국제 기구, UN 제휴기구도 많다. 이 모든 기구가 2011년 초에 위기가 닥쳐온다는 것을 알아차려서 회의를 개최하고 경보를 울리기 위해 노력하였다(FEWS NET, 2011a).

2011년 에티오피아와 케냐, 소말리아 대부분 지역에서 몇 년간의 가뭄에 의한 극심한 식량 불안정과 높은 식량가격으로 구매력 저하가 시작되고 있었다. 여러 기관이 공동으로 수행한 계절 기후 전망은 평년보다 강수량이 적을 가능성이 매우 높았다(Nyenzi et al., 2000). 이 지역은 2010년에 매우 적은 양의 비가 내린 뒤 상당히 건조한 상태였다. 아프리카의 뿔 동부 지역은 지난 30년 중 가장 건조하였다(Maxwell and Fitzpatrick, 2012; FEWS NET, 2011b). 그러므로 2011년 초부터 아프리카의 뿔 지역의 식량보장 상태가 심각하게 악화되고 있다는 증거가 일관되고 분명하였다. 인도주의 공동체는 자신들이 이 문제를 인식하고 있지만 "지휘 계통을 통해" 의사결정을 끌어내는 데 실패했다고 이야기하였다. 위기를 피하기 위해 적절하게 대응하는 데 필요한 규모의 자원을 동원하려면 분명한 의사결정이 있어야 하였다. 결국, 1,000만 명 이상이 위험에 처하고 위기가 "기근"으로 선언되고 나서야 기금이 할당되어 자원이 제공되었다(Lautze et al., 2012). 조기경보가 실패했다는 점은 분명하지만, 그 원인은 경보 시기나 내용이 적절하지 못했기 때문이 아니라 인도주의 공동체가 적절히 대응하지 못했기 때문이다.

2011년 위기는 인도주의 공동체에 위기관리가 아니라 위험관리에 초점을 맞춰야 한다는 교훈을 남겼다. 인도주의 단체는 행동을 위해 확실한 결과가 나올 때까지 기다려서는 안 되며, 행동을 유발하는 정량적 촉발 요인에 대응하기 위한 공동의 접근법을 개발해야 한다. 식량보장 위기를 나타내는 지표가 개선됨에 따라 이들 지표에 대한 국가와 기관들의 대응이 한 박자 느리다는 점이 더욱 분명해지고 있다(Lautze et al., 2012). 경제와 생계에 장기적인 피해가 일어나지 않도록 하기 위해 취약 지역 가뭄에 대한 보다 이른 대응이 필요하다. 기후 변동성의 영향을 식량가격과 식량보장 분석에 통합하면 가뭄의 예상 결과를 규명할 수 있을 것이다. 이런 교훈은 다음을 통해 실천할 수 있다.

- 각국 정부는 책임 이전과 프로그램을 통해 식량보장 수요를 충족시킬 주된 책임이 자신들에게 있음을 인식하고, 가뭄 대응을 위한 정치적 리더십을 제시해야 한다.
- 국제 원조 공동체는 위험 감소 접근법을 자신들의 사업에 통합시켜 장기 개발 개입이 변화하는 환경 맥락에 적응할 수 있게 해야 한다.
- 모든 조직은 작물 재배기간이 끝날 때까지 기다렸다가 상황에 대응하지 말고, 기상과 기후 예측에 대응하여 예방 차원의 인도주의 사업을 수행해야 한다.
- 기부자들은 더 민첩하고 유연한 자금 지원 메커니즘을 제공하여 재발성 위기에 대한 대응이 개발 프로그램 속에 통합되도록 하여 자금이 더 신속하게 배포되도록 하고, 위기가 모두에게 명백해지기 전에 효과적이고 선제적인 조기 대응이 이루어질 수 있게 해야 한다(Hillier and Dempsey, 2012).

위기에 대한 효과적인 조기경보를 위한 이런 과제를 고려할 때, 이 책에서 식량 생산과 식량가격 간 연결고리에 관해 제공하는 향상된 지식으로 대규모 위기 상태의 생명 손실이 줄어들 가능성은 그리 높지 않다. 그러기 위해서는 위기 대응 자금을 제공하는 방식과 인도주의 공동체의 구조가 실질적으로 크게 변해야 한다. 그럼에도 불구하고, 극단적인 기후 변동성이 지역, 광역 수준의 식량가격 변화를 유발하는 방식과 그로 인해 이들 지역의 식량보장에 미치는 영향을 더 잘 이해하는 일이 중요하다. 정기적인 보고와 인도주의 공동체 내부 통합 향상으로 새로운 식량보장 위기와 계속 진행되는 식량보장 위기에 대한 지식을 향상시키는 일은 여전히 중요하다.

요약

이 장에서는 식량보장 구성요소를 소개하고 정의하였으며, 조기경보 시스템 내에서 위기에 대한 조기경보와 대응을 위해 현재 그것들이 어떻게 사용되고 있는지 설명하였다. 오늘날에도 여전히 기아가 일어나고 있으며, 식량 가용성 문제와 가구의 식량 구매 능력 문제를 비롯한 복잡한 비상 상황이 그 원인이다. 식량 접근성이 식량보장 평가의 핵심이지만, 조기경보 시스템과 인도주의 시스템 내에서 가격과 시장 정보를 사용하는 방식은 최근에서야 발전되었다. 식량 생산 변동을 이해하기 위해서는 원격탐사 정보가 중요하며, 이 정보는 한 지역 내 식량 가용성을 평가하는 데에도 사용된다. 니제르의 생계 사례는 현재 식량보장 평가에 사용되는 복잡성의 수준을 보여 준다. 이 사례에서 강조한 개념들은 주로 농촌과 농업에 관련된 것이다. 그러므로 도시 식량보장을 고려할 때에는 또 다른 문제가 있을 수 있다.

참고문헌

Alderman, H., Hoddinott, J. and Kinsey, B. (2006) Long term consequences of early childhood malnutrition. *Oxford Economic Papers*, 58, 450-474.

Atinmo, T., Mirmiran, P., Oyewole, O. E., Belahsen, R. and Serra-Majem, L. (2009) Breaking the poverty/malnutrition cycle in Africa and the Middle East. *Nutrition Reviews*, 67, S40-S46.

Barrett, C. (2010) Measuring food insecurity. *Science*, 327, 825-828.

Barrett, C. B. and Lentz, E. (2010) Food insecurity. In Denemark, R. (Ed.) *The international studies compenium project*, Oxford, Wiley-Blackwell.

Barrett, C. B. and Maxwell, D. G. (2005) *Food aid after fifty years: Recasting its role*, New York, Routledge.

Bolton, D. K. and Friedl, M. A. (2013) Forecasting crop yield using remotely sensed vegetation indices and crop phenology metrics. *Agricultural and Forest Meteorology*, 173, 74-84.

Boudreau, T. E. (1998) The food economy approach: A framework for understanding rural livelihoods. London, Relief and Rehabilitation Network/Overseas Development Institute.

Brown, M. E. (2008) *Famine early warning systems and remote sensing data*, Heidelberg, Springer Verlag.

Brown, M. E. and de Beurs, K. (2008) Evaluation of multi-sensor semi-arid crop season parameters based on NDVI and rainfall. *Remote Sensing of Environment*, 112, 2261-2271.

Brown, M. E., Funk, C., Galu, G. and Choularton, R. (2007) Earlier famine warning possible using remote sensing and models. *EOS Transactions of the American Geophysical Union*, 88, 381-382.

Brown, M. E., Hintermann, B. and Higgins, N. (2009) Markets, climate change and food security in West Africa. *Environmental Science and Technology*, 43, 8016-8020.

Brown, M. E., Pinzon, J. E. and Prince, S. D. (2008) Using satellite remote sensing data in a spatially explicit price model. *Land Economics*, 84, 340-357.

Brown, M. E., Tondel, F., Essam, T., Thorne, J. A., Mann, B. F., Leonard, K., Stabler, B. and Eilerts, G. (2012) Country and regional staple food price indices for improved identification of food insecurity. *Global Environmental Change*, 22, 784-794.

Buchanan-Smith, M. (1994) Knowledge is power? The use and abuse of information in development. *IDS Bulletin*, 25.

Buchanan-Smith, M. (2000) Role of early warning systems in decision making processes. In Wilhite, D. A., Sivakumar, M. V. K. and Wood, D. A. (Eds.) *Monitoring drought: Early warning systems for drought preparedness and drought management*, London, World Meteorological Organization.

CIA (2012) Central intelligence agency world factbook. Washington DC, United States Government.

Corbett, J. (1988) Famine and household coping strategies. *World Development*, 16, 1099-1112.

Cutler, P. (1984) Food crisis detection: Going beyond the food balance sheet. *Food Policy*, 9, 189-192.

Darnton-Hill, I. and Cogill, B. (2009) Maternal and young child nutrition adversely affected by external shocks such as increasing global food prices. *Journal of Nutrition*, 140, 162S-169S.

Davies, S. M., Buchanan-Smith, M. and Lambert, R. (1991) *Early warning in the Sahel and Horn of Africa: The state of the art review of the literature*, Brighton, UK, Institute of Development Studies, University of Sussex.

De Waal, A. (1988) Famine early warning systems and the use of socio-economic data. *Disasters*, 12, 81-91.

Devereux, S. (2000) Famine in the twentieth century. *IDS Working Paper 105*, London, Institute of Development Studies.

Dilley, M. (2000) Warning and intervention: What kind of information does the response community need from the early warning community. Washington DC, USAID, Office of US Foreign Disaster Assistance.

Eckhardt, C. L. (2006) Micronutrient malnutrition, obesity, and chronic disease in countries undergoing the nutrition transition: Potential links and program/policy implications. *FCND Discussion Paper 213*, Washington DC, International Food Policy Research Institute (IFPRI).

FAIS (2012) World food aid flows. Rome, Italy, UN World Food Programme.

FAO (2011) Price volatility in food and agricultural markets: Policy responses. Rome, Italy, United Nations Food and Agriculture Organization.

FEWS NET (2011a) East Africa food security alert: Below-average March to May rains forecast in the eastern Horn - current crisis likely to worsen. Washington DC, USAID.

FEWS NET (2011b) East Africa: Past year one of the driest on record in the eastern Horn. Washington DC, USAID.

FEWS NET (2011c) Livelihoods zoning "plus" activity in Niger. Washington DC, USAID.

FEWS NET (2012a) East Africa seasonal monitor: Cumulative seasonal rainfall deficits grow over parts of the eastern Horn. Washington DC, US Agency for International Development.

FEWS NET (2012b) Famine early warning system network home page. USAID FEWS NET.

Fogel, R. W. (2004) *The escape from hunger and premature death, 1700-2100: Europe, America and the third world*,

Cambridge, Cambridge University Press.

Frankenberger, T. R. (1992) Indicators and data collection methods for assessing household food security. In Maxwell, S. and Frankenberger, T. R. (Eds.) *Household food security: Concepts, indicators, measurements.* New York, United Nations Children's Fund - International Fund for Agricultural Development.

Funk, C. and Brown, M. E. (2009) Declining global per capital agricultural capacity and warming oceans threaten food security. *Food Security Journal*, 1, 271-289.

G8 (2009) L'aquila joint statement on global food security. L'Aquila Italy, G8 Nations.

Gouel, C. (2013) Food price volatility and domestic stabilization policies in developing countries. *WP6393.* Washington DC, World Bank.

Gráda, C. Ó. (2009) *Famine: A short history*, Princeton NJ, Princeton University Press.

Grosh, M., Ninno, C. D., Tesliuc, E. and Ouerghi, A. (2008) For protection and promotion: The design and implementation of effective safety nets. Washington DC, World Bank.

Handa, S. and Mlay, G. (2006) Food consumption patterns, seasonality and market access in Mozambique. *Development Southern Africa*, 23, 541-560.

Hillbruner, C. and Egan, R. (2008) Seasonality, household food security, and nutritional status in Dinajpur, Bangladesh. *Food and Nutrition Bulletin*, 29, 221-231.

Hillier, D. and Dempsey, B. (2012) A dangerous delay: The cost of late response to early warnings in the 2011 drought in the horn of Africa. Oxford, Save the Children and Oxfam GB.

Husak, G. J., Marshall, M. T., Michaelsen, J., Pedreros, D., Funk, C. and Galu, G. (2008) Crop area estimation using high and medium resolution satellite imagery in areas with complex topography. *Journal of Geophysical Research-Atmospheres*, 113, D14112.

Hutchinson, C. F. (1998) Social science and remote sensing in famine early warning. In Liverman, D., Moran, E. F., Rindfuss, R. R. and Stern, P. C. (Eds.) *People and pixels: Linking remote sensing and social science.* Washington DC, National Academy Press.

Izcue, A. and Powrie, F. (2012) Malnutrition promotes rogue bacteria. *Nature*, 487, 437-438.

Khan, M. M. (1994) Market-based early warning indicators of famine for the pastoral households of the Sahel. *World Development*, 22, 189-199.

Lautze, S., Bella, W., Alinovi, L. and Russo, L. (2012) Early warning, late response (again): The 2011 famine in Somalia. *Global Food Security*, 1, 43-49.

Lele, G. (1994) Indicators for food security and nutrition monitoring: Nutrition monitoring. *Food Policy*, 19, 314-328.

Lunn, P., Northrop-Clewes, C. and Downes, R. (1991) Intestinal permeability, mucosal injury, and growth faltering in Gambian infants. *Lancet*, 338, 907-910.

Macro (2013) Measure DHS website: www.Measuredhs.Com. Calverton MD, USAID and Macro International.

Martorell, R., Kettle-Khan, L. and Schroeder, D. (1994) Reversibility of stunting: Epidemiological findings in children from developing countries. *European Journal of Clinical Nutrition*, 48, S45-S57.

Maselli, F., Romanelli, L., Bottai, L. and Maracchi, G. (2000) Processing of gac NDVI data for yield forecasting in the Sahelian region. *International Journal of Remote Sensing*, 21, 3509-3523.

Mason, J., Musgrove, P. and Habicht, J.-P. (2003) At least one-third of poor countries' disease burden is due to malnutrition. Bethesda MD, Disease Control Priorities Project (DCPP) Work.

Maxwell, D. and Fitzpatrick, M. (2012) The 2011 Somalia famine: Context, causes, and complications. *Global Food Security*, 1, 5-12.

Maxwell, S. and Frankenberger, T. R. (1992) *Household food security, concepts, indicators and measurements: A technical review*, New York, United Nations Children's Fund - International Fund for Agricultural Development.

Mellor, J. W. and Gavian, S. (1987) Famine: Causes, prevention, and relief. *Science*, 235, 539-545.

Moseley, W. G. and Logan, B. I. (2001) Conceptualizing hunger dynamics: A critical examination of two famine early warning methodologies in Zimbabwe. *Applied Geography*, 21, 223-248.

Moseley, W. G., Carney, J. and Becker, L. (2010) Neoliberal policy, rural livelihoods, and urban food security in West Africa: A comparative study of the Gambia, Côte d'Ivoire, and Mali. *Proceedings of the National Academy of Sciences*, 107, 5774-5779.

Myers, S. and Patz, J. (2009) Emerging threats to human health from global environmental change. *Annual Review of Environmental Resources*, 34, 223-252.

Nyenzi, B. S., Raboqha, S. P. and Garanganga, B. (2000) Sadc drought monitoring center: Review of regional climate outlook forums process. Harare, Zimbabwe, Drought Monitoring Center.

Pinstrup-Andersen, P. (2009) Food security: Definition and measurement. *Food Security Journal*, 1, 5-7.

Scheel, M. L. M. (2012) Early warning systems: The "last mile" of adaptation. *EOS Transactions of the American Geophysical Union*, 93, 209-210.

Schmidhuber, J. and Tubiello, F. N. (2007) Global food security under climate change. *Proceedings of the National Academy of Sciences*, 104, 19703-19708.

Schreiner, M. (2012) Estimating consumption-based poverty in the Ethiopia demographic and health survey. *Ethiopian Journal of Economics*, 21.

Scoones, I. (1996) *Hazards and opportunities: Farming livelihoods in dryland Africa, lessons from Zimbabwe*, Atlantic Highlands NJ, Zed Books.

Sen, A. K. (1981) *Poverty and famines: An essay on entitlements and deprivation*, Oxford, Clarendon Press.

Shipton, P. (1990) African famines and food security: Anthropological perspectives. *Annual Review of Anthropology*, 19, 353-394.

Swinnen, J. and Squicciarini, P. (2012) Mixed messages on prices and food security. *Science*, 335, 405-406.

Tucker, C. J. (1979) Red and photographic infrared linear combinations for monitoring vegetation. *Remote Sensing of Environment*, 8, 127-150.

UNISDR (2004) Living with risk: A global review of disaster reduction inititatives. Rome, Italy, United Nations.

United Nations (1948) Universal declaration of human rights. *General Assembly Resolution 217 A (III)*. New York, United Nations.

Verdin, J., Funk, C., Senay, G. and Choularton, R. (2005) Climate science and famine early warning. *Philosophical*

Transactions of the Royal Society B: Biological Sciences, 360, 2155-2168.

Vermeulen, S. J., Aggarwal, P. K., Ainslie, A., Angelone, C., Campbell, B. M., Challinor, A. J., Hansen, J. W., Ingram, J. S. I., Jarvis, A., Kristjanson, P., Lau, C., Nelson, G. C., Thornton, P. K. and Wollenberg, E. (2012) Options for support to agriculture and food security under climate change. *Environmental Science and Policy*, 15, 136-144.

Von Braun, J., Teklu, T. and Webb, P. (1998) *Famine in Africa: Causes, responses, and prevention*, Baltimore MD, Johns Hopkins University Press.

Watts, M. (1983) *Silent violence: Food, famine and peasantry in northern Nigeria*, Berkeley CA, University of California Press.

Wisner, B., Blaikie, P., Cannon, T. and Davis, I. (2004) *At risk: Second edition*, London, Taylor & Francis.

Woldetsadik, T. (2011) ACF nutrition causal analysis: Aweil East County, Northern Bahir el Ghazal State, South Sudan. Washington DC, Action Against Hunger USA.

Xie, P., Yarosh, Y., Love, T., Janowiak, J. and Arkin, P. A. (2002) A real-time daily precipitation analysis over south Asia. *16th Conference on Hydrology*. Orlando FL, American Meteorological Society.

제 3 장

기후 변동성과 농업, 원격탐사

이 장의 목표

이 장에서는 원격탐사 정보를 이용하여 기후 변동성을 측정하는 방법을 설명하였다. 지난 50년 동안 전구적 기온 변동 경향을 서술하여 기후 변동성을 정의하고, 이런 기후 변동성 경향이 기온에 어떻게 영향을 미치는지 서술하였다. 기상 관측소가 부족한 지역에서 강우량 자료 대신 비교 가능하고 신뢰성을 높일 수 있는 식생에 대한 원격탐사 자료가 대안으로 제시되었다. 식생 자료를 활용한 생육기간 분석으로 식생 조건 모델을 이용하여 국가 차원의 식량 생산량을 평가하였다. 마지막으로, 생산에 대한 자원의 영향을 상기시키기 위해서 기후 변동성에 따른 취약성에 대한 개발과 농업투자에 대하여 평가하였다.

기후와 기후 변동성, 기후변화

기후는 어느 한 지역에서 나타나는 수십 년 이상의 평균 날씨이다. 기후 변동성과 기후변화가 같은 의미로 쓰이기도 하지만 서로 다른 의미를 갖고 있다. 기후변화는 장기간(30년 이상)에 걸쳐서 나타나는 통계적으로 유의한 지속적인 변화 상태라고 할 수 있다. 기후변화에 관한 정부 간 협의체(IPCC; Intergovernmental Panel on Climate Change)에서는 기후변화를 인간의 활동에 기인한 변화라고 정의하고 있다. 기후 변동성은 개별 날씨가 아니라 시간과 공간 규모에 대한 평균 상태와 기타 변동을 나타낸다. 변동성은 기후 시스템 내의 자연적인 내부 과정(내적 변동성)이나 자연적인 대기 외부 힘에 의한 변화(외적 변동성)로 발생할 수 있다(IPCC, 2007b). 기후변화의 진행 기간이 너무 길어서 식량보장 위기가 발생할 수 있는 가구 취약성의 급격한 변화나 경제적 변화와 쉽게 통합할 수 없으므로 이 책에서는 기후 변동성에 초점을 맞추었다. 지난 10년 동안과 그다음 기간 동안의 식량 가용성과 식량 접근성에 대한 기후와 기후 변동성의 영향을 이해하려면, 날씨와 기후에 대한 정확한 관측과 이런 충격이 발생하는 경제적, 사회적 맥락에 대한 이해가 필요하다(NAS, 2004).

기후 변동성은 가뭄과 홍수, 그 외 자연적인 극한 기상을 초래할 수 있다. 이런 극한 상황은 기후의 잠재적인 경향에 의해 더 악화될 수 있다. 변동성은 지구의 육지, 해양, 대기와 생명 과정의 순환과 행성 규모의 경향에 의해 발생한다. 이런 순환은 엘니뇨-남방진동(ENSO; El Nino Southern Oscillation), 북대서양 진동과 장기간의 해양 순환으로 발생하는 다른 순환과 같이 수년에 걸쳐서 발생한다(Chen et al., 2004). 기후 순환은 여러 달에 걸쳐서 지역사회에 비정상적으로 습하거나 건조한 날씨를 초래할 수 있다. 이런 극단적 현상은 자연자원에 의존하는 농업 생산과 생계에 중대한 영향을 미칠 수 있다(Chimeli et al., 2002). 이미 기후변화에 의해 강수량 변동을 경험하고 있는 지역에서 이런 순환이 발생하면 건조하거나 습한 조건이 장기간의 경향과 상호작용하면서 극한 상황으로 이어져 경제적 변화를 초래할 수 있다(Gutschick Bassirirad, 2003; Tschirley and Weber, 1994; Katz and Brown, 1992).

전구적인 환경 변화는 자연 시스템 내의 자연적이고 인위적인 변화와 인류 사회의 대규모 변화를 연결하는 개념이라 할 수 있다. 1987년에 설립된 국제 지권-생물권 프로그램(IGBP; International Geosphere Biosphere Programme)은 인간 시스템과 지구의 생물학적, 화학적, 물리적 과정 간의 전구 및 지역 차원의 상호작용에 관한 국제 연구를 조정하고 있다. 이에 대하여 Steffen et al.(2012)은 저서에서 다음과 같이 요약 설명하고 있다.

> 수 세기 전에 시작된 이런 변화는 20세기 후반기에 급속하게 진행되었다. 지난 100년 동안 인구는 60억 이상 증가했고 경제활동은 1950년에서 2000년 사이에 거의 10배 성장하였다. 세계 인구는 경제와 정보 흐름의 세계화를 통해 보다 긴밀하게 연결되었다. 인류는 지표면의 절반을 사용하고 있다.

이런 변화는 인류가 토양을 침식시키고 물을 오염시키며 농업을 기반으로 하는 생태계를 변화시키므로 농업에 중대한 영향을 미칠 수 있다(Steffen et al., 2012).

기후 변동성을 농업과 관련지어 측정하는 것은 어렵다. 단일 농장에서 특정 해에 얼마나 가뭄이 발생할 것인가를 판단하려면, 30년 이상 신뢰할 수 있는 기상 자료와 작물의 최적 성장에 필요한 수분량에 대한 포괄적인 이해가 필요하다(Zell et al., 2012). 한 지역이 어떻게 변화할지를 판단하기 위해서는 기후 변동성과 변화를 결정할 수 있는 충분한 기간과 일관성 있고 연속성 있는 관측치가 필요하다(NAS, 2004). 적절한 기상 자료가 있더라도 특정 작물에 필요한 수분의 양을 파악하려면 토양 조성과 부식질, 토양의 유기물 함량, 작물 뿌리의 깊이, 식물 품종의 특정 유전체 구성 등을 측정해야 한다(Deryng et al., 2011; Wit and Diepen, 2007; Rojas, 2007; Hansen and Indeje, 2004). 영양분 부족과 작물의 특성, 기후 변동성 자체로 나타날 수 있는 토양 특성의 추세가 기후변화가 식량 생산에 미치는 영향을 추정하기 어렵게 한다.

세계 인구의 팽창과 경제성장으로 농업 분야에서 기후 변동성의 영향을 중요하게 인식하게 되었고, 기술발전과 더불어 충분한 식량 생산도 가능하게 되었다. 가뭄과 극한 기후는 언제라도 발생할 수 있지만, 농업 시스템의 규모와 다양성이 이런 변화로부터 전 세계 농산물을 보호하고 있다. 하지만 지역 공동체는 단기간에 발생하는 현상에 심각하게 영향을 받으며, 생산량 변화에 대한 취약성이 높아지면 짧은 기후 교란조차도 장기적인 영향을 미칠 수 있다(Simelton et al., 2012; Bindraban and Rabbinge, 2012; Ericksen et al., 2011). 기후변화와 취약성에 대한 원인에는 기술 변화와 인구 증가, 식생활 변화 등이 포함된다. 표 3.1은 인간활동과 환경 영향 간에 관련성을 보여 주는 전구적 환경 변화의 동인을 간략히 소개한 것이다.

농업은 토지이용, 메탄과 질소 산화물과 같은 대기오염물질, 수질오염, 생물 다양성 손실 및 기타 영향을 초래하면서 환경 변화에 큰 영향을 미친다(Lashof et al., 1997). 전구적인 사회 변화는 다양한 규모로 자연계에 단계적인 영향을 미친다(Shindell et al., 2012; Reid et al., 2005). Steffen et al.(2012)은 이런 변화에 관심이 있는 독자를 위해서 사회 시스템과의 상호작용에 대해 폭넓게 소개하였다. 이 책은 지난 30년간 원격탐사 자료로 측정된 농업 관련 기후 변동성과 이런 변화가 농업과 식량 가용성에 어떤 영향을 미치는지에 대해 중점적으로 설명하고 있다. 위성 자료는 전 세계적으로 날씨와 기후에 대한 지식을 크게 향상시키고 있지만, 여전히 측정할 수 없는 곳이 남아 있다. 위성 자료에는 농부의 관리 영향, 작물 수확 가능성, 작물 생장에 대한 스트레스의 영향, 작물 재배지의 지리적·시간별 정보 등이 포함된다. 이런 지식의 격차는 사회에 영향을 미치는 변화를 이해하기 위해 시간 경과에 따른 경향을 파악하고 정량화할 수 있는 능력을 중심으로 다루어진다.

텍사스에서 2011년에 발생한 극심한 가뭄이 이런 문제의 대표적 사례이다. 미국 남서부는 2011년 1월부터 고온과 매우 적은 강수량으로 45년 만에 최악의 가뭄을 겪었다. 애리조나에서 플로리다로 확

표 3.1 지구 환경 변화의 직접적이고 근본적인 요인

환경 변화	직접적 요인	근본적 요인
육지	삼림 황폐화(벌목 및 방화) 농업변화(경작, 줄뿌림 작물, 계단식 경작, 나무, 작물) 토지 황폐화 도심/부도심의 확장 광산업	식량 수요 식량 선호도 재개발 재화 및 서비스의 수요(기술, 차 등) 문화 변화 도시화
대기	화석연료 연소 농업 활동(질소, 메탄) 바이오매스 연소 산업기술	수요의 유동성 소비자 제품 수요 식량의 수요 기술 변화
물	댐, 인공호 도시용수 시스템과 누수/증발로 인한 손실 수송 시스템 폐기물 처리 기술 산업용수/기술, 변화(즉, 천연가스 시추기술) 농업 관개	물 수요(인간 직접 사용) 식량 수요(관개) 소비자의 제품 수요(산업과정) 시스템 투자 부족(폐기물) 수요 유동성
해안/바다	토지피복 변화로 인한 퇴적물과 영양 오염 지하수 제거 어획 강도와 기술 하수처리 기술 도시화/해안 개발 산업, 소비자, 누출로 인한 오염	재개발 수요 식량/식단 선호도 수요 조경 편의시설 생활방식/문화 선호도
생물 다양성	자연/숲 환경 시스템의 제거 외래종 도시 지역과 부도심 지역의 확장	식량 수요 조경 편의시설 생활방식

주: 직접적 요인은 특정 환경 변화를 일으키는 직접적인 인간활동이다. 근본적 요인은 본질적 수요와 개인이나 단체의 경제적 욕구와 관련이 있다.

대된 가뭄으로 텍사스 중부와 북부에서 비가 내리지 않았으며, 전반기 6개월 동안 기온이 평균기온보다 크게 상승하였다. 이 가뭄이 재발할 수 있는 건조 현상인지 아니면 우리 생애에 다시 발생하지 않을 일회성 가뭄인지에 대한 질문에 대해서는 가뭄에 대한 단기적 대응으로 취약성이 커질 수 있기 때문에 정책과 기술에서 답을 찾아야 한다. 이것은 식량보장과 인도주의적 구호 대응을 위해서 필요하다. 긴급 식량원조는 현지 농업 경제와 취약성을 줄이기 위한 장기적 전략과 함께 이루어져야 한다. 장기적 전략으로는 이민과 소득 다양화, 농업 신기술 도입 등을 들 수 있다(Barrett and Maxwell, 2005). 반면, 위기에 대한 대응이 없다면 대규모 사회적, 경제적 자본이 요구되는 상황이 발생할 수 있다. 그러므로 기후 기록의 안정성에 대한 문제와 현재 상태뿐 아니라 장기적 추세를 설명할 수 있는 능력이 이 장에서 다루는 원격탐사 정보에 대한 논의의 핵심이다.

농업 관련 기후 경향

천수농업의 농작물은 기온과 강수량 변화에 민감하고 강풍과 열대성 폭풍과 같은 극한 기상과 화재 등으로 수확량 손실을 겪을 수 있지만, 이런 현상이 광범위한 지역의 식량 가용성에 어떤 영향을 주는지, 취약한 다른 지역 공동체에 어떤 영향을 미치는지에 대해 명확하지 않다. 식량 수요는 향후 20년 동안 두 배가 될 것으로 추정되므로 식량 생산을 늘리기 위해 투자가 필요하다(IAASTD, 2008). 이와 같이 증가하는 수요로 날씨에 의한 식량 생산에 대한 부정적 영향이 더욱 악화될 수 있다. 이런 현상이 같은 시기에 광범위한 지역에서 발생하여 동일한 작물에 영향을 미칠 경우 더욱 악화될 수 있다. 생산성이 높은 농경지에 대한 경쟁은 에너지와 식량에 대한 수요 증가에 따라 심화될 것이다(Harvey and Pilgrim, 2010). 이런 농업투자가 어떻게 이루어지며 식량보장에 대한 사회의 취약성을 증가시키거나 감소시키는지 여부는 시스템의 대응이 다양한 원인에 의해 어떤 압박을 받는지에 달려 있다.

지난 10년간의 연구는 농업에 영향을 줄 수 있는 기후와 토지-대기 반응의 변화를 규명하였다(IPCC, 2007b). 여기에는 기온상승과 강수량 변화, 계절변화가 포함되어 있다. 열대농업 시스템은 증발산과 몬순의 이동에 민감하다(Zhao and Running, 2010). 지난 30년간 관측된 기온과 강수량의 변화는 어떠한가? 이에 대한 가장 명확하고 문서화된 변화 중 하나는 지난 세기에 현저하게 상승한 전구 평균기온이다. 그림 3.1은 1850년부터 현재까지 전구 평균기온 편차를 나타낸 것으로, 시간 경과에 따라 지표면 온도가 상승했음을 보여 준다. 이 수치는 주로 직접 관측한 값을 기준으로 전구적으로 적용된 것이다. 산업혁명 초기부터 전구 평균기온이 전반적으로 상승했고, 열대지방보다 북반구 고위도에서 훨씬 더 온난화 경향이 강하다.

기온 변화는 대기의 혼합과 측정의 용이성으로 강수량 변화보다 훨씬 쉽게 측정할 수 있다(삽화 5). 관측된 온난화가 강수에 미치는 영향에 관해서는 2007년 제5차 기후변화에 관한 정부 간 협의체의 보고서(IPCC, 2007a)에 다음과 같이 기술되었다.

> 온난화와 관련하여 증가한 대기 수분 양은 전구 평균 강수량 증가로 이어질 것으로 예상되고 있다. 불확실하지만 20세기에 걸쳐 전구 연평균 강수량은 10년마다 1.1mm 정도 상승 추세를 보여 준다. 그러나 이 기록은 수십 년 변동성으로 설명되며, 1950년 이후 전구 연평균 강수량은 의미 없는 감소 추세를 보이고 있다.

전구적으로 강수량 변화를 추정하기 위해 사용하는 최적의 자료 중 하나는 특수 센서 마이크로파 이

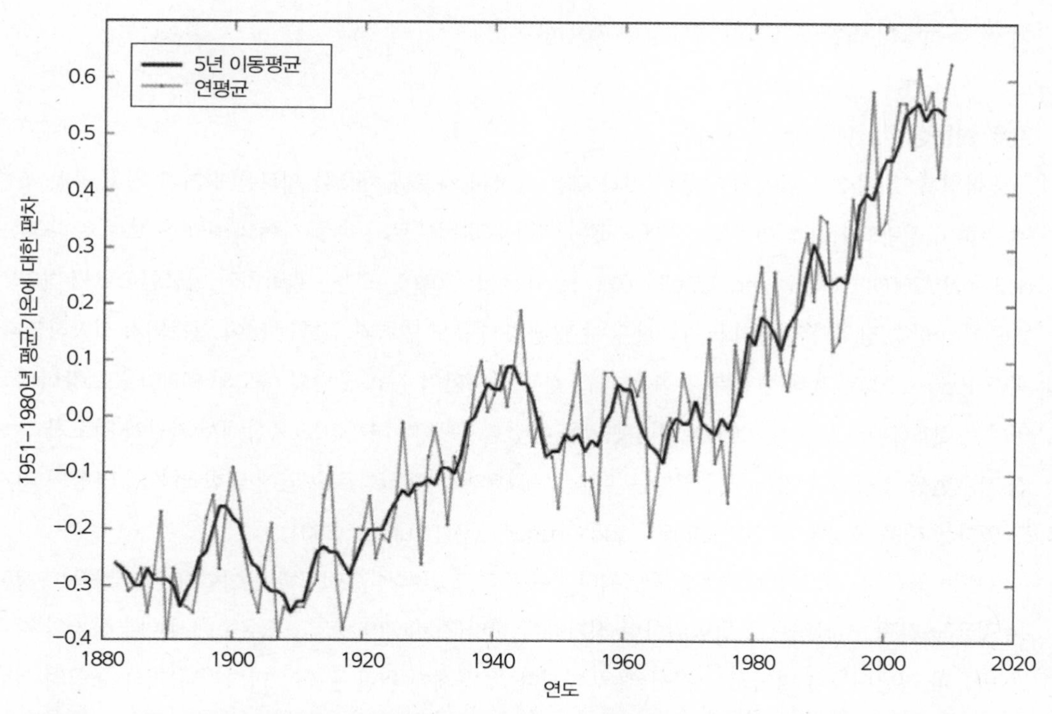

그림 3.1 1951~1980년 기준에 대한 전구의 온도 평균기온 편차, 지난 세기 동안 전구 평균기온이 크게 상승했음을 보여 준다(출처: Hansen et al., 2006).

미지 복사 및 산란 알고리즘으로 구한 다용도 위성 관측치와 GOES 강수지수, 장파 강수량 지수, 우량계와 NOAA 극궤도위성 TIROS로 추정된 1979~2010년 강수량을 결합한 전구 강수량 기후 프로젝트(GPCP; Global Precipitation Climatology Project)의 2.2버전이다(Adler et al., 2003) (삽화 6). GPCP와 같이 위성과 우량계 자료가 병합된 자료 세트는 지표 자료가 없는 곳의 정보를 제공하며 다중 센서와 관측치를 사용하기 때문에 강수 현상을 보다 정확하게 관측할 수 있어서 우량계 자료만큼 명확한 이점이 있다.

그러나 개발도상국의 대부분 지역에서 지상관측의 정확도가 낮으며, 강우의 시·공간적 변동성이 크기 때문에 전구 강수 자료에서 극한 강우현상과 경향을 찾는 것이 어렵다(Dinku et al., 2008). 삽화 7은 1988년부터 2004년 기준기간에서 2010년에 대한 GPCP의 편차를 보여 준다. 의미 없는 경향은 흰색으로, 의미 있는 경향은 컬러로 나타내었다. 육지에서는 강수량 변화 경향이 거의 나타나지 않으며, 해양에서는 어떤 추세를 볼 수 있다. 이 분석은 열대기후 지역에서 성장기의 시작이나 홍수로 인한 강우 강도의 변화와 같이 사회적으로 관련이 있는 경향을 파악하는 데에는 적합하지 않다. 보다 의미 있는 강우 추세를 설명하기 위해서는 매우 세심하게 분석해야 하며, 많은 양질의 자료와 현지 취약성, 재해, 생계 전략에 대한 구체적인 지식 등이 필요하다.

강우 변동성

중력회복 및 기후 실험에서 파생된 것과 같은 프록시 자료를 사용한 새로운 평가가 현지 농업 조건에 관하여 정량화되고 의미 있는 경향을 갖는 지하수와 바다로의 유출 사이의 균형을 보여 준다(Rodell et al., 2009; Gosling and Arnell, 2011; Syed et al., 2010). 모델을 관측치와 병합함으로써 다양한 연구에서 강수 강도가 강화되고 가뭄과 홍수 발생의 대규모 변화가 있다는 것이 입증되기 시작하였다. 최근 1950-2000년의 해양 염분 관측 결과는 전구 물순환이 지표 온난화 속도의 8% 비율로 강화되고 있다는 것과(Durack et al., 2012), 이런 변화를 관찰할 수 없다 하더라도 육상에서 가뭄과 강도가 강해진 강우현상이 증가할 가능성이 있다는 것을 보여 준다. 기후변화로 농업에 대한 날씨의 영향이 커지고 있다는 것을 예상할 수 있다(Ohring and Gruber, 2001; Turvey, 2001).

강수는 공간적, 시간적으로 매우 광범위하게 변동하고 있어서 모델링하기 어렵다. 강우량을 측정하는 것은 공간적, 시간적으로 광범위하며 정확해야 한다(Zeng, 1999). 모델을 통해서 하루하루의 강우량 변동과 경년변동을 파악하는 것이 매우 어렵다. 우량계에 의한 관측은 바람이나 기타 요인의 영향으로 왜곡될 수 있다(Sevruk, 1982). 그러나 이런 왜곡은 실제 강수량보다 과대 혹은 과소 평가되는 구름 판독에 의한 위성 강수 추정치보다 상대적으로 적다(Xie and Arkin, 1995). 우량계 자료는 강수량을 추정하는 모든 방법의 기초가 되므로 다른 관측 정보 없이 강우 측정 모델의 질을 높이기 위해 관측 빈도와 관측망의 밀도, 관측 정확도가 중요하다. 대부분 해양과 인구밀도가 낮은 지역에서는 우량계 자료를 이용하기 어렵다. 지표면상에 희박하고 불규칙한 좌표의 점 값을 평균처리하면 심각한 오류가 발생할 수 있다. 강우량의 변동성이 크고 관측망의 밀도가 낮은 장소에서는 시스템적으로 강우량 추정치가 부정확할 수 있다(Nicholson, 1986; Grist and Nicholson, 2001).

한발은 지역적이든 전구적이든 월 단위 기간으로 측정되기 때문에 농업 가뭄은 장기간 경향보다 명확하게 평가할 수 있으며, 상대적으로 단기간 값이 위성에서 측정한 강우 자료로 구하기 적합하다. 전구가뭄감시(Global Drought Moniter)와 같은 새로운 온라인 도구가 가뭄 발생 지역에 대한 신속하고 정량적인 정보를 제공할 수 있다. 가뭄은 한 지역에서 지표수든 지하수든 공급 부족 상태 기간이 길어지는 것을 말하며, 일반적으로 강수량이 평균보다 뚜렷하게 적을 때 발생한다. 종종 가뭄은 생태계와 경제적 피해의 관점에서 설명되므로 가뭄 지도로 특정 지역에 대한 식량 생산이나 식량보장에 의미 있는 결정을 내리거나 해석하는 것이 어렵다. 그렇지만 이런 결과물은 강우량 변동성을 잘 이해할 수 있게 하여 식량보장 공동체에 도움이 될 것이다(Bolten et al., 2010; Rojas et al., 2011).

기술적으로 전구 강수 자료 생산이 어렵지만 최근 몇 년 동안 위성으로 구한 강우 자료 세트가 상당히 개선되어 가뭄과 가뭄 영향에 대한 다양한 지식의 근거가 되고 있다(Huffman et al., 1995). 그러나 결과물의 정확성은 지상 관측망의 밀도와 정확도에 직접적인 영향을 받기 때문에 식량보장 위기를 조기경보하는 데는 몇 가지 문제가 있다. 예를 들어, 케냐와 같은 국가는 수백 개의 기상 관측소를 보유하고 있지만 세계기상기구 통신 네트워크(Global Telecommunication Network)에 실시간으로 보고되는 지점이 거의 없으며, 원격탐사 분석자들이 강수량 전구 격자 자료를 만드는 데도 사용하지 못한다. 케냐에서 국제 네트워크에 매일 보고하고 있는 관측소는 10개 미만이며, 이는 케냐의 실제 강우 변동성을 설명하기 위한 위성의 추정 능력을 크게 감소시키는 요인이다. 이런 자료 세트는 지역별로 제공되는 관측치에 의존해야 하기 때문에 정치적, 경제적 문제로 강우 자료를 글로벌 네트워크에 보고하지 않을 경우 오류가 커질 수 있다. 그러므로 인공위성에서 구한 강우 자료의 오류는 생물물리적 변수보다 지역의 정치적, 경제적 환경과 더 관련이 있을 수 있다(Brown, 2008).

열대강우 관측 미션(TRMM; Tropical Rainfall Measuring Mission)과 같은 구름과 습도를 탐지하는 새로운 위성이 있지만, 인공위성에 의한 격자 자료는 계절에 따라 강우량이 많아질 수 있는 극단적 상황을 적절하게 탐지하지 못할 수 있다. 열대강우 관측 미션 다중위성 강수분석(TMPA; TRMM Multi-satellite Precipitation Analysis) 자료 결과는 이전 결과에 비해 크게 발전했으며, 0.25° 공간격자와 3시간 단위로 강우량과 위성에서 관측한 강우량 상태를 제공한다(Huffman et al., 2007). Scheel et al.(2011)은 강수 강도가 증가함에 따라 TMPA의 성능이 떨어지는 것을 보여 강수량이 많은 지역에서 한 달 이상 누적 강수량을 계산할 때 심각한 오류가 발생하기도 한다. 극단적인 강우의 경우, 단시간에 강도가 높기 때문에 적용할 수 있는 범위를 벗어나거나(상황 발생 동안 위성이 정보를 보내지 않는 경우) 적절하지 못한 관측소 자료(지상에 도달한 실제 강우량 관측과 관련성 요구)로 지상에서 위성을 이용한 탐지가 매우 어렵다(Scheel et al., 2011). 결과적으로 홍수, 산사태와 다른 수문기상 재해 등과 같은 극한 기상과 관련된 상황을 잘 나타내지 못한다(Scheel, 2012).

가뭄 모니터링과 대응

FEWS NET은 위성에서 얻은 강우량을 사용하여 각 국가의 강우량을 모니터링 하고 있다. 그림 3.2는 2011년과 2012년의 에티오피아 강우량을 비교한 것이다. 강우는 성장 조건을 모니터할 수 있는 중요하고 신뢰할 수 있는 방법이며, 농작물은 계절의 길이와 성장 조건의 최소 요구치를 갖고 있어서 강

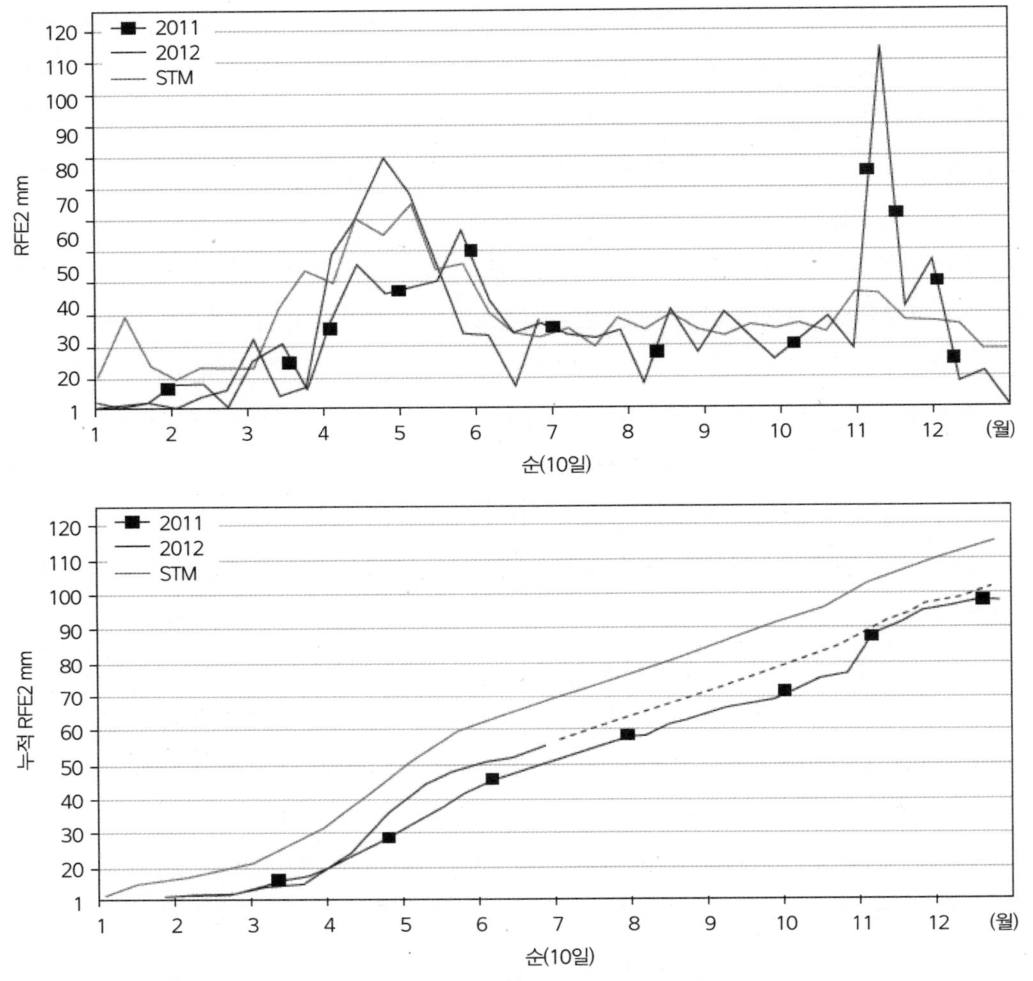

그림 3.2 NOAA에서 측정한 에티오피아 남부의 2011년, 2012년 순별 강수량 추정치와 5년 평균(출처: USGS 조기경보 시스템 강우자료 이미지 사이트, early-warning.usgs.gov)

주: 위 그림은 강수량 시계열을 보여 주며, 아래 그림은 누적 강우량을 나타낸다. 2011년은 2012년보다 강우량이 적었고, 두 해 모두 단기간 평균 이하이다. 점선은 현재 조건이 지속된다면 연중 남은 기간 동안의 추정 강우량을 나타낸다.

우량은 시·공간적으로 관련성이 크다(Verdin et al., 2005). 강우량이 최소 요구치보다 적을 경우, 개발도상국에서는 농작물 종류와 품종 및 관리 방법이 다양하더라도 작물 재배에 실패할 가능성이 크다. 그러므로 앞서 언급한 것처럼 지상의 정확한 정보가 필요하기 때문에 수십 년에 걸쳐서 비교 가능한 강우량 자료를 유지하는 것이 어렵다.

식생의 원격탐사

정규식생지수(NDVI; Normalized Difference Vegetation Index)는 수분의 가용성과 작물 생산성을 측정할 수 있는 또 다른 방법이다. 식생지수는 보통 적외선과 근적외선 복사 또는 반사로 구성되며(Tucker, 1979), 가장 널리 활용되는 원격탐사 측정 방법 중 하나이다(Cracknell, 2001). 이들은 식물에 의한 광합성 활성 바이오매스, 엽록소 양과 에너지 흡수 정도와 높은 상관관계가 있으며(Myneni et al., 1995), 식물 건강에 직접 영향을 미치는 수분과 온도 조건을 측정하는 데 이용된다. NDVI는 처음에 휴대용 복사계를 사용하여 개발되었으며, NDVI와 지상 식물 상태의 관계는 기구로 구한 정보와 초지 생태계에서 건조한 식물 재료 무게의 상관관계로 구해진다(Tucker, 1977). 고성능 고해상도 복사계(AVHRR; Advanced High Resolution Radiometer) 위성 자료에서 파생된 식물지수는 1979년 최초 극궤도 위성 발사 이후에 사용되었다(Gray and McCrary, 1981; Townshend and Tucker, 1981).

NDVI는 센서의 근적외선(NIR)과 적색 밴드의 차이 비율((NIR−Red)/(NIR+Red))로 계산된다. 식생은 높은 근적외선 반사율을 갖지만 적색 반사율이 낮아서 식생 지역은 비식생 지역에 비해 NDVI 값이 높다(그림 3.3). 가장 오래되고 연속적인 전구 식생 관측 기록은 미국 정부가 운영하는 위성에 실린 AVHRR 센서에서 탐지된 자료이다. 30년 이상의 AVHRR NDVI 자료 세트의 세세한 보정을 통해 현재 이미지를 장기간 평균에서 뺄 수 있으므로 시간 경과에 따라 조건이 어떻게 변화했는지 평가할 수 있다. AVHRR 센서는 8,000×8,000m 픽셀 크기로 낮은 공간 해상도를 갖지만, NDVI 자료는 1981년부터 다양한 전구 토지이용 변화를 연구하는 데 광범위하게 사용되었다(Townshend, 1994; D' Souza et al., 1996; Cracknell, 1997; van Leeuwen et al., 2006; Neigh et al., 2008; Petteorelli et al., 2011; Brown et al., 2012).

육지를 덮고 있는 식생량과 녹색 정도는 위성에서 관측할 수 있고, 시간에 따른 변화를 지도로 나타낼 수 있다. 이것은 엽록소 작용으로 색소 흡수가 반사되는 적색 에너지를 감소시키고 반사된 근적외선 에너지가 증가하기 때문이다. 근적외선 에너지는 수관 내의 건강한 잎에서 강하게 산란되어 우선적으로 반사되므로 엽록소 분자운동 기능을 손상시키지 않는다. 반사된 적외선과 근적외선 복사량이 식생지수와 결합되면, 광합성하는 잎의 신호가 증폭되어 정보가 더욱 유용해진다(Jordan, 1969). 식생지수는 들판 규모에서 대륙 규모까지 작물을 포함하여 식생의 건강과 영양 상태를 측정하는 척도로 사용될 수 있다(Tucker, 1979; Tucker et al., 1985).

그림 3.4는 니제르 니아메(Niamey)와 소말리아의 모가디슈(Mogadishu)에 AVHRR과 MODIS (Moderate Resolution Imaging Spectroradiometer)의 식생 시계열 변화를 보여 주며, 둘 다 적색과 근적외선 영역에서 수집된 정보이다. 두 센서는 식량보장 기구에서 성장 상황을 모니터하는 데 주로

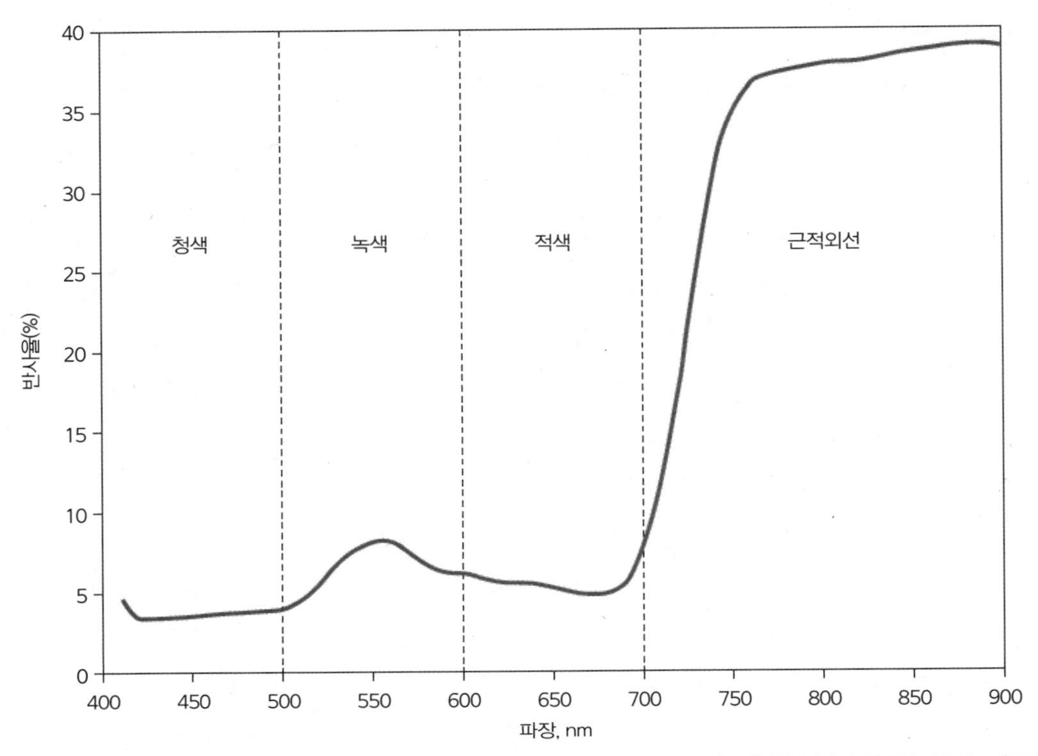

그림 3.3 NDVI 스펙트럼의 적외선과 근적외선 영역, 건강한 식생 스펙트럼의 600–700nm(적색) 부분의 흡수와 800–1,000nm(근적외선) 부분의 최대 반사 차이가 나타남.

사용된다. 여름철 우기에 식물의 계절적 녹화가 어떻게 진행되고, 건기가 몇 달 동안 지속되는지 명확하게 알 수 있다. 니아메는 여름철에 한 번의 성장기가 있지만, 모가디슈는 봄, 가을 두 번의 성장기가 있다. 이 자료는 식물 생장기간의 시작과 끝의 변화를 추정하고 가뭄 기간을 확인하는 모델에서 사용된다.

강우량과 달리 식생 자료는 지상 관측과 전혀 별개이다. 식생 자료의 오차는 토지피복, 구름 등과 관련이 있으며, 습한 열대 생태계에서는 다량의 수증기와 구름으로 오차가 더 크다. 가뭄과 관련된 식량 보장 문제는 위성에서 추출된 식생 자료에서 중간 정도 이하의 오차를 갖는 반건조와 아열대 생태계에서 발생한다(Morisette et al., 2004).

가시 적외선 이미지 복사계 세트(VIIRS; Visible Infrared Imaging Radiometer Suite)는 AVHRR과 MODIS 장비에서 전구 탐지 임무를 수행하는 새로운 센서로, 향후 몇 년 안에 사라질 것이다. VIIRS 자료는 구름과 연무의 특성과 바다 색, 해수 및 지표면 온도, 얼음의 이동과 온도, 불, 지구의 알베도 등을 측정하는 데 사용된다. 기후학자들은 전구 기후변화에 대한 이해를 높이기 위해 VIIRS 자료를 사용하

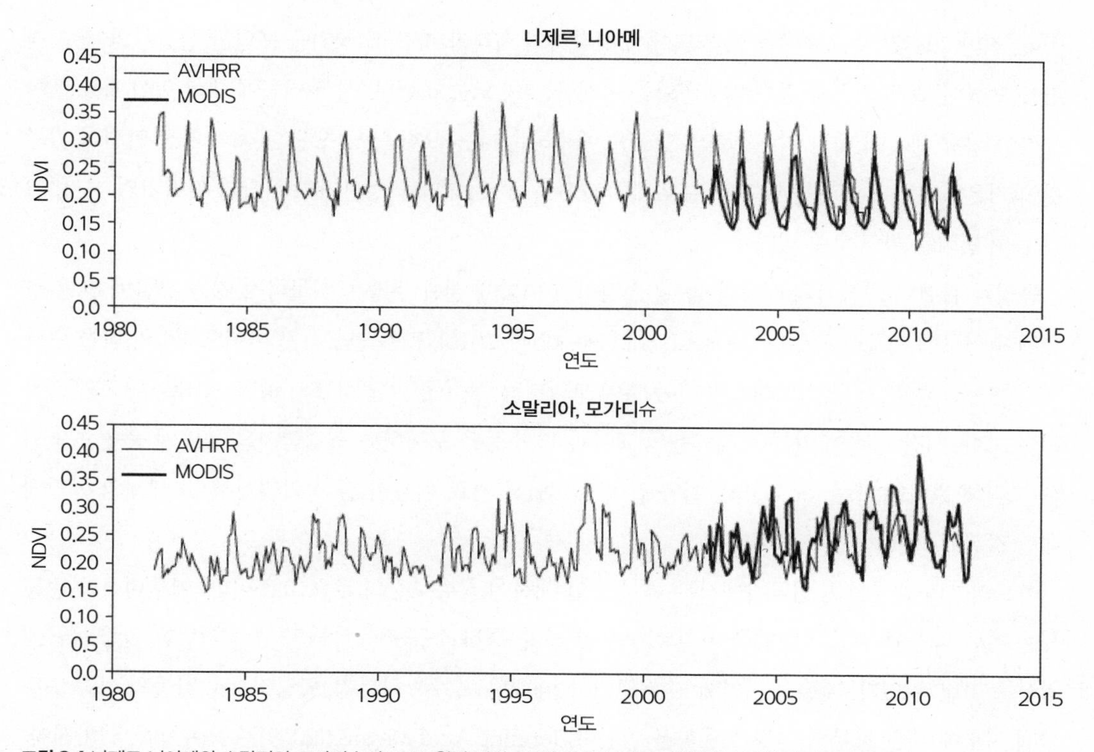

그림 3.4 니제르 니아메와 소말리아 모가디슈의 NDVI 월별 변화, AVHRR 및 MODIS 센서에서 구한 자료를 보여 준다.

주: AVHRR 자료는 1981년부터이고 MODIS-Aqua 자료는 2002년부터 이용 가능하다. 두 센서는 아직까지 작동 중이며 가뭄 모니터링을 위한 자료로 사용될 수 있다.

고 있다.

이런 자료 세트로 만들 수 있는 편차를 보여 주는 지도는 가뭄 가능성이 있는 지역을 판단하는 데 도움을 주고, 편차가 지속적으로 커지면 식량보장에 미치는 영향을 자세히 설명하기 위해서 삽화 8과 같은 지도가 필요하다. 식생 정보와 함께 강우 자료로 얻은 가뭄에 대한 정보를 사용하면 전 세계 어느 곳에서나 성장 조건을 완벽하게 추정할 수 있다.

농업과 관련된 성장기 변수의 경향

성장 조건에 대한 기온과 강수를 결합한 효과를 살펴보기 위해 많은 연구자들이 식생 변화를 관찰하였다. 생물기후학은 식물의 출현과 개화, 성숙, 노화와 같은 주기적인 생물학적 현상을 연구하는 분야이다. 지난 26년간 주요 천수농업 지역에서 성장기의 시작과 기간, 절정기를 포함한 성장기의 변수 경향을 분석해 보면, 기온과 강수량의 변화를 이해하는 데 도움이 된다. 식생 변동에 대한 위성 자료를 이용하여 식량 생산에 대한 기후변화의 영향을 예측하는 데 중요한 농업 생산 변동과 가장 관련이 있는 것이 기온인지 수분인지를 판단할 수 있으며(Lobell et al., 2008), 성장기의 시작과 절정기의 시기, 기간 등의 변화를 확인할 수 있다.

농업과 관련된 성장기의 시작과 종료, 절정기의 변화에 대한 추정은 식물학적 지표 관찰에 의한 광범위한 연구에 기초하고 있다(de Beurs and Henebry, 2010). 많은 연구자가 바이오매스와 작물 수확량의 변동 모델링, 식물 스트레스와 가뭄 추이 모니터링, 농작물 발달 상태의 평가, 농작물 면적과 경작지 지도화, 시간 경과에 따른 토지이용의 교란과 변화 등을 포함하여 원격탐사를 농업에 응용하기 위해 노력해 왔다(Atzberger, 2013). 이와 같이 원격탐사 자료 이용이 잘 정립되어서 전 세계의 농업에 대한 지식에 크게 기여하고 있다.

아프리카의 대부분 농업국가에서는 현지 농업 생산이 식량보장의 주요 요소이다. 기후변화와 변동성은 이런 국가에 부정적 영향을 미칠 가능성이 크며, 특히 소규모 농부들의 생존을 위한 식량 공급에 영향을 미칠 수 있다. 계절성은 언제 씨를 뿌리고, 재배하고, 수확하는지, 궁극적으로 작물의 성공 또는 실패 여부에 대한 농부의 결정에 영향을 미친다. Jennings and Magrath(2009)는 동아시아, 남아시아, 남아프리카, 동아프리카와 남아메리카에서 보고된 농부들에 대하여 설명하였다. 여기서 우기와 성장기 내 강우 패턴에 중요한 변화가 있음을 다음과 같이 설명하고 있다.

- 성장기 전후로 예기치 않은 시기에 발생하는 변덕스러운 강우량
- 극한 폭풍과 예외적으로 강한 강우가 우기 내의 긴 건기에 간간이 발생
- 많은 지역에서 우기 시작에 대한 불확실성 증가
- 짧거나 과도기적인 두 번째 우기가 평년보다 강해지거나 사라짐.

이런 변화는 경작지가 작고 자원이 거의 없는 농부들에게 미치는 영향이 크다. 농업은 열 스트레스와 물 부족, 병충해, 질병 등으로 인한 천연자원에 대한 지속적인 압박과 상호작용하기 때문에 더욱 위험해지고 있다. 성장기의 시작과 기간에 대한 예측 불확실성이 농부들이 어느 정도 비료를 투입해야 할지 또는 개선된 고수익 품종에 어떻게 투자해야 할지에 영향을 미친다. 이런 변화는 식량 수요 증가와 함께 발생하며, 향후 50년 동안 지속적으로 증가할 것으로 예상된다(IAASTD, 2008).

이런 변화에 대한 농부들의 인식은 지리적으로 광범위한 지역에서 일관되게 나타난다는 점에서 주

목할 만하지만(Jennings and Magrath, 2009), 생물물리학적 분석이 아닌 농부와의 면담을 기초로 분석되었다. 원격탐사로 생성된 장기간의 자료는 이런 보고서를 검증하고 농부들과 효과적인 적응 전략을 계획하는 데 필요한 분석과 문서화하는 데 사용되었다. 지구과학은 이런 변화가 계속될지 여부와 공간 범위에 대한 이해에 도움을 줄 수 있다.

식생에 대한 원격탐사를 기반으로 고위도에서 전구적인 기후변화가 성장기에 미치는 영향에 대한 초기 연구가 이루어졌다(Myneni et al., 1997; Nemani et al., 2003; Slayback et al., 2003). 이와 같은 봄 시작에 대한 직접 관측이 원격탐사 정보를 사용하는 식물 모델 개발에 도움을 주었다. 생물기후학은 생물의 주기와 기후의 연관성에 대한 연구이다(Lieth, 1974). 생물기후학은 농부들이 보고했던 변화를 정량적으로 파악하고 기후변화와의 연관성에 대한 증거를 보여 준다.

White et al.(2009)은 수많은 계절 측정 기준에 대한 정의를 이해하는 것이 어려워서 위성 추정치와 계절 시작에 대한 관측치의 비교가 복잡하다는 것을 보여 주었다. 이 연구는 원격탐사 자료 세트에서 생물기후학적 측정 기준을 유도하는 다양한 모델과 방법으로 비교했으며, 그 결과, 적설과 토양 해빙, 얼음, 수문학적 변화와 같은 과정과 어떻게 관련되는지를 비교하였다. 이 연구는 원격탐사와 지상 관측을 결합하기 위한 난제와 필요성을 강조하고 있다. 원격탐사 이외의 다른 기술로는 광범위한 지역과 지속적인 일별 모니터링이 어렵고, 생물권 반응 측정법은 계절 시작을 결정하는 것에 초점을 두는 것과 같이 봄의 시작 변화에 대한 적절한 지표 자료를 제시할 수 있다(White et al., 2009). 이 연구는 비교적 짧은 25년 동안의 기후 변동성의 영향에 반응하는 지표면의 성장기 모니터링이 복잡하다는 것을 보여 주지만, 계절성의 광범위한 변화에 대한 지속적인 보고서는 원격탐사를 이용한 개선된 방법과 연구의 필요성을 확인시켜 주었다(de Beurs and Henebry, 2010; Korner and Basier, 2010).

지표면의 생물기후학적 모델은 AVHRR(Tucker et al., 2005)에서 파생된 자료 세트와 Aqua 및 Terra의 최신 MODIS 센서와 같은 식생 원격탐사 정보에 의존한다. 식생과 강수량 자료로 성장기 시작과 기간, 전반적인 성장기의 생산성과 같은 변수를 평가할 수 있다(Brown, 2008). 수확량에 대한 날씨의 영향을 추정하는 작물 모델에서 이런 측정 기준이 일반적으로 사용된다(Verdin and Klaver, 2002). 생물기후학 매트릭스는 현지 식량 생산과 변동성을 파악할 수 있는 충분히 오랜 기간의 식량 생산과 밀접한 관계가 있다(Funk and Budde, 2009a; Vrieling et al., 2008).

삽화 9는 26년 동안 성장기의 시작과 기간, 절정기의 경향을 보여 준다. 이 삽화에서 빨간색은 일찍 시작되는 것을, 파란색은 늦게 시작되는 것을 보여 준다. 아래 그림에서 빨간색은 성장기가 더 길어진 것을, 파란색은 짧아진 것을 나타낸다. 매년 지역 공동체에서 정확히 같은 시기에 비가 시작되는 것으로 계획을 세운다면, 농업 시기의 불확실성을 조정하기 어려울 수 있다. 이런 변화가 농업에 영향을 미칠 수 있지만, 식량보장에 미치는 영향은 장기적 추세가 발생하는 맥락과 농민들이 변화를 관리하는 방법에 달려 있다.

대부분 개발도상국 경제에서 농업의 성격을 감안할 때, 농업 생산은 식량보장과 경제성장을 결정할 수 있는 중요한 요인이다(Funk and Brown, 2009). 성장기의 시작과 끝, 기간, 녹화율과 노화 속도와 같은 작물의 생물계절적 요인은 작물 관리와 작물 다양화를 위해서 중요하다. 모든 지역에서 농업에 대한 성장기의 시작시기와 평균을 계산하는 연구가 지속되고 있다.

생물계절 모델은 아프리카에서보다 기온 변화가 빠르고 기후 영향이 훨씬 더 큰 지역에서 실행되기 때문에, 그 결과를 열대 농업 생태계에서 볼 수 있는 것처럼 쉽게 설명하지 못한다. White et al. (2009)의 연구는 북아메리카에 초점을 두었고 농업 자료를 사용하지 않아서 봄이 빨라진다는 것에 대한 증거를 찾지 못하였다. 다른 방법보다 지표 관찰과 더 밀접한 두 가지 지표면 현상학적 방법의 복합적 추정치를 사용하여 북아메리카 지역에서 12%만 성장기 시작 시기의 경향이 나타났고, 봄이 더 빠르거나 늦어지는 경우로 구분되었다.

대부분 농업지역의 성장기 변화에 대한 의미 있고 도전적인 보고서가 있으며, 이런 변화를 문서화하려면 보다 집중적인 노력이 필요하다. 그러므로 일관된 생물계절학 모니터링 네트워크(예: the USA National Phenology Network, www.usanpn.org 또는 the European Phenology Network)를 설립하는 것 못지 않게 토지이용의 변화와 토양 비옥도, 작물 분포의 변화와 같이 성장기 시작의 영향을 받는 비 기후적 요인에 대한 광범위한 지식의 통합이 기후변화가 향후 수십 년 동안 농업에 미칠 수 있는 부정적인 영향에 대한 이해를 향상시키는 데 중요하다.

식량보장 위기 시 생물계절학을 활용한 생산량 추정

생물계절학은 성장기의 광범위한 추세를 이해하는 데 유용할 뿐 아니라 식량 생산 변화를 직접 예측하는 데에도 사용되고 있다. USAID는 2006-2008년 짐바브웨에서 실제 식량 생산을 판단하기 위해 더 많은 정보를 필요로 하였다. 장기간의 가뭄과 경작지 감소 그리고 농업 투입물 등이 결합되어 곡물 생산이 55% 정도 부족할 것이라 예측하였다(Funk and Budde, 2009b). 이런 감소로 세계에서 가장 높은 물가 상승률과 80%의 실업률과 함께 식량원조를 해야 할 정확한 식량의 양과 식량 생산량을 추정해야 한다.

Funk and Budde(2009)는 2008년 짐바브웨에서 날씨로 인한 생산성과 생산량 감소를 예측하기 위하여 이 방법을 사용하였다. 이 접근법은 성장 절정기 이후에 가장 관계가 커지는 생산량-식생 관계에 초점을 두었다. Rasmussen(1992)은 부르키나파소에서 성장 절정기에서 종료 시기까지의 NDVI 값이 수수 수확량의 93%를 설명한다는 것을 파악하였다. 연구자들은 NDVI와 수확량 사이의 상관관계를 높이기 위하여 여러 가지 방법을 활용했으며, 가장 일반적으로 심플 마스크(simple mask)를 사용하여 시계열 분석에서 비농업적인 식생 신호를 제거하였다(Genovese et al., 2001; Kastensa et al., 2005). Funk and Budde(2009)는 짐바브웨의 농업 성과를 시각화하기 위해 생물계절학적으로 조정되고, 작물을 마스킹한 NDVI 시계열을 분석하는 데 초점을 맞추었다. 분석 결과, 미국 농무부의 농업 생산 수치와 밀접한 관계가 있으며 공간적, 시간적으로 생산을 평가할 수 있게 하였다(Funk and Budde, 2009b).

특히 짐바브웨와 같은 곳은 최근 농업 시스템의 변화로 이 접근법이 필요하였다. 2006-2007년에 낮은 성장조건과 경작지 감소, 정부 토지 분배 노력 등으로 농업 부문의 변화가 결합되어 식량 생산이 극도로 낮았다(Scoones et al., 2011). 이 지역에서 토지개혁의 영향이 복잡하고 다양하여 관리 전략에 큰 변화를 초래하였다. 이런 변화는 식량보장 분석가들이 그런 방법을 일반적으로 사용한다는 것과 날씨가 식량 생산에 미치는 영향을 평가하기 위한 생산 추정모델을 이용하는 것이 덜 유용하다는 것을 의미한다. 예를 들어, FEWS NET에서는 수분 요구량 만족 지수나 WRSI 모델을 수익률 모델로 사용하였다(Senay and Verdin, 2002; 2003). 이것은 강우량을 입력변수로 사용하고 평년값에 대한 비율로 수

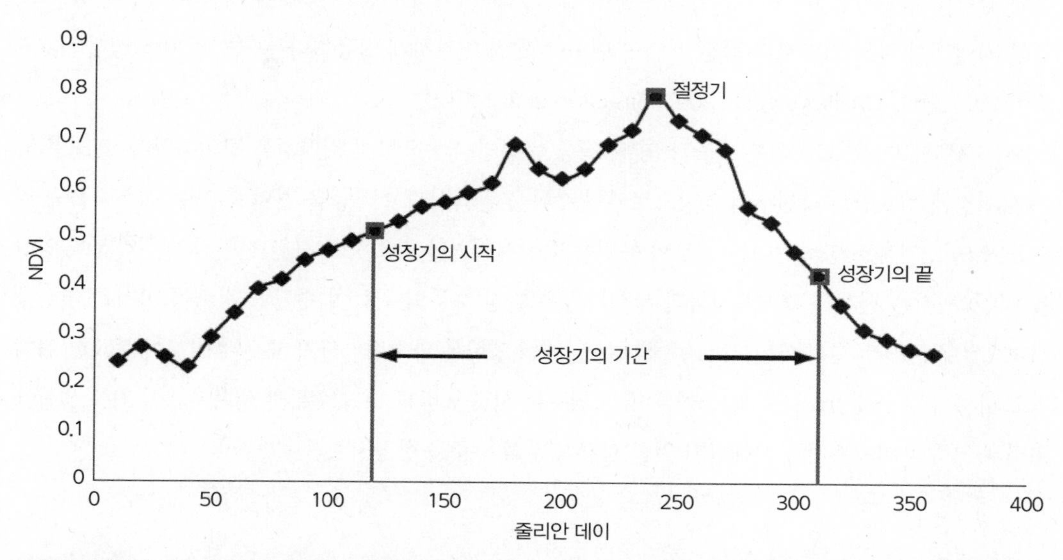

그림 3.5 성장기의 시작과 끝, 성장기의 길이, 절정기의 크기와 시기, 일별로 누적시킨 NDVI를 포함하여 NDVI 시간 곡선을 사용한 모델에서 구한 생물계절 측정치

확량을 표현하였다. "정상적인" 또는 평균적인 조건이 실제 생산량을 나타내지 못한다면, 이런 모델은 유용하지 않다. 그러므로 Funk와 Budde가 2009년 논문에서 수행한 접근 방식은 생산 추정을 위한 새로운 기준선을 제시하는 데 효과적일 뿐만 아니라 필수적이었다.

생물계절과 NDVI 평가는 성장기 초반의 생산 부족에 대하여 국가적으로 평가할 수 있게 하여 위기 기간에 구호단체가 계획을 세울 수 있도록 도움을 줄 수 있다. 짐바브웨는 외교력이 부족하고, 미국과 유럽에 대한 적대적 발언으로 기상 관련 생산량 감소에 대처하기 어려웠으며, 구호단체의 능력도 제한되었다. 2008년은 짐바브웨에서 심각한 식량보장 위기가 시작되었으며, 재배시기의 지연과 비료 부족, 근대적인 작물 부족, 강우량 부족 등이 원인이 되었다. 원격탐사 자료에 의한 생물계절 곡선을 사용한 FEWS NET의 분석으로 짐바브웨에서 원조가 얼마나 필요한지에 대해 불확실할 때 정확하며 빠르고 공간적으로 명시적인 생산량을 추정할 수 있게 하였다(Funk and Budde, 2009b).

농업에서 사회경제적 요인과 기후 변동성의 영향

기온과 강수량의 변화와 사회경제적 요인이 어떻게 수확에 영향을 미치는가? 천수농업은 생육조건의 변화에 항상 민감하지만 일부 지역에서 더욱 민감할 수 있다. 최근 연구에 따르면, 수확량이 높은 종자와 화학비료의 사용, 파종기술의 진전 등이 광범위한 지역의 가뭄과 홍수에 대한 취약성을 줄이고, 일부 지역에서 다른 지역보다 강수 패턴의 변화에 훨씬 민감하게 반응한다는 사실이 밝혀졌다(Hansen et al., 2011; Challinor et al., 2007; Simelton et al., 2012).

IPCC 제3차 보고서(2001)는 노출과 영향, 적응 능력의 기능으로서 취약성을 정의하였다. 기초가 되는 사회경제적 요인은 악천후의 영향으로부터 수확을 완화시키고 가뭄을 견딜 수 있는 적응력을 높일 수 있으므로 기후조건을 견디는 농부의 능력을 향상시키거나 감소시켜 사회 전반적인 취약성에 영향을 미친다. 많은 선진국 경제학자들과 분석가들은 일정 수준의 가뭄이 수확량 감소에 미치는 영향을 선형으로 관련짓는 것이 어렵고, 농업에 대한 날씨의 영향을 과소평가하기 때문에 이것이 중요한 점이라고 하였다. Simelton et al.(2012)이 수행한 연구는 시간에 따른 토양 수분과 생육조건이 최종 생산에 어떻게 영향을 미치는지를 이해하기 위한 정량적 분석 수준을 향상시켰다.

요약

기후 변동성과 기후변화는 전구 규모의 농업활동에 영향을 미치기도 하고 영향을 받기도 한다. 전구 규모에서 토지 개량과 삼림 단편화, 삼림 벌채, 토양 황폐화 등은 인구가 팽창함에 따라 지표면의 이용을 확대하였기 때문에 극심하게 기후에 영향을 미쳤다. 과학기술의 적용에도 불구하고 가뭄과 홍수로 인한 기후 변동성은 농업 생산에 큰 영향을 미치고 있다. 이 장에서는 지난 30년 동안 원격탐사와 농업 통계를 활용하여 농업과 생육조건 사이의 상호작용을 분석하였다. 전 세계적으로 성장기가 변화하고 있으며, 시기가 빨라지거나 늦어지고, 길이가 달라짐으로써 전통적인 농법과 농부를 위한 관리 전략에 영향을 미칠 수 있다. 기후와 농업 생산성 간의 관계는 국가 차원의 분석법을 적용하여 조사되었으며 이런 추세와 기후 변동성의 관계를 제시하였다.

참고문헌

Adler, R. F., Huffman, G. J., Chang, A., Ferraro, R., Xie, P., Janowiak, J., Rudolf, B., Schneider, U., Curtis, S., Bolvin, D., Gruber, A., Susskind, J. and Arkin, P. (2003) The version 2 global precipitation climatology project (GPCP) monthly precipitation analysis (1979-present). *Journal of Hydrometeorology*, 4, 1147-1167.

Atzberger, C. (2013) Advances in remote sensing of agriculture: Context description, existing operational monitoring systems and major information needs. *Remote Sensing Journal*, 5, 949-981.

Barrett, C. B. and Maxwell, D. G. (2005) *Food aid after fifty years: Recasting its role*, New York, Routledge.

Bindraban, P. S. and Rabbinge, R. (2012) Megatrends in agriculture: Views for discontinuities in past and future developments. *Global Food Security*, 1, 99-105.

Bolten, J. D., Crow, W. T., Zhan, X., Jackson, T. J. and Reynolds, C. (2010) Evaluating the utility of remotely sensed soil mositure retrievals for operational agricultural drought monitoring. *IEEE Journal of Selected Topics in Applied Earth Observations and Remote Sensing*, 3, 57-66.

Brown, M. E. (2008) *Famine early warning systems and remote sensing data*, Heidelberg, Springer Verlag.

Brown, M. E., de Beurs, K. M. and Marshall, M. (2012) Global phenological response to climate change in crop areas using satellite remote sensing of vegetation, humidity and temperature over 26 years. *Remote Sensing of Environment*, 126, 174-183.

Challinor, A., Wheeler, T., Garforth, C., Craufurd, P. and Kassam, A. (2007) Assessing the vulnerability of food crop systems in Africa to climate change. *Climatic Change*, 83, 381-399.

Chen, D., Cane, M. A., Kaplan, A. and Zebiak, S. E. (2004) Predictability of El Nino over the past 148 years. *Nature*, 428, 733-735.

Chimeli, A. B., Mutter, C. Z. and Ropelewski, C. (2002) Climate fluctuations, demography and development: Insights and opportunities for northeast Brazil. *Journal of International Affairs*, 56, 211-234.

Cracknell, A. P. (1997) *The advanced very high resolution radiometer*, London, Taylor & Francis.

Cracknell, A. P. (2001) The exciting and totally unanticipated success of the AVHRR in applications for which it was never intended. *Advanced Space Research*, 28, 233-240.

D'Souza, G., Belward, A. S. and Malingreau, J.-P. (1996) *Advances in the use of NOAA AVHRR data for land applications*, Dordrecht, Netherlands, Kluwer Academic Publishers.

De Beurs, K. M. and Henebry, G. M. (2010) Spatio-temporal statistical methods for modeling land surface phenology. In Hudson, I. L. and Keatley, M. R. (Eds.) *Phenological research: Methods for environmental and climate change analysis*, New York, Heidelberg, Springer.

de Wit, A. J. W. and van Diepen, C. A. (2007) Crop model data assimilation with the Ensemble Kalman filter for improving regional crop yield forecasts. *Agricultural and Forest Meteorology*, 146, 38-56.

Deryng, D., Sacks, W. J., Barford, C. C. and Ramankutty, N. (2011) Simulating the effects of climate and agricultural management practices on global crop yield. *Global Biogeochemical Cycles*, 25, GB2006.

Dinku, T., Chidzambwa, S., Ceccato, P., Connor, S. J. and Ropelewski, C. F. (2008) Validation of high-resolution satellite rainfall products over complex terrain in Africa. *International Journal of Remote Sensing*, 29, 4097-4110.

Durack, P. J., Wijffels, S. E. and Matear, R. J. (2012) Ocean salinities reveal strong global water cycle intensification during 1950 to 2000. *Science*, 336, 455-458.

Ericksen, P., Thornton, P., Notenbaert, A., Cramer, L., Jones, P. and Herrero, M. (2011) Mapping hotspots of climate change and food insecurity in the global tropics. London: CGIAR Research Program on Climate Change, Agriculture and Food Security.

Funk, C. and Brown, M. E. (2009) Declining global per capital agricultural capacity and warming oceans threaten food security. *Food Security Journal*, 1, 271-289.

Funk, C. and Budde, M. (2009) Phenologically-tuned MODIS NDVI-based production anomaly estimates for Zimbabwe. *Remote Sensing of Environment*, 113, 115-125.

Genovese, G., Vignolles, C., Negre, T. and Passera, G. (2001) A methodology for a combined use of normalized difference vegetation index and CORINE land cover data for crop yield monitoring and forecasting: A case study on Spain. *Agronomie*, 21, 91–111.

Gosling, S. N. and Arnell, N. W. (2011) Simulating current global river runoff with a global hydrological model: Model revisions, validation and sensitivity analysis. *Hydrological Processes*, 25, 1129-1145.

Gray, T. I. and McCrary, D. G. (1981) Meteorological satellite data: A tool to describe the health of the world's agriculture. *AgRISTARS Report*. Houston TX, Johnson Space Center.

Grist, J. and Nicholson, S. E. (2001) A study of the dynamic factors influencing rainfall variability in the West African Sahel. *Journal of Climate*, 14, 1337-1359.

Gutschick, V. P. and Bassirirad, H. (2003) Extreme events as shaping physiology, ecology, and evolution of plants: Toward a unified definition and evaluation of their consequences. *New Phytologist*, 160, 21-42.

Hansen, J. W. and Indeje, M. (2004) Linking dynamic seasonal climate forecasts with crop simulation for maize yield prediction in semi-arid Kenya. *Agricultural and Forest Meteorology*, 125, 143-157.

Hansen, J. W., Mason, S. J., Sun, L. and Tall, A. (2011) Review of seasonal climate forecasting for agriculture in sub-Saharan Africa. *Experimental Agriculture*, 47, 205-240.

Harvey, M. and Pilgrim, S. (2010) The new competition for land: Food, energy, and climate change. *Food Policy*, 36, S40-S51.

Huffman, G. J., Adler, R. F., Rudolf, B., Schneider, U. and Keehn, P. R. (1995) Global precipitation estimates based on a technique for combining satellite-based estimates, rain gauge analysis, and NWP model precipitation information. *Journal of Climate*, 8, 1284-1295.

Huffman, G. J., Bolvin, D. T., Nelkin, E. J., Wolff, D. B., Adler, R. F., Gu, G., Hong, Y., Bowman, K. P. and Stocker, E. F. (2007) The TRMM multisatellite precipitation analysis (TMPA): Quasi-global, multiyear, combined-sensor precipitation estimates at fine scales. *Journal of Hydrometeorology*, 8, 38-55.

IAASTD (2008) *International assessment of agricultural knowledge, science and technology for development*, London, Island Press.

IGBP. (2012) *The international geosphere biosphere programme: Global change*. Available: www.igbp.net/About.html.

IPCC (2001) Climate change 2001: The scientific basis. In Houghton, J. T., Ding, Y., Griggs, D. J., Noguer, M., van der Linden, P. J., Dai, X., Maskell, K. and Johnson, C. A. (Eds.) Contribution of working group 1 to the third assessment report of the intergovernmental panel on climate change, Cambridge, New York, Cambridge University Press.

IPCC (2007a) Climate change 2007: Working group I: The physical science basis. Rome, Italy: United Nations.

IPCC (2007b) The effects of climate change on agriculture, land resources, water resources and biodiversity. Washington DC: Intergovernmental Panel on Climate Change.

Jennings, S. and Magrath, J. (2009) What happened to the seasons? *Seasonality Revisited*. Oxford, Institute of Development Studies.

Jordan, C. F. (1969) Derivation of leaf area index from quality of light on the forest floor. *Ecology*, 50, 663-666.

Kastensa, J. H., Kastens, T. L., Kastens, D. L. A., Price, K. P., Martinko, E. A. and Lee, R. Y. (2005) Image masking for crop yield forecasting using AVHRR NDVI time series imagery. *Remote Sensing of Environment*, 99, 341–356.

Katz, R. W. and Brown, B. G. (1992) Extreme events in a changing climate: Variability is more important than averages. *Climatic Change*, 21, 289-302.

Korner, C. and Basier, D. (2010) Phenology under global warming. *Science*, 327, 1461-1462.

Lashof, D. A., Deangelo, B. J., Saleska, S. R. and Harte, J. (1997) Terrestrial ecosystem feedbacks to global climate change. *Annual Review of Energy and the Environment*, 22, 75-118.

Lieth, H. (1974) *Phenology and seasonality modeling*, New York, Springer-Verlag.

Lobell, D. B., Burke, M. B., Tebaldi, C., Mastrandrea, M. D., Falcon, W. P. and Naylor, R. L. (2008) Prioritizing climate change adaptation needs for food security in 2030. *Science*, 319, 607-610.

Morisette, J. T., Pinzon, J. E., Brown, M. E., Tucker, C. J. and Justice, C. O. (2004) Initial validation of NDVI time series from AVHRR, vegetation and modis. Proceedings of the 2nd SPOT VEGETATION Users conference, March 24-26, Antwerp, Belgium.

Myneni, R. B., Hall, F. G., Sellers, P. J. and Marshak, A. L. (1995) The interpretation of spectral vegetation indexes. *IEEE Transactions Geoscience and Remote Sensing*, 33, 481-486.

Myneni, R. B., Keeling, C. D., Tucker, C. J., Asrar, G. and Nemani, R. R. (1997) Increased plant growth in the northern high latitudes from 1981 to 1991. *Nature*, 386, 698-702.

NAS (2004) Climate data records from environmental satellites: Interim report. Washington DC, Board on Atmospheric Sciences and Climate (BASC), National Academy of Sciences.

Neigh, C. S. R., Tucker, C. J. and Townshend, J. R. G. (2008) North American vegetation dynamics observed with multi-resolution satellite data. *Remote Sensing of Environment*, 112, 1749-1772.

Nemani, R. R., Keeling, C. D., Hashimoto, H., Jolly, W. M., Piper, S. C., Tucker, C. J., Myneni, R. B. and Running, S. W. (2003) Climate-driven increases in global terrestrial net primary production from 1982 to 1999. *Science*, 300, 1560-1563.

Nicholson, S. E. (1986) The spatial coherence of African rainfall anomalies: Interhemispheric connections. *Journal of Climate and Applied Meteorology*, 25, 1365-1381.

Ohring, G. and Gruber, A. (2001) Climate monitoring from operational satellites: Accomplishments, problems, and prospects. *Advances in Space Research: Calibration and Characterization of Satellite Sensors and Accuracy of Derived Physical Parameters*, 28, 207-220.

Pettorelli, N., Ryan, S., Mueller, T., Bunnefeld, N., Je̜drzejewska, B., Lima, M. and Kausrud, K. (2011) The normalized differential vegetation index (NDVI): Unforeseen successes in animal ecology. *Climate Research*, 46, 15-27.

Rasmussen, M. S. (1992) Assessment of millet yields and production in northern Burkina Faso using integrated NDVI from the AVHRR. *International Journal of Remote Sensing*, 13, 3431-3442.

Reid, W. V., Mooney, H. A., Cropper, A., Capistrano, D., Carptenter, S. R., Chopra, K., Dasgupta, P., Dietz, T., Kuraiappah, A. K., Hassan, R., Kasperson, R. E., Leemans, R., May, R. M., McMichael, A. J., Pingali, P., Samper, C., Scholes, R. J., Watson, R. T., Zakri, A. H., Shidong, Z., Ash, N. J., Bennett, E., Kumar, P., Lee, M. J., Raudsepp-Hearne, C., Simons, H., Thonell, J. and Zurek, M. B. (2005) *Millennium ecosystem assessment synthesis report*, London, Island Press.

Rodell, M., Velicogna, I. and Famiglietti, J. (2009) Satellite-based estimates of groundwater depletion in India. *Nature*, 460, 999-1002.

Rojas, O. (2007) Operational maize yield development and validation based on remote sensing and agro-meteorological data in Kenya. *International Journal of Remote Sensing*, 28, 3775-3793.

Rojas, O., Vrieling, A. and Rembold, F. (2011) Assessing drought probability for agricultural areas in Africa with coarse resolution remote sensing imagery. *Remote Sensing of Environment*, 115, 343-352.

Scheel, M. L. M. (2012) Early warning systems: The “last mile” of adaptation. *EOS Transactions of the American Geophysical Union*, 93, 209-210.

Scheel, M. L. M., Rohrer, M., Huggel, C., Villar, D. S., Silvestre, E. and Huffman, G. J. (2011) Evaluation of

TRMM multi-satellite precipitation analysis (TMPA) performance in the central Andes region and its dependency on spatial and temporal resolution. *Hydrological and Earth System Science*, 15, 2649-2663.

Scoones, I., Marongwe, N., Mavedzenge, B., Murimbarimba, F., Mahenehene, J. and Sukume, C. (2011) Zimbabwe's land reform: Challenging the myths. *Journal of Peasant Studies*, 38, 967-993.

Senay, G. and Verdin, J. (2002) Evaluating the performance of a crop water balance model in estimating regional crop production. *Pecora 15/Land Satellite Information/ISPRS Commission/FIEOS 2002 Conference Proceedings.* Denver CO.

Senay, G. B. and Verdin, J. (2003) Characterization of yield reduction in Ethiopia Using a GIS-based crop water balance model. *Canadian Journal of Remote Sensing*, 29, 687-692.

Sevruk, B., (1982) Methods of correction for systematic error in point precipitation measurement for operational use. *Operational Hydrology Rep. 21*, Geneva, Switzerland, World Meterological Organization.

Shindell, D., Kuylenstierna, J. C. I., Vignati, E., Dingenen, R. V., Amann, M., Klimont, Z., Anenberg, S. C., Muller, N., Janssens-Maenhou, G., Raes, F., Schwartz, J., Faluvegi, G., Pozzoli, L., Kupiainen, K., Höglund-Isaksson, L., Emberson, L., Streets, D., Ramanathan, V., Hicks, K., Oanh, N. T. K., Milly, G., Williams, M., Demkine, V. and Fowler, D. (2012) Simultaneously mitigating near-term climate change and improving human health and food security. *Science*, 335, 183-189.

Simelton, E., Fraser, E. D. G., Termansen, M., Benton, T. G., Gosling, S. N., South, A., Arnell, N. W., Challinor, A., Dougill, A. J. and Forster, P. M. (2012) The socioeconomics of food crop production and climate change vulnerability: A global scale quantitative analysis of how grain crops are sensitive to drought. *Food Security Journal*, 4, 163-179.

Slayback, D. A., Pinzon, J. E., Los, S. O. and Tucker, C. J. (2003) Northern hemisphere photosynthetic trends 1982-99. *Global Change Biology*, 9, 1-15.

Steffen, W., Sanderson, A., Tyson, P. D., Jäger, J., Matson, P. A., Iii, B. M., Oldfield, F., Richardson, K., Schellnhuber, H. J., Ii, B. L. T. and Wasson, R. J. (2012) *Global change and the earth system: A planet under pressure*, Berlin, Heidelberg, New York, Springer-Verlag.

Syed, T. H., Famiglietti, J. S., Chambers, D. P., Willis, J. K. and Hilburn, K. (2010) Satellite-based global-ocean mass balance estimates of interannual variability and emerging trends in continental freshwater discharge. *Proceedings of the National Academy of Sciences*, 107, 17916-17921.

Townshend, J. R. G. (1994) Global data sets for land applications from the advanced very high resolution radiometer: An introduction. *International Journal of Remote Sensing*, 15, 3319-3332.

Townshend, J. R. G. and Tucker, C. J. (1981) Utility of AVHRR NOAA-6 and -7 for vegetation mapping. *Remote Sensing of Environment*, 8, 127-150.

Tschirley, D. and Weber, M. T. (1994) Food security strategies under extremely adverse conditions: The determinants of household income and consumption in rural Mozambique. *World Development*, 22, 159-173.

Tucker, C. J. (1977) Use of near infrared/red radiance ratios for estimating vegetation biomass and physiological status. Greenbelt MD, NASA Goddard Space Flight Center.

Tucker, C. J. (1979) Red and photographic infrared linear combinations for monitoring vegetation. *Remote Sensing of Environment*, 8, 127-150.

Tucker, C. J., Pinzon, J. E., Brown, M. E., Slayback, D., Pak, E. W., Mahoney, R., Vermote, E. and Saleous, N. (2005) An extended AVHRR 8-km NDVI data set compatible with MODIS and SPOT vegetation NDVI data. *International Journal of Remote Sensing*, 26, 4485-4498.

Tucker, C. J., Vanpraet, C. L., Sharman, M. J. and Van Ittersum, G. (1985) Satellite remote sensing of total herbaceous biomass production in the Senegalese Sahel: 1980-1984. *Remote Sensing of Environment*, 17, 233-249.

Turvey, C. (2001) Weather insurance and specific event risk in agriculture. *Review of Agricultural Economics*, 23, 333-351.

Van Leeuwen, W., Orr, B. J., Marsh, S. E. and Herrmann, S. M. (2006) Multi-sensor NDVI data continuity: Uncertainties and implications for vegetation monitoring applications. *Remote Sensing of Environment*, 100, 67-81.

Verdin, J. and Klaver, R. (2002) Grid cell based crop water accounting for the famine early warning system. *Hydrological Processes*, 16, 1617-1630.

Verdin, J., Funk, C., Senay, G. and Choularton, R. (2005) Climate science and famine early warning. *Philosophical Transactions of the Royal Society B: Biological Sciences*, 360, 2155-2168.

Vrieling, A., De Beurs, K. M. and Brown, M. E. (2008) Recent trends in agricultural production of Africa based on AVHRR NDVI time series. SPIE Europe Security + Defense, September 15-18, Cardiff, UK.

White, M. A., De Beurs, K. M., Didan, K., Inouye, D. W., Richardson, A. D., Jensen, O. P., O'Keefe, J., Zhang, G., Nemani, R. R., Van Leeuwen, W. J. D., Brown, J. F., De Wit, A., Schaepman, M., Lin, X., Dettinger, M., Bailey, A. S., Kimball, J., Schwartz, M. D., Baldocchi, D. D., Lee, J. T. and Lauenroth, W. K. (2009) Intercomparison, interpretation, and assessment of spring phenology in North America estimated from remote sensing for 1982-2006. *Global Change Biology*, 15, 2335-2359.

Xie, P. and Arkin, P. A. (1995) An intercomparison of gauge observations and satellite estimates of monthly precipitation. *Journal of Applied Meteorology*, 34, 1143-1160.

Zell, E., Huff, A. K., Carpenter, A. T. and Friedl, L. A. (2012) A user-driven approach to determining critical earth observation priorities for societal benefit. *Journal of Selected Topics in Applied Earth Observations and Remote Sensing*, 5, 1594-1602.

Zeng, X. (1999) The relationship among precipitation, cloud-top temperature, and precipitable water over the tropics. *Journal of Climate*, 12, 2503-2514.

Zhao, M. and Running, S. W. (2010) Drought-induced reduction in global terrestrial net primary production from 2000 through 2009. *Science*, 329, 940-943.

제4장

국가 식량보장 추세와 기후의 영향

이 장의 목표

급속한 인구 증가는 1인당 농업 생산량을 정체시키거나 감소시키고 대안적 경제활동으로 적절하지 못한 성장이 발생하면서 수많은 세계 최빈국의 식량보장 문제를 지속하게 한다. 이런 추세는 식량이 평균 이상 생산되더라도 수년 동안 식량 구입 능력이 취약한 불안정한 인구가 증가하면서 급격하게 식량 수요가 확대된 국가들을 기후 변동성에 더 취약하게 할 것이다. 이 장의 목표는 제3장에서 원격탐사를 이용하여 관측한 기후 변동성이 국가 차원에서 식량보장에 어떤 영향을 미칠 수 있는지를 보여 주는 것이다. 농업 능력과 인구 증가, 강우 추세 등을 고려하여 식량보장에 대한 일반적인 기후 변동성의 중요성을 평가하였다.

국가 식량보장이란?

국가 식량보장은 FAO에 의해 국내에서 각 개인별로 이용할 수 있는 총칼로리량을 포괄하는 것으로 정의된다(FAO, 2012). 식량 수급표를 사용하여 구축된 국가 식량보장은 각 식량 품목별로 특정 기간의 공급원과 이용을 설명하고 있다. 한 국가에서 식량 공급량을 계산하기 위한 생산된 총식량은 조사 시작 단계부터 발생할 수 있는 저장품 변동으로 조정되거나 수입된 총량을 더한 것이다. 이용 측면에서 섭취할 수 있는 식량 공급량은 총 이용 가능한 식량에서 수출과 가축 사료, 종자, 주류 제조, 비식량 용도 처리, 저장 및 운송 중 손실될 수 있는 양을 제외한 것이다. 식용 가능한 각 식량 품목별 1인당 공급량은 이용할 수 있는 식량 총량을 총인구로 나누어서 구하며, 칼로리와 단백질, 지방의 양으로 표현한다(FAO, 2002).

국가 규모에서 생산된 식량과 손실된 식량, 국경을 넘는 거래를 계산하는 것은 매우 복잡하다. 조기 기근경보 시스템 네트워크(FEWS NET)는 잠비아의 식량 수급표를 검토하여 다음과 같이 제시하였다.

> 제분업자, 무역업자, 농부들이 보유한 옥수수의 정확한 평가와 물리적 검증은 매우 어려운 작업이다. 곡물 저장량을 구하는 방법과 공공 및 민간 부문의 생산 능력 활용 정보를 설계할 필요가 있다. 정부와 민간 부문에서 생산된 값을 설명하기 위해 채택한 방법을 조화시킬 필요가 있다.
>
> (Mwila et al., 2004)

옥수수를 주정 생산과 가축 사료로 이용하는 것과 같이 비식용으로 사용된 곡물의 오차가 중요할 수 있으며, 최종 1인당 식량 가용성에 크게 영향을 미친다. 이런 문제는 저개발국가와 식량보장 문제가 발생하기 쉬운 국가에서 더 크게 나타난다. 식량 수급표는 이용할 수 있는 식량의 양만을 나타내고 식량보장에 대한 다른 측면의 정보는 거의 없다.

식량보장을 측정하는 것은 개념의 차원과 규모가 다양하여 복잡하다. 앞의 장에서는 충격의 영향을 이해하기 위하여 생계 환경을 적용한 FEWS NET의 가구와 지역 공동체 수준의 식량보장 평가를 기술하였다. FAO는 생계분석보다 더 정량적이며 덜 상대적인 식량보장 평가에 접근하는 국가 수준의 식량 수급표를 이용하였다. 다양한 규모의 측정 방법이 식량보장의 다양한 요소를 설명하거나 무시하며 우선순위를 조정하는 데 영향을 미친다(Barrett, 2010). FAO는 소비량과 생산량을 정량적으로 측정할 수 있으므로 장기 추세를 계산할 수 있지만, 국가 내에서 일부 국민은 총 유용한 식량을 더 받고 일부 국민은 덜 받는 분배의 문제를 무시하고 있다. 국가 식량 수급표는 식량원조 물자와 분배의 문제를 해결할 수 없는 농업 생산 전략을 반영하는 정책을 끌어내어, 여전히 최빈곤층과 가장 소외된 사람들을 식량 불안정 상태에 머물게 한다(Hertel et al., 2007; Sahn and Stifel, 2004).

가뭄이나 홍수, 혹은 다른 기상으로 인한 식량 생산 변화는 국가 차원의 식량 가용성에 영향을 미칠 뿐만 아니라 공간적으로 균일하지 않은 가구와 지역 공동체에도 직접적인 영향을 미친다. 날씨충격으로 일부 농부의 밭이 완전히 초토화될 수 있지만, 다른 사람들의 경우 피해를 입지 않을 수도 있다. 그러므로 식량가격이 높아질수록 식량을 보유하고 있는 농부에게는 실질적인 도움이 될 수 있다. 현지 수준의 정보를 이용하는 생계분석과 다른 접근방법은 현지의 충격이 식량보장에 미치는 영향을 파악하는 데 도움을 줄 수 있다.

국가 식량보장 추세

FAO는 "세계 식량보장 상황" 보고서에서 2010년부터 2012년까지 전 세계 인구의 12.5%에 해당하는 8억 7천만 명의 식량 에너지 공급이 부족한 것으로 추정하였다. FAO는 국가 수준에서 식량 불안정성을 산정하기 위하여 앞에서 설명한 식량 수급표에 기초한 영양부족 지표의 출현율을 이용하였다. FAO의 2012년 보고서에 따르면, 지난 20년간 기아가 남아시아에서 아프리카로 이동하였다. 표 4.1은 FAO에 의해 계산된 1990-1992년과 2010-2012년 영양부족 인구의 변화를 나타낸 것이다. 일부 지역은 식량 불안정이 뚜렷하게 감소한 반면 개선되지 않은 지역도 있다.

아프리카 사하라 이남에서는 전체 영양부족 인구가 증가하였지만 총인구 중 영양부족 인구 비율은 감소하였다. FAO는 아프리카의 영양부족 상태가 1990-1992년에는 32.8%였고, 2010-2012년에는 26.8%라고 보고하였다. 남아시아 지역의 영양부족 인구 비율도 1990-1992년에 26.8%였으나, 2010-2012년에는 17.6%로 감소하였다. 이런 통계 수치를 가진 두 지역 간에는 경제 충격과 기후 충격에 대처하는 능력의 차이가 현저하였다. 이는 만성적인 영양부족을 반영하는 것으로 가격 급등이나 다른 단기간 충격에 의한 변화를 보여 주는 것은 아니다. 그러나 이런 충격은 현재의 식량 불안정의 최우선순

표 4.1 세계의 기아 분포

영양부족 인구(백만 명)	1990-1992년	2010-2012년
선진국	20	16
남아시아	327	304
아프리카 사하라 이남	170	234
동아시아	261	167
동남아시아	134	65
라틴 아메리카와 카리브해	65	49
서아시아와 북아프리카	13	25
코카서스와 중앙아시아	9	6
오세아니아	1	1
전 세계	1,000	868

출처: FAO(2012b)

위에서 발생하므로 추세를 파악하는 것이 중요하다.

FAO에서 보급한 영양부족 지표는 식이 에너지 효용 측면과 국가 차원의 분포에 의해서만 정의하며 다른 영양 측면은 고려하지 않았다(FAO, 2012). 표 4.1에 제시된 통계는 최신 세계 인구 자료를 포함한 것으로 소매 유통단계에서 식량 손실에 대한 개정된 추정치와 한 국가의 식량 분포를 포함한 인구통계, 건강, 가구조사 등의 새로운 자료가 포함되었다. 그 추정치는 이전보다 지난 20년 동안 기아를 감소시키는 데 진전이 있었다는 것을 보여 주지만, 경제성장이 모든 사람들의 영양 개선에 도움이 된 것은 아니라는 것도 보여 준다. 사회보장을 제공하고 안전한 식수, 위생, 보건 서비스에 대한 접근성을 높이는 정책과 프로그램은 빈곤층의 가장 가난한 사람들의 요구를 충족시켜야 할 것이다(Grosh et al., 2008). 다수의 굶주린 사람들이 농촌에 살고 있고 생계 수단의 대부분을 농업에 의존하고 있기 때문에 가난한 사람들에게 다가가기 위해서는 지속가능한 농업 성장이 필요하다(FAO, 2012).

2008년 이후 식량가격 상승은 부정적인 영향이 있었지만 농업투자 증가에 긍정적인 동기를 부여하였다. 전체 칼로리 가용성 개선(또는 FAO에서 산정된 영양실조 비율)이 빈곤층의 소비 감소와 함께 발생하기 때문에, 식량가격 상승이 순 식량 구매자인 최빈곤층에게 미치는 영향을 국가 수준에서 파악하기 어렵다. 높은 식량가격이 가난한 시골 농부들의 식량보장에 미치는 영향은 여전히 불분명하지만 농부들이 식량을 초과 생산할 수 없고, 그것을 판매할 수 있는 시장에 접근할 수 없다면 부정적일 수 있다(Hazell, 2013; Swinnen and Squicciarini, 2012; Von Braun, 2008).

FAO의 방법을 이용할 경우, 몇 달 또는 몇 년 동안의 높은 식량가격의 영향을 파악하기 어렵다. 수요자가 섭취한 식단의 다양성이 감소하였을 수 있고, 섭취한 총칼로리의 변화 없이 비싸지 않지만 영양이 부족한 식량으로 전환했을 수도 있다. 가구 예산에서 필수적이지만 추적이 어려운 건강관리와 교육, 주거와 교통비의 감소도 장기적으로 어떤 결과를 야기할 수 있지만, 총칼로리에는 거의 영향을 미치지 않을 수 있다. 가구 지출의 이동으로 인한 영향은 장기적으로 부정적일 것이다(Barrett and Bellemare, 2011; Darnton-Hill and Cogill, 2009).

세계 경제 침체와 식량가격 불안정의 영향이 일부 국가에 더 크게 영향을 미칠 수 있다(Gouel, 2013). 식량가격 변화에 대한 정부의 정책 대응이 이런 충격의 영향을 결정짓는 식량보장의 중요한 요소이다. 남아시아 국가에서는 효과적인 거시 경제정책으로 식량가격의 극심한 변화와 2008-2010년의 세계 경제 침체가 식량보장에 미치는 영향이 아프리카에서보다 작았다(Rashid et al., 2008).

기후와 식량보장 추세

농업은 기온과 강수 조건에 의해 결정되므로 기후 변동성과 기후변화는 세계 모든 농업 지역에 영향을 미칠 수 있다(Ericksen et al., 2011; IPCC, 2007b). 지속적으로 식량과 섬유 관련 산업, 에너지 사용을 늘리면서 인구 증가에 효과적으로 대응하기 위하여 식량을 더 많이 생산하는 것은 변화하는 기후에 적응하려는 농부에게 쉬운 일이 아니다. 국제식량정책연구소(IFPRI; International Food Policy Research Institute)는 농업 시스템에 대한 대규모 압박을 파악하기 위하여 식량보장과 기후변화가 미래에 상호작용할 수 있는 방법을 모색하기 위하여 일련의 시나리오를 수행하였다. 여전히 초기 단계인 시나리오 체계는 식량보장을 위한 대용으로 국가 식이 에너지의 공급 추세를 이해하기 위해 사용되는 방법에 기초하고 있다. 연구팀은 세 가지 소득과 인구 성장 시나리오를 개발하였다. 현재의 추세를 나타내는 기본 시나리오, 현실적이지만 인류복지에 더 부정적인 결과를 가져올 수 있는 비관적인 시나리오, 긍정적인 결과를 포함한 낙관적인 시나리오이다. 이런 경제/인구 시나리오는 각각에 적용되는 5개의 미래 기후 시나리오를 포함하고 있으며, 식량보장을 위한 15개의 타당한 결과를 도출하였다(Nelson et al., 2010). 시나리오는 기후변화의 영향을 이해하기 위해 고안되었지만, 식량 불안정에 대한 다른 원인에 비하여 생육조건의 상대적인 중요성을 평가할 수 있기 때문에 국가 식량보장 추세의 파악과 관련이 있다.

Nelson et al.(2010)의 보고서는 시나리오 모델에서 다음 4가지 주요 결론을 얻었다.

1. 광범위한 경제발전은 복지뿐만 아니라 식량보장의 핵심이며 기후변화에 대해 탄력적이다. 적절한 경제성장이 없다면 빈곤 국가들은 제한된 자원을 감안할 때, 인구를 위해 충분한 칼로리를 제공하기 위해서 노력하지만, 시간이 갈수록 기후 충격과 식량가격의 충격에 더 취약해질 것이다.
2. 기후변화는 경제성장의 일부를 상쇄할 것이다. 시나리오에 따르면, 기후변화로 영양실조 상태인 아동의 비율이 8.5%에서 10.3%로 증가할 것이며, 그중 일부는 2050년까지 식량가격이 상승하기 때문이다.
3. 국제무역은 국가 차원에서 다양한 기후변화의 영향을 보정하는 필수적인 역할을 한다. 더불어 식량 교역은 생산량이 적은 지역의 적자를 상쇄시켜 실질적이며 효율적인 무역 없이 가능한 상황보다 더 많은 사람들이 식량에 접근할 수 있게 한다.
4. 생산성이 낮은 지역에서 적절하게 생산성을 증가시킬 수 있는 농업 생산성 투자는 기후변화의 영향을 완화시키고 식량보장을 향상시킬 수 있다. 모델에서 생산성을 증가시킨 경우, 과거 사례와 같이 2050년까지 영양실조 아동의 수를 기준치에 비하여 16.2%까지 감소시킬 수 있다. 생산성을 증가시키면 같은 토지에서 더 많은 양의 식량을 얻을 수 있고, 동일한 수의 사람들이 이용할 수 있는 소득과 식량이 증가할 수 있어 식량 불안정을 감소시킬 수 있다(Nelson et al., 2010).

기온상승과 강수량 변화가 생산성에 중요한 영향을 미치기 이전에 지속적인 경제성장과 식량 생산을 늘리기 위한 투자가 이루어진다면, 기후 변동성의 위협은 관리가 가능하다. 시간이 지남에 따라 누적된 기후변화와 인구 증가의 영향으로 농부들이 환경 변화에 적응할 수 있는 능력이 떨어질 것이다(Nelson et al., 2010).

세계 농업 생산 추세

오늘날 현지에서 얼마나 많은 식량을 사용할 수 있는지와 모든 농업 지역에서 얼마나 많은 식량을 재배하고 국제시장에서 판매할 수 있는지가 식량보장에 영향을 미친다. 국제시장을 위해 식량이 충분히 생산된다면 상품가격이 낮게 유지될 것이다. 가뭄에 의한 생산성 감소나 산업 팽창에 의한 수요 증가로 수요가 공급보다 커지면 식량가격이 상승하며, 시장에 의존하는 인구의 식량 불안정이 커질 것이다(Nelson et al., 2010).

전 세계적으로 농업 생산에서 어떤 추세가 나타날까? 지난 50년 동안 세계는 생산량 증가와 재배면적의 증가로 농업 생산성이 크게 증가하였다. 이런 증가는 인구 증가로 인한 식량 수요를 능가하여 거의 40년 동안 세계 식량가격을 안정시켜 왔다. 생산성은 여러 지역에서 수확량 향상과 저개발 지역의 작물재배 지역 확대를 통하여 증가하였다. 그림 4.1은 지난 50년간 1인당 식량의 양이 어떻게 변하였는지를 보여 주는 지표이다. 이 장에서는 곡물과 비교하여 모든 농업 분야에서 관찰된 변화 추세의 차이를 자세히 살펴보고자 하였다. 개발도상국에서는 주로 현지 소비를 위한 곡물을 생산하며, 지난 10년 동안 여러 요인에 의해 수확량이 감소하였다(Pingali and Heisey, 1999).

기후 변동성에 의한 현지 작물 생산 변화는 많은 개발도상국에서 대부분의 식량이 생산되어 국제시장으로 가지 않고 현지에서 소비되게 하기 때문에 전 세계 식량보장에 부정적인 영향을 미칠 것이다(Lamb, 2000; Schmidhuber and Tubiello, 2007). 국가 간 구매력 격차의 증가는 현지 생산의 중요성을 높이고, 계절성 변화가 농업 생산성에 미치는 영향의 중요성을 키울 것이다(Brown et al., 2009; Funk and Brown, 2009).

농업은 모든 가구의 필수적이면서 기본적인 물품인 식량을 생산하므로, 역사적으로 많은 인구가 이에 종사해 왔다. 세계 경제가 비농업 부분의 생산품과 서비스의 가치와 함께 성장함에 따라 전체 경제에서 농업 분야 비율은 선진국에서 급격히 감소하였다. 예를 들어, 유럽 연합은 국내 총생산에서 농업이 차지하는 비율이 3% 미만으로 매우 적은 수치이지만, 농업은 농촌인구 20% 정도의 주요 수입원이

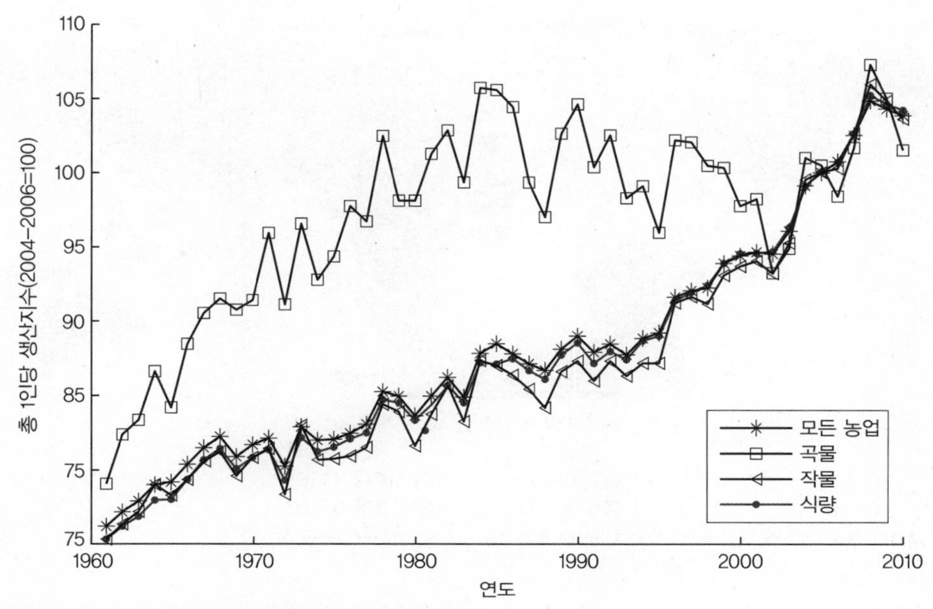

그림 4.1 FAO 통계에 의한 1인당 농업 생산 지수(1960-2010년)

다(Moussis, 2011). 유럽 연합은 세계 최대의 식량과 음료 생산국이므로 농업이 1,500만 개의 일자리(총고용의 8.3%)와 수출상품의 주요 부분을 차지한다. 이와 같이 선진국에서도 농업과 식량 부분이 인구의 상당 부분에 영향을 미친다.

그림 4.2는 세계 대부분 국가에서 국내 총생산 중 농업이 차지하는 비율을 나타낸 것이다. 아프리카에서는 농업이 고용의 70%를 차지하며 평균 국내 총생산의 30%에 해당한다(World Bank, 2010). 이 비율은 국가마다 다르지만 농업은 대부분 국가에서 경제의 중요한 부분이다. 예를 들어, 인도에는 인구의 거의 70%가 농업에 종사한다.

농업 부문의 절대 생산성이 감소하지 않는 한, 전체 경제 생산의 비율을 농업에서 제조업 또는 서비스 분야로 이동시키는 구조 변화는 일반적으로 유익하다. 식량보장을 분석하기 위하여 농업 분야에서 경제가 차지하는 비중이 높은 국가들은 식량을 구입할 수 있는 다양한 수입원을 가진 국가보다 기후 변동성에 더 취약하고 개발 정도도 미흡하다.

모든 국가를 서로 비교할 수 있는 구매력을 나타내는 지표와 국내 총생산에서 농업 비율을 비교해 보면, 농업 소득과 경제비율이 비선형 관계임을 확인할 수 있다. 국민 총소득은 해당 연도의 모든 지역에서 같은 가치로 표현되는 미국 달러로 표시된다. 국민 총소득은 모든 거주하는 생산자에 부가된 가치뿐만 아니라 해외 모든 순 수입액의 합이다(그림 4.3). 일반적으로 1인당 국민소득이 미화 1,000달러

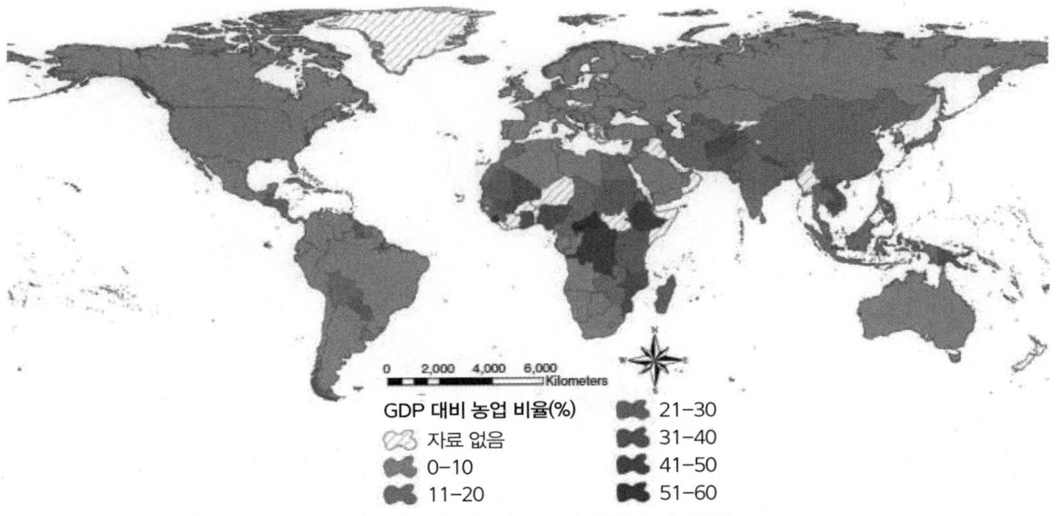

그림 4.2 세계의 국내 총생산에 대한 농업 부가가치 비율(2000–2010년 평균) (출처: 세계은행)

를 넘으면 농업 분야의 경제비율은 10% 미만으로 낮아진다. 또한 국민 총소득은 위기 상황에서 다른 지역에서 식량을 수입하는 것이 얼마나 어려운지를 예측하는 데 유용하다. 국민 총소득 측정 기준은 광범위한 경제발전과 구매력 간의 관계를 설명하여 준다.

기후 변동성에 가장 취약한 지역에서 농업 능력의 변화가 식량보장에 심각한 위협이 될 수 있다. 1990년대와 2000년대에는 원자재 가격이 낮아서 곡물 생산 능력에 적절히 투자하는 개발 지역이 거의 없었다(IAASTD, 2008). 에티오피아, 탄자니아와 같이 인구 증가와 고도의 농업경제를 가진 국가에서는 곡물 생산을 위하여 개선된 종자와 1인당 비료 사용량이 감소하고 있다(Funk and Brown, 2009). 이 기간에 인구가 빠르게 증가하였기 때문에 식량 원가가 상승하는 동안 1인당 식량 생산량이 감소하였다.

경작지 추세

농업 생산량은 단위면적당 생산량과 재배면적의 곱으로 계산된다. 어떻게 전 세계적으로 수확량의 증가나 경작 면적의 증가로 식량을 증가시킬 수 있을까? 이는 지리적 위치와 분석기간에 따라 다르다. 농부들은 수확량을 증가시키기 위해서 개발도상국의 전형적인 수분 작물보다 더 많은 양을 생산할 수 있는 종자를 개량하고 화학비료, 제초제, 살충제와 같은 기술을 사용하여야 한다.

지표면의 약 11%가 경작지(경작 가능한 토지와 영구적 작물을 위한 토지)로 사용되고 있다. FAO에 의하면, 이 면적은 재배에 적합할 것으로 판단되는 토지의 1/3을 약간 상회한다(Bruinsma, 2003). 그

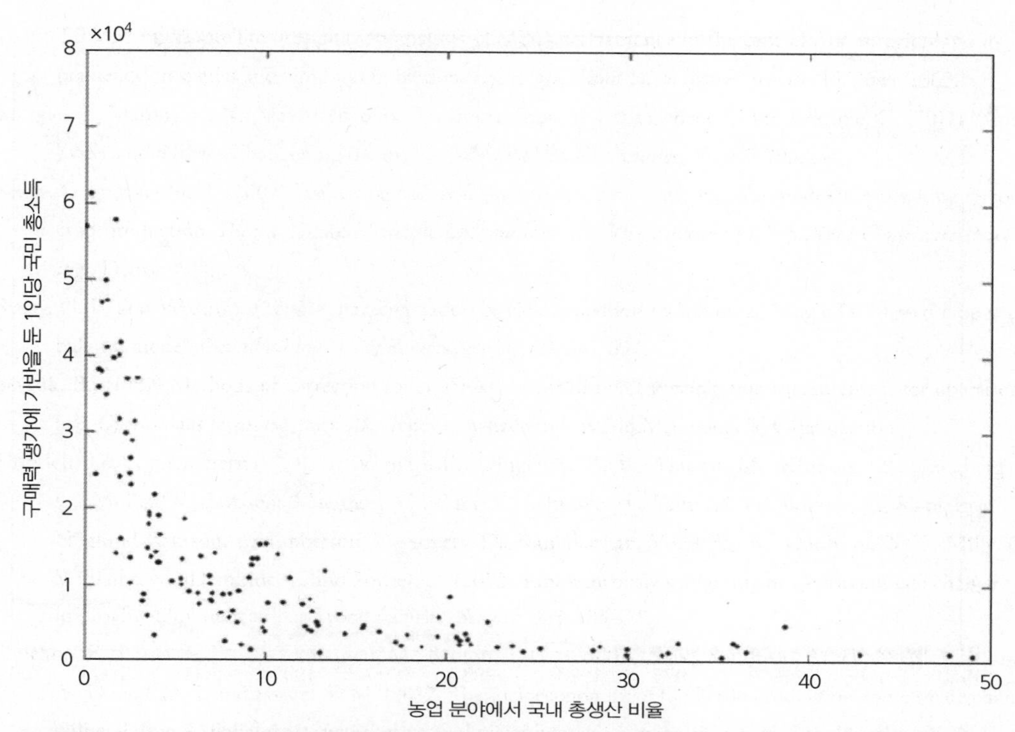

그림 4.3 2010년 국내 총생산에서 농업 분야 비율에 대한 구매력 평가에 기반을 둔 1인당 국민 총소득(출처: 세계은행, data.worldbank.org)

럼에도 불구하고 전구 규모에서 재배 가능한 토지가 더 이상 존재하지 않는다는 생각이 널리 퍼져 있다. Bruinsma(2003)는 이런 인식이 남아시아, 유럽, 북아프리카와 같이 토지가 부족한 지역에서 비롯된 것이라 지적하고 세계의 다른 지역에서는 경작지를 크게 확대시킬 수 있다고 하였다. 이런 지역은 기초 인프라가 거의 없는 지역이거나 현재 삼림 또는 개발제한보호구역이다. 인구는 증가하지만 기술 접근이 거의 없는 지역은 생산량을 증가시키고 새로운 땅을 경작해야 하는 것이 현실이다. 특히 사하라 이남의 아프리카와 동아시아, 남아메리카는 경작지 확장이 절실한 지역이다.

그림 4.4는 FAO 통계 자료에서 수집된 아프리카의 1961–2010년의 토지면적 변화를 나타낸 것으로 주요 4대 잡곡 재배 지역이 확장되는 것을 보여 준다. 이런 작물은 빈곤한 지역사회에서 널리 재배되어 비싸지 않은 가격으로 소비된다. 1961년 이래로 옥수수의 재배면적이 크게 확대되고 1980년대 중반 이후 기장과 수수, 기타 곡물 재배면적이 증가하여 전체적으로 재배면적이 거의 2배가 되었다는 것을 주목할 필요가 있다. 많은 지역에서 생산성 증가로 수확량이 증가하는 것을 고려할 때, 생산성에 의한 수확량과 경작지의 확대로 인한 수확량 간의 균형은 날씨가 생산에 어떤 영향을 미치는지 이해하는

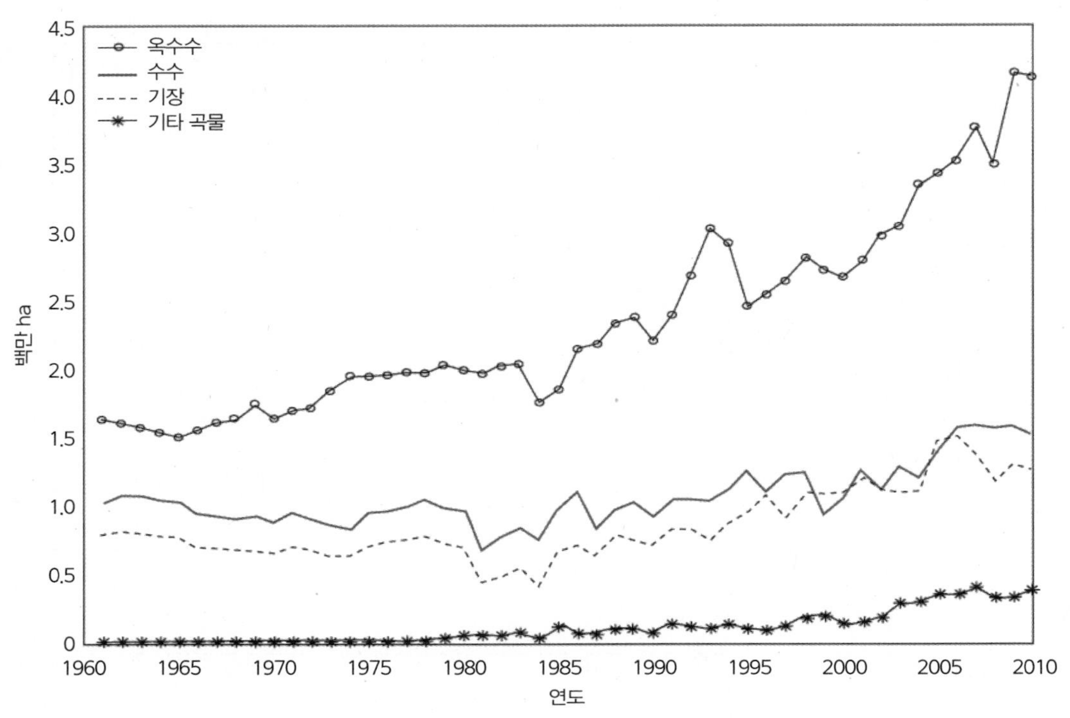

그림 4.4 1961–2010년간 아프리카의 옥수수와 기장, 수수, 기타 곡물 수확면적의 추세(출처: FAO 통계 데이터베이스)

데 중요하다. 기후 변동성은 생산성에 영향을 미치지만 경작지가 충분히 넓고 잉여 생산이 적절하다면 최소 생산량이 달성될 수 있을 것이다. 그림 4.5는 아프리카와 아시아, 유럽, 북아메리카 4개 지역에서 옥수수 총수확량과 총수확 면적 간의 관계를 나타낸 것이다. 이들 지역에서 각 생산량과 재배면적 간의 관계는 다르지만, 모두 생산량이 증가하고 있다. 유럽에서 옥수수 생산량이 연간 2억 톤에서 7.5억 톤까지 증가하였지만, 옥수수 재배면적은 1961년 이후 모든 지역에서 거의 증가하지 않았다(FAO, 2013). 북아메리카에서는 지난 40년 동안 재배면적이 2천만 ha에서 3천 7백만 ha로 확대되면서 옥수수 생산량도 크게 증가하였다. 북아메리카에서 생산량 증가 대부분은 관개시설에 의한 큰 폭의 증가 외에도 유전자 조작에 의한 생산성이 높은 작물 품종과 비료, 제초제 사용 증가에 의한 것이다.

아시아 지역은 광대하고 다양하며, 북아메리카에서 사용된 생산성을 높이는 방법의 일부를 적용하여 생산량을 높이기도 하였지만 재배면적도 증가하였다. 그러나 아프리카에서는 생산성보다 재배면적 확대로 유럽과 비슷한 수준으로 생산량이 증가하였다. 그림 4.5는 아프리카의 면적(3천만 km^2)이 북아메리카의 2천 5백만 km^2에 비하여 매우 넓지만, 재배면적의 확대와 생산성이 높은 품종 사용, 비료 사용, 관개 확대 등이 가능하다는 것을 보여 준다. 현지 생산에 의존하는 인구를 고려할 때, 아프리

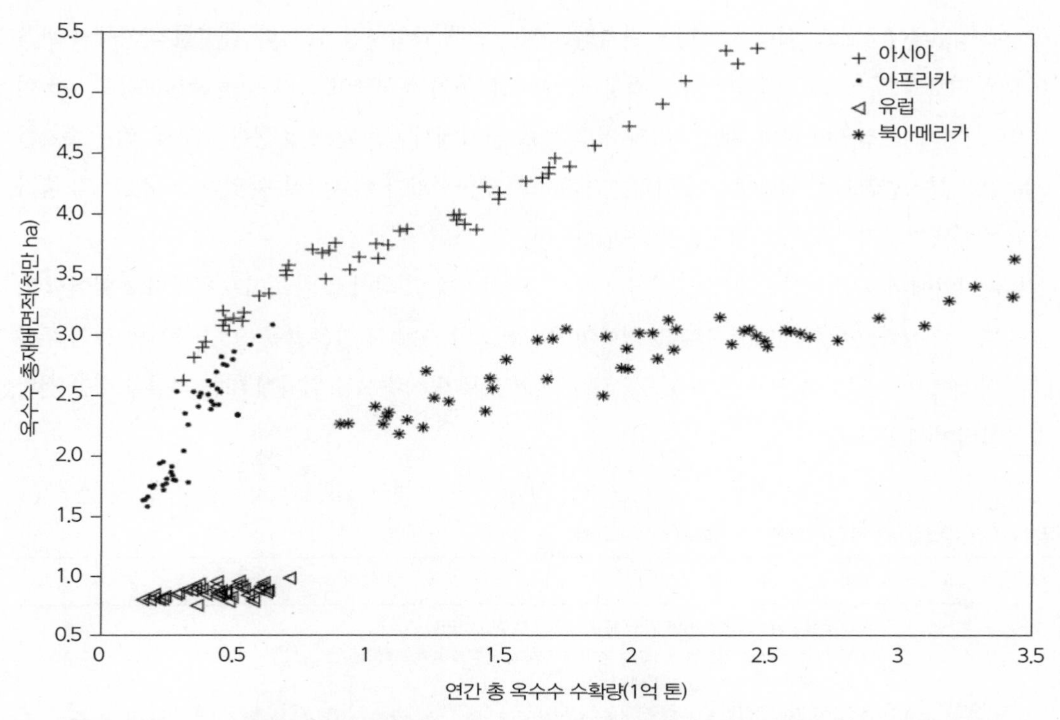

그림 4.5 아프리카, 아시아, 유럽 및 북아메리카의 1961–2010년 옥수수 수확량과 수확면적의 관계(출처: FAO 통계 데이터베이스)

카의 식량 생산은 일반적으로 다른 지역보다 훨씬 낮은 편이다.

미래 식량 생산의 지속성을 훼손하지 않은 방식으로 동일한 농지에서 더 많은 식량을 생산하는 지속가능성의 강화가 식량증대 필요성에 대한 대응 정책이다(Garnett et al., 2013). 농작물을 더 많이 생산하기 위하여 재배면적을 확대하는 대신에 기존 농경지의 활용도를 높임으로써 소비를 위해 더 많은 식량을 생산하면서 특정 토지를 소유한 농부가 소득을 증가시킬 수 있다. 기존의 첨단기술과 농업 및 유기농 방식을 포함한 다양한 투자를 통한 개선이 다양한 경제, 지정학 및 생태 환경에서 성공할 가능성이 훨씬 높다. 농업과 식량 생산은 우선순위가 필요하지만, 투자는 문화적으로 적절한 식량, 고용, 경제성장을 이루게 하고 적절한 영양을 제공하는 식량 시스템의 다양한 우선순위에 순응하는 방식으로 이루어져야 한다(Garnett et al., 2013; Tilman et al., 2002).

강수량 관측 자료를 이용한 기후 추세

기후 변동성이 식량보장에 미치는 영향을 이해하기 위해서 식량 불안정 지역을 중심으로 장기간 강우량 자료를 조사하였다. 대규모의 수분 상태 변화는 식량 생산에 지장을 초래하고 지역 공동체는 단기간에 적응해야 하므로 식량 시스템의 단기적 충격을 크게 악화시킬 수 있다. 대부분 국가에서 관측소 강우 자료를 사용할 수 있지만 현지 기상기관과 협력하여 분석해야 하며 종종 품질보장을 위하여 디지털화한 후 보정해야 한다. 재배면적과 기후 정보, 국가에서 관측된 농업 생산성 추세, 인구 증가를 모두 함께 분석함으로써 식량보장에 미치는 기후변화 영향평가가 이루어질 수 있다. 표 4.2는 각 국가에서 수행한 기후평가의 주요 결론을 요약한 것이다.

일부 지역에서 농업 생산성에 영향을 미치는 강우량과 기온의 의미 있는 추세가 나타나고 있어서 최근 광범위한 식량보장 분석에서 기후의 영향이 중요해졌다. 이런 경향은 종종 인구 증가와 농업 투자 및 무역 네트워크 감소와 연관될 수 있으므로 기후의 추세가 식량보장 위기에 대한 적절한 대응 전략에 통합되어야 한다.

표 4.2 지난 30년간 강우와 기온 변화가 식량보장에 미치는 영향

국가	요약
차드	• 여름철 강수가 지난 25년 동안 동부 지역에서 감소하였다. • 1975년 이래로 기온은 0.8℃ 상승하여 가뭄의 영향을 증폭시켰다. • 작물 생산성이 매우 낮고 정체되어 있다. • 1인당 농지면적이 좁고 급속히 감소한다. • 인구증가와 정체된 생산성이 결합하여 2025년까지 1인당 곡물 생산이 30% 감소할 수 있다. • 많은 사례에서 기후가 변하는 지역은 어느 정도 연관성을 나타내는 실질적인 분쟁 지역과 일치한다. 그러나 이런 갈등에 기후변화의 영향은 현재 파악되지 않았다.
니제르	• 지난 20년간 여름철 강수가 증가하여 1960–1989년 수준이 되었다. • 1975년 이후 기온이 0.6℃ 상승하여 가뭄의 영향을 증폭시켰다. • 작물 생산성은 매우 낮고 정체되어 있으며 인구는 빠르게 증가하고 있다. • 경작지가 크게 확대되면서 급격한 인구 증가를 상쇄하였다. • 농지확장이 늦어질 경우 정체된 생산성과 인구 성장은 식량 불안정을 증가시킬 수 있다.
부르키나파소	• 여름철 강수는 지난 20년간 꾸준히 지속되었지만 1920–1969년 평균값보다 15% 낮은 수준이다. • 기온은 1975년 이후 0.6℃ 상승하였고 가뭄의 영향을 증폭시켰다. • 1인당 농지면적이 좁고 감소하고 있다. • 생산성이 개선되어 급격한 인구 증가를 상쇄하였다. • 지속적인 생산성 증가는 1인당 식량 생산량의 현재 수준을 유지할 것이다.
우간다	• 지난 25년간 우간다의 봄철과 여름철 강수가 모두 감소하였다. • 관측된 온난화 규모는 특히 1980년대 초 이후로 지난 110년 동안 컸으며 전례가 없는 것으로 나타나 정상 기후에서 큰 변화(표준편차 2 이상)를 보였다. • 관측된 기후변화의 영향이 가장 큰 지역은 서부와 북서부의 경작지이다. • 서부와 북서부 지역의 강수량 감소는 미래 식량 생산 전망을 위협한다. • 기온상승은 커피 생산에 악영향을 미칠 수 있다. • 더 건조하고 온난한 기후 레짐하에서 급격한 인구증가와 농업 및 유목의 확대로 향후 20년간 위기에 처한 인구가 매우 증가할 수 있다. • 많은 사례에서 기후가 변하는 지역은 어느 정도 연관성을 나타내는 실질적인 분쟁 지역과 일치한다. 그러나 이런 갈등에 기후변화의 영향은 현재 파악되지 않았다.

에티오피아	• 일부 지역에서 1970년대 중반 이후 봄철과 여름철 강수가 15-20% 감소하였다. • 전 지역에서 상당한 온난화가 건조 상태를 악화시켰다. • 관측된 기존 강우량 감소의 중요한 패턴은 남부 중앙에 위치한 리프트 밸리의 인구 밀집 지역과 일치하며, 이미 작물 생산성과 목초지 상태에 악영향을 미치고 있다. • 더 건조하고 온난한 기후 레짐하에서 급격한 인구 증가와 농업 및 유목의 확대로 향후 20년간 위기에 처한 인구가 매우 증가할 수 있다. • 여러 지역에서 습한 기후상태가 지속될 것이며 농업 개발은 강우량 감소와 다른 지역의 생산량 감소를 상쇄시킬 수 있다.
수단	• 서부 및 남부 지역의 여름철 강우는 1970년대 중반 이후 10-20% 감소하였다. • 관측된 1℃ 이상 기온상승은 작물에 있어서 강우량이 10-20% 감소한 것과 같다. • 온난화와 건조화는 다르푸르 남부 지역과 주바 주변 지역에 영향을 미쳤다. • 주바 서부 지역의 강우 감소는 수단 남부의 미래 식량 생산 전망을 위협하였다. • 많은 사례에서 기후가 변하는 지역은 어느 정도 연관성을 나타내는 실질적인 분쟁 지역과 일치한다. 그러나 이런 갈등에 기후변화의 영향은 현재 파악되지 않았다. • 보다 다양한 기후 레짐하에서 급격한 인구 증가와 농업 및 유목의 확대로 향후 20년간 위기에 처한 인구가 급격히 증가할 수 있다.

주: 각 국가의 품질 관리형 기상 관측소 자료를 사용하여 FEWS NET, USGS 및 University of California의 Climate Hazard Group이 공동으로 지난 30년간 강우량과 기온 변화를 요약한 기후 자료와 이런 변화가 식량보장에 미치는 영향을 개발하였다. 본 간행물의 주요 결론이 요약되었다. 각 자료는 http://pubs.er.usgs.gov/에서 찾을 수 있다.

관측된 기후 변동성 분석과 세계 작물 생산

지난 20년간 기후 변동성이 생산에 미친 영향은 향후 20년 동안 기후 변동성이 작물 생산성과 생산량에 어떻게 영향을 미치는지에 대한 지침이 될 수 있다. 1950년 이후 세계 평균기온은 0.13℃ 상승했으며(IPCC, 2007a), 여러 연구자에 의해 기온상승이 농업에 미치는 영향이 조사되었다. 이런 연구는 지난 20년 동안 각 국가에서 기후가 주요 작물 생산성에 미치는 영향을 평가하기 위해 생산반응 모델을 이용하였고, 미래 기온 변화가 어떻게 생산성에 영향을 미치는지를 탐지하기 위해 구해진 관계를 이용하였다.

Lobell et al.(2011)은 작물에 따라 기후의 영향이 다르고 기온과 강수의 부정적인 영향과 이산화탄소의 긍정적인 영향으로 구분될 수 있다는 결과를 제시하였다(표 4.3). 밀과 옥수수는 프랑스(Brisson et al., 2010)와 인도(Ladha et al., 2003)의 연구 결과와 마찬가지로 기온과 강수량의 영향을 가장 크게 받는다. 밀 생산성은 기온과 강수량의 영향을 받으며, 20세기 중반 이후 거의 선형의 증가 추세가 정지된 상태이다(Lin and Huybers, 2012). 예를 들어, Lin과 Huybers는 밀을 생산하는 47개 지역 절반에서 수확량이 증가하지 않았다고 하였다. 인도를 제외한 지역은 영국, 프랑스, 독일 등을 포함하여 대부분 선진국이다. 기후의 영향과 농업 능력에 대한 투자 부족이 생산성 정체의 주원인으로 확인되었다.

표 4.3 전구 평균기온과 강수 추세가 주요 4대 작물에 미치는 영향에 관한 중위 추정값(1980–2008년)

작물	1998–2002년간 전구 평균 생산량 (100만 MT)	생산성에 미치는 전구 기온의 영향 (%)	생산성에 미치는 전구 강우의 영향 (%)	합계	전구 이산화탄소 영향의 추세(%)	총 기후 영향(%)
옥수수	607	–3.1	–0.7	–3.8	0.0	–3.8
쌀	591	0.1	–0.2	–0.1	3.0	2.9
밀	586	–4.9	–0.6	–5.5	3.0	–2.5
콩	168	0.8	–0.9	–1.7	3.0	1.3

출처: Lobell et al.(2011)
주: 해당 기간 동안 이산화탄소가 47ppm 증가했을 때

이산화탄소의 긍정적 영향은 일부 작물에서만 기온과 강수의 영향을 상쇄시켰다. 특히 기온상승에 민감한 옥수수는 생산성에 영향이 없었다. Lobell은 이런 변화를 지도로 제작하여 개선된 적응 프로그램으로 이어갈 수 있는 기후 영향이 가장 강한 지역을 제시하였다. 쌀과 밀에 대한 수요 증가로 기후변화에 의한 생산성 감소가 이들 작물의 식량가격에 큰 영향을 미칠 수 있으며, 이들 작물에 크게 의존하는 농부들에게도 영향을 미칠 것이다.

기후는 미래 식량 공급 상태를 결정할 수 있는 유일한 요인이다. 이 기간의 기술 변화도 기후 추세와 구별될 수 있는 중요한 동력이다. Lobell et al.(2011)은 생산성에서 관측된 경향을 기후와 더 관련 있는 것과 그렇지 않은 것으로 구분하였다. 이 연구는 환경 추세가 10년에 해당하는 기술로 인한 수익률을 지연시킬 수 있고, 공간적으로 생산성에 일관되게 영향을 미친다고 하였다(Lobell et al., 2011).

기후 변동성의 영향은 국가와 지역에 따라 큰 차이가 있다. Simelton et al.(2012)은 국민 총소득에서 농업 분야의 비율이 높은 러시아, 터키, 멕시코와 같은 저개발국가가 불균형적으로 기후 변동성의 영향을 받는다고 하였다. 식량가치가 높아지면, 농업에 투자하려는 장려책이 증가할 것이다. 20세기 대부분 기간 동안 식량가격은 그 수준을 유지하거나 다소 하락하였다. 그러므로 최근 원자재 가격의 뚜렷한 증가 추세는 이런 계산에 반영되지 않았다.

1인당 식량 가용성 추세

강우량과 생산 능력, 인구 변화로 인한 영향을 알아보기 위하여 단순 식량 균형 모델을 사용할 수 있다. 이 분석은 생산 능력에 대한 투자가 기후 변동성의 영향을 어떻게 감소시킬 수 있는지를 파악하기 위하여 각 범주의 영향을 조사하는 것이다. 이 연구의 기본 가정은 각 지역의 식량 생산과 이용 가능성이 해당 지역의 식량보장을 위해 점차 중요해진다는 것이다. 다른 지역보다 특정 지역의 구매력이 현

저히 낮을 경우, 향후 구매력이 계속 감소하므로 가구 구성원은 현지 곡물가격이 저렴하기 때문에 소비 수준을 유지하기 위하여 현지에서 재배된 식량을 구매할 것이다. 개발도상국에서는 도시와 농촌 사이의 차이가 크지만, 이 장에서는 이용 가능한 국가 수준의 자료만 제시되었다. 만약 모든 국가에서 국가 수준보다 하위 수준의 생산 정보를 이용할 수 있다면 분석력이 더욱 강화될 수 있다.

개발도상국의 강우량과 인구 증가, 농업 능력의 차이를 잘 이해하기 위해서 대략적인 식량 균형 지표를 개발하였다. Funk et al.(2008)은 지표 모델이 3가지 매개변수의 영향 추세를 대략적으로 보여 준다고 하였다. 농업 능력은 농업을 위한 1인당 재배면적, 국가 차원에서 구입한 종자의 양, 작물에 적용되는 비료의 양으로 기술할 수 있다. 이 3가지 매개변수는 농업에 대한 국가의 투자와 생산 능력 대부분을 포함할 수 있다. 주요 생육시기의 강우량을 조정하면 지표 모델이 국가의 1인당 생산량을 나타낼 수 있다(Funk et al., 2008).

$$\text{식량 균형 지표} = \frac{1}{\text{주요 계절의 강우량}} \times \frac{\text{인구}}{\text{b1}^{\star}\text{재배면적} + \text{b2}^{\star}\text{종자 양} + \text{b3}^{\star}\text{비료 양}}$$

식량 균형 지표 관계는 동아프리카와 남아프리카와 같이 인구 증가율이 높은 지역에서 볼 수 있는 구조적 식량보장 문제를 나타낼 수 있다. 아프리카인의 약 65%는 농업이 주요 생계 수단이며, 소규모 농부들이 아프리카 농업 생산의 90% 이상을 책임진다(IFPRI, 2008).

그림 4.6은 인구 증가와 농업 능력 간의 격차를 보여 준다. 기후 변동성과 기후변화로 인한 강우량 감소가 이런 문제를 복합적으로 만들 것이다. 오늘날 동아프리카와 남아프리카에 거주하는 어린이 3명 중 1명은 저체중 상태이다. 이 지역은 1인당 경작면적이 낮아 작황이 좋은 해에도 수확량이 매우 낮다(FAO, 2013). 이런 국가의 빈곤한 농부들은 이주와 자원 분열, 악화 주기의 영향을 크게 받으며(Kates. 2000), 천수농업으로 가족을 부양한다(Rockstrom and Falkenmark, 2000). 그러므로 이 지역에서 1인당 작물 생산은 식량 가용성과 식량보장의 중요한 척도이다(Funk et al., 2008).

동아프리카와 남아프리카에서 농업 능력은 경작면적과 인구 증가에 의하여 결정된다. 지난 25년간 식량 생산량은 50% 증가했으며 인구는 거의 두 배 증가하였다. 품종 개량과 비료 사용에 대한 투자가 지연되었지만, 새로운 토지 확대와 노동량 증가로 생산량이 증가하였다(Funk et al., 2008). 1990년 이후 농업에 대한 외국인 투자는 총원조의 12%에서 4%로 감소했으며, 아프리카 공공 지출의 4%만 농업에 할당되었다(Lowder and Carisma, 2011). 이런 투자 부족으로 이 기간 1인당 농업 능력이 감소하였다. 최근 원자재 가격 상승이 정부와 기업체에 다시 이런 추세를 반전시키기 위한 투자를 늘리도록 압박하고 있다(Lowder and Carisma, 2011).

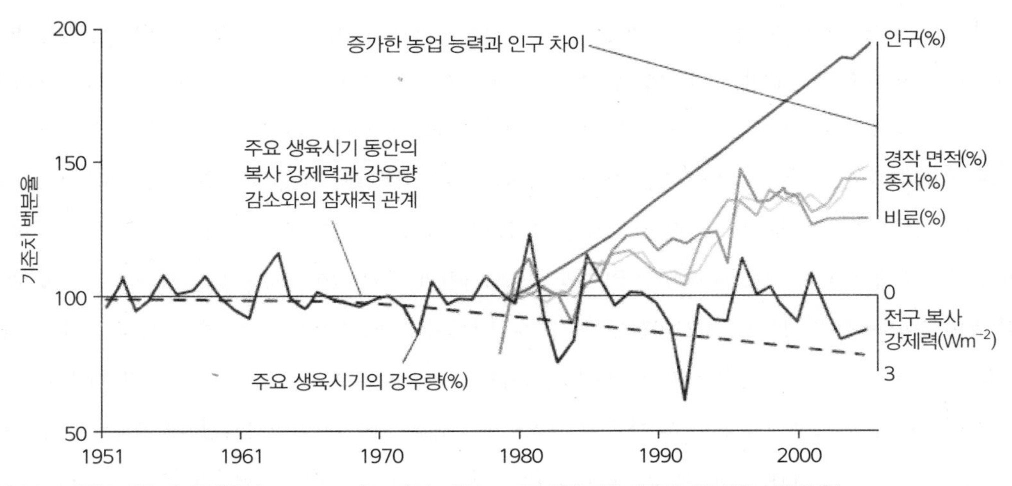

그림 4.6 증가한 농업 능력 차이(출처: Funk et al.(2008)의 그림 1A, 미국 국립 과학 아카데미의 사용 승인 받음.)

주: 그림은 동아프리카와 남아프리카에서 강우량, 인구, 경작지, 종자 사용, 비료 사용을 표현함. 다른 변수는 1979–1981년 백분율 평균으로 표현함. 기후변화를 나타내는 전구 복사 강제력은 뒤집어진 축에 점선으로 표현함.

현재 식량 불안정과 미래 전망을 예측할 수 있는 모델 능력

식량 균형 모델은 단순한 형식이기는 하지만 남아프리카와 동아프리카 사헬지대에 거주하는 영양부족 인구에 대한 FAO 관측치를 나타낼 수 있다(그림 4.7). 이 그림에서 식량 균형 모델은 FAO가 제공하는 영양부족 상태인 실제 인구수를 예측할 수 있다. FAO는 생산된 식량의 양을 추정하고 이를 총인구로 나누어 계산함으로써 모든 사람들이 이용할 수 있는 식량의 양을 구한다. 영양부족은 지속적으로 식이 에너지 소비가 건강한 삶을 유지하면서 가벼운 신체활동을 할 수 있는 최소한의 식이 에너지 요구량 이하인 사람들의 상태를 의미한다.

이런 결과는 매우 우수해 보이지만, FAO는 식량 균형 지표 모델 계산과 비슷한 방식으로 영양부족 수치를 계산한다는 점을 기억해야 한다. 입력과 계산 결과의 차이가 작아서 FAO 자료가 쉽게 재생산될 수 있다. FAO는 각 지역을 대상으로 통계적으로 엄격한 방법을 이용하여 실제 영양부족인 인구수를 측정할 수 없으므로, 가용할 수 있는 식량과 인구에 대한 보다 광범위한 통계를 이용하여 많은 독립적인 식량 불안정을 확인할 수 있다. 인구통계와 보건 자료와 같은 종합적인 영양 자료는 통계 표본을 이용하여 직접 영양부족을 측정하지만, 이 설문조사는 5년마다 실시되며 모든 국가에서 사용할 수 없으므로 FAO 통계에는 사용되지 않지만, 이 모델을 사용하여 영양부족의 경년 변동성을 나타낼 수 있다.

식량 균형 모델이 불안정한 식량의 이전 변동성을 확인할 수 있다고 가정할 경우, 미래에 대비하여

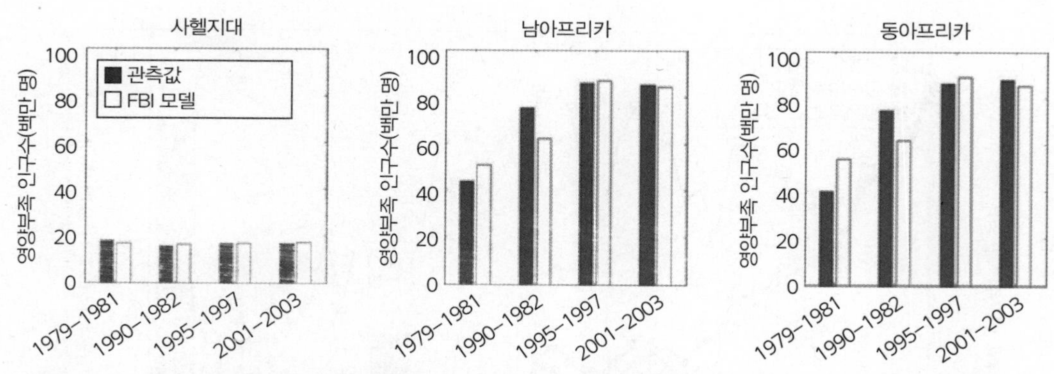

그림 4.7 식량 균형 지표 모델 산출과 1979–2003년 동안 FAO에서 제공한 각 지역의 영양부족 인구수 비교(출처: Funk et al., 2008)

이를 이용한다면, 인구 증가와 강우량 변화, 식량보장에 영향을 미칠 수 있는 농업 능력의 변화로 인하여 구조적 식량 불안정이 어떻게 변할 것인지를 파악할 수 있다. 이 간단한 접근법으로 각 요소의 상대적 중요성과 농업 개발이 기후 변동성에 어떻게 영향을 받는지를 설명할 수 있다.

그림 4.8은 구조적 식량보장 문제를 예측하기 위하여 식량 균형 모델을 어떻게 사용할 수 있는가를 보여 준다. 상위 5개 원조 수혜국인 에티오피아, 케냐, 탄자니아, 잠비아, 짐바브웨에서 1961년 이후 지속적인 인구 증가와 농업 능력의 감소(관찰된 추세)가 이어진다면, 2030년까지 5개국에서 1억 3천 5백만 명의 영양부족 인구가 발생할 것이다. 그러나 농업투자로 10년마다 생산성을 15%씩 증가시킬 수 있다면(연간 농업 능력 1인당 2kg씩 증가), 5개국의 식량 불안 인구는 현재 4천 3백만 명에서 2030년에 1천만 명으로 감소할 수 있다.

개발도상국에서 생산성 증가와 그로 인한 수백만 농부의 소득 증가는 식량보장 개선을 위한 대단한 잠재력이다. 토양의 악화와 세계적인 비료의 공급 감소로 사용량 감소, 기후 변동성의 증가, 계절성 변화를 포함한 수확량에 대한 많은 위협들을 감안할 때, 현재 농장의 생산성을 높이는 것은 어렵다(Cordel et al., 2009). 이미 생산력이 높은 지역에서 생산량을 늘리는 것보다 생산성이 낮은 지역에서 식량 생산을 늘리는 것이 훨씬 쉬울 것이다. 그림 4.9는 지역별 생산성을 나타낸 것으로 그중 상당수는 기후 잠재력보다 생산성이 낮다. 수확량이 많은 종자의 도입과 비료 사용 증가와 같은 농업 능력에 대한 투자가 농부의 소득을 향상시키고 증가하는 도시인구의 수요를 충족시켜 국가 경쟁력을 향상시킨다.

이 장에서 보고된 식량 균형 모델 접근법에서는 무역을 고려하지 않았다. 이 책의 주제가 경제와 무역에 초점을 맞추기 때문에 이 사례는 이상적이지 않을 수 있다. 그러나 이 모델을 이용하여 기후 변동성과 인구 증가가 식량 가용성에 미치는 영향을 파악할 수 있으며, 둘 다 특정 지역에서 가격 결정에 중

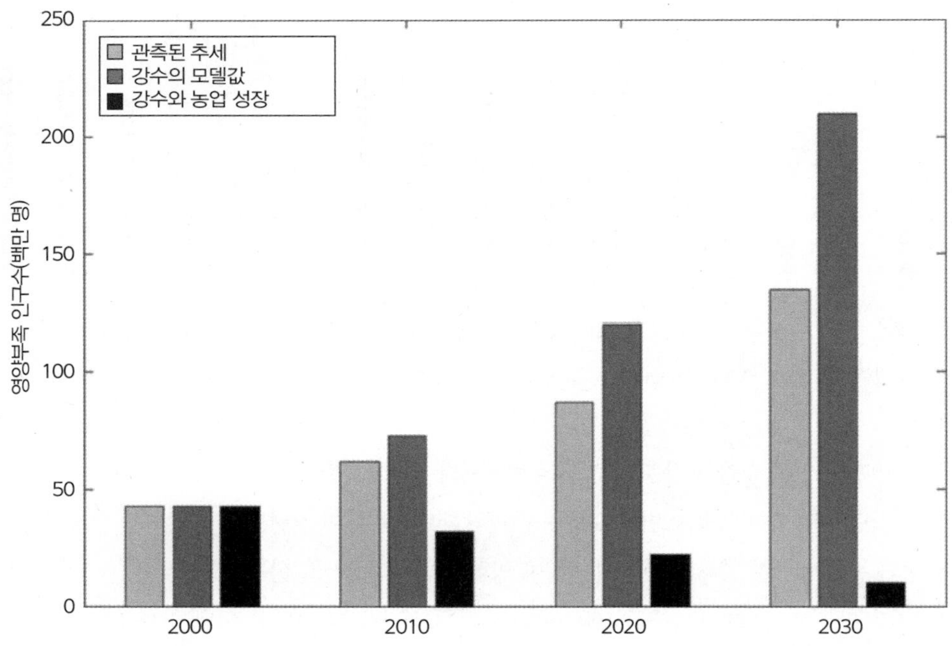

그림 4.8 1961–2008년간 관측된 추세를 기반으로 한 식량 균형 모델 예측(표 4.2)과 상위 5개 식량원조 수혜국(에티오피아, 케냐, 탄자니아, 잠비아, 짐바브웨)의 강우량 예측 자료(출처: Funk et al., 2008)

요한 요인이다. 현지에서 재배된 값이 싼 식량을 충분히 이용할 수 있다면, 최빈곤층이 최소의 소비를 유지하기에 충분한 식량을 제공할 가능성이 그렇지 않은 경우보다 훨씬 높다. 따라서 식량 균형 모델이 중대한 한계가 있지만 구조적 식량 불안정 문제를 탐구할 필요가 있다.

구매력은 화폐단위로 구매할 수 있는 재화와 서비스의 양이다. 돈이 있으며 다른 사람에게 노동을 명령할 수 있다. 그러므로 현지에서 재배된 식량을 구입할 경우, 경제 수준이 더 높은 국가에서 재배된 식량을 구매하는 경우보다 가구원들이 더 많은 식량을 구할 수 있다. 소득 증가에 따라 열대 지역에서 빵을 만드는 밀과 같은 외부 수입 식량에 대한 요구가 커진다. 이런 수입 물품에 대한 지불 능력은 지역 경제를 세계 시장에 어떻게 통합하는가에 달려 있다. 예를 들어, 세네갈 다카르에서 사무직으로 근무하는 가구의 연간 총임금은 농촌 가구 연간 소득의 10배 이상이다. 이는 다카르 지역의 식량 수요를 촉발시키지만, 도시에서 구입할 수 있는 식량은 글로벌 시장에서 가져오는 경우가 빈번하다. 이는 도시인의 맛 선호도가 내부 조달이 가능하고 농촌인구가 더 선호하는 곡물(기장, 수수)에서 다른 곳에서 조달한 곡물(밀, 쌀)로 변했기 때문이다. 이로 인하여 소득 불균형이 커질수록 도시와 농촌에서 소비되는 물품이 더 구별될 것이다(Ruel et al., 2010). 따라서 기후가 식량보장에 미치는 영향을 고려할 때 한 국

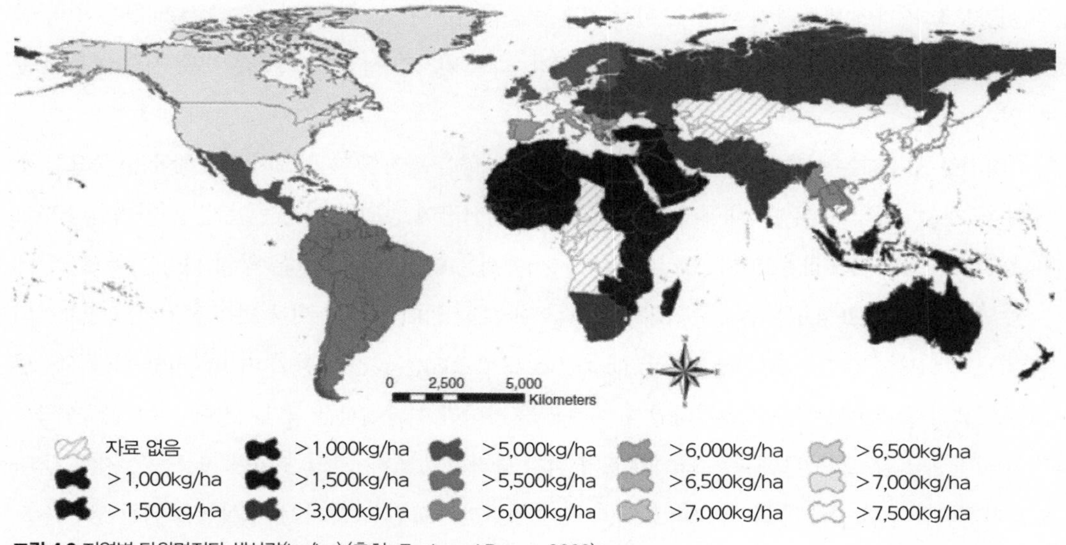

그림 4.9 지역별 단위면적당 생산량(kg/ha) (출처: Funk and Brown, 2009)

가 내에서도(심지어 농촌 내에서도) 지역마다 식량 공급원이 다르므로 위치에 따라 상당한 이질성이 있을 수 있다.

그러므로 국가 차원의 분석은 식량 불안정과 식량가격 및 식량 가용성에 대한 날씨의 영향을 실제로 이해시킬 수 없으므로 각 도시, 소도읍, 마을에 초점을 두고 특정 상황에 맞추어 설정해야 한다. 농산품은 실제로 매우 구체적이다. 남아프리카에서 재배된 흰옥수수가 미국산 달콤한 옥수수로 취급되지만, 맛과 농도, 영양 균형, 단백질 수준이 다르고, 특히 흰옥수수의 소비자가 전혀 다르다. 이론적으로 보츠와나 가보로네의 도시 소비자는 가격 기준으로 현지에서 재배한 옥수수와 수입 옥수수 중 하나를 선택할 수 있지만, 소비자의 관점에서 보면 실제로 두 제품은 전혀 다르다.

식량자원과 세계화

오랫동안 지역사회의 모든 구성원의 활발하고 건강한 삶을 위해서는 충분한 식량이 확보되어야 한다는 개발의 역할이 인정되어 왔다. Nelson et al.(2010)은 농업 생산성과 경제발전의 진전이 이루어지지 않는다면, 세계 최빈곤층의 식량보장은 거의 개선되기 어려울 것이라고 하였다. 무역은 식량보장을 위한 결정적 요인이지만, 식량보장과 관련된 무역에 대한 정확한 정보가 거의 없기 때문에 국가 규모의 식량보장 평가에 반영하기 어렵다. 현지 기후 변동성이 가구의 식량보장에 미치는 영향은 지역 공동체의 식량 공급이 현지 생산인지 또는 국가, 지방, 세계 원자재 시장에서 이루어지는지의 여부에 달려 있다.

식량시장 세계화는 식량가격이 식량보장에 미치는 영향을 평가할 때 반드시 고려해야 할 중요한 추세이다. 개발도상국에서는 국내에서 이용하기 위한 생산량이 농업의 가장 큰 부분을 차지한다(Von Braun and Diaz-Bonilla, 2008). 그러나 일부 지역에서는 어느 때보다 많은 양의 식량을 국제시장에서 수입하고 있다. 표 4.4는 수입 증가와 수출 감소에 대한 의미 있는 추세가 있는 총생산 측면에서의 농업 무역을 보여 준다. Von Braun and Diaz-Bonilla(2008)는 과정은 동일하지 않지만 식량 시스템의 세계화가 증가하고 있다고 설명하였다. 아프리카 사하라 이남에서는 국제시장에 기여하는 식량의 양이 절반으로 감소하였음에도 수입 의존도가 점차 증가하고 있다. 그러나 이런 지표들은 지역 간 차이, 지역과 광역 간 거래의 증가, 그리고 국가 통계에 나타나지 않는 도시 내의 시장을 위한 생산을 보여 주지 못할 수 있다. 앞에서 언급한 바와 같이 식량과 무역에 대한 공공과 민간 정보를 통합하는 데 필요한 통계적 전문 지식과 기반시설이 식량보장 위기를 겪고 있는 개발도상국에서는 거의 찾아볼 수 없으므로 정교하게 발전시킬 필요가 있다(Mwila et al., 2004). 현지 식량 공급원에 관한 정보를 양적 지표에 의존하는 것은 문제가 있다.

2012년 FAO 보고서는 높은 가격에 대한 다양한 적응이 가구, 지역 공동체 및 지역 수준에서 이루어지기 때문에 높은 가격의 영향을 추정하기 위한 국가 식량 균형 접근법을 사용하는 데 따른 어려움을 지적하였다. 식량가격 상승은 농부들의 소득을 증가시키고 자원을 가진 사람들의 투자를 촉진할 것이

표 4.4 생산량 대비 농업 무역 비율

		1960년대	1970년대	1980년대	1990년대	2000–2002
수출/생산 비율	라틴 아메리카 와 카리브해 연안	23.6	24.7	24.5	26.7	31.4
	아프리카 사하라 이남 (남아프리카공화국 제외)	28.5	23.0	17.2	15.3	13.2
	아시아 / 개발도상국	5.4	5.7	6.4	6.4	6.4
수입/생산 비율	라틴 아메리카와 카리브해 연안	6.7	8.6	11.2	14.0	15.7
	아프리카 사하라 이남 (남아프리카공화국 제외)	8.1	9.4	12.6	12.3	13.5
	아시아 / 개발도상국	7.1	8.0	9.2	8.9	8.8

출처: Von Braun and Diaz-Bonilla, 2008

다. 또한 더 높은 가격은 단기간의 기아와 식량 다양성 및 품질 감소, 가구의 다른 분야 예산 감소, 국가 차원에서 측정할 수 없는 생산 자원의 투자 감소 등에 부정적인 영향을 준다. 세계화와 다른 시장과의 통합효과는 현지 가격을 유사 품목의 국제 가격과 비교한 식량가격을 이용한 경우에만 측정 할 수 있다. 다음 장에서는 식량시장과 가구 및 지역 공동체를 위한 식량 공급의 역할에 대해 살펴보고자 한다.

요약

전 세계적으로 기후 변동성은 식량보장과 식량 생산에 영향을 미치는 요소 중 하나이다. 이 장에서는 인구 증가, 경작면적의 변화, 비료 및 종자 개량과 같은 농업 분야에 대한 투자 부족 등 식량 불안정의 구조적 원인을 조사하였다. 관찰된 생산 추세와 재배면적, 수확량을 조사하고 국가 수준의 식량보장에 대한 잠재적 영향을 논의하였다. 생산성에 영향을 미치는 기후 변동성에 대해 논의하였고, 인구 증가와 함께 강우량 감소의 위협에 대해 논의하였다. 이런 구조적 식량보장 문제는 농촌 지역의 생산량을 증가시킬 수 있는 농업 능력에 대한 투자로 개선될 수 있으며 특히 농업 종사자 비율이 높은 지역에서 높은 소득과 뚜렷한 개발 기회를 창출할 수 있다.

참고문헌

Barrett, C. (2010) Measuring food insecurity. *Science*, 327, 825-828.

Barrett, C. B. and Bellemare, M. F. (2011, July 12) Why food price volatility doesn't matter: Policy makers should focus on bringing costs down. *Foreign Affairs*.

Brisson, N., Gate, P., Gouache, D., Charmet, G., Oury, F.-X. and Huard, F. (2010) Why are wheat yields stagnating in Europe? A comprehensive data analysis for France. *Field Crops Research*, 119, 201-212.

Brown, M. E., Hintermann, B. and Higgins, N. (2009) Markets, climate change and food security in West Africa. *Environmental Science and Technology*, 43, 8016-8020.

Bruinsma, J. (Ed.) (2003) *World agriculture: Towards 2015/2030, an FAO perspective*, London, Earthscan Publications.

Cordell, D., Drangert, J.-O. and White, S. (2009) The story of phosphorus: Global food security and food for thought. *Global Environmental Change*, 19, 292-305.

Darnton-Hill, I. and Cogill, B. (2009) Maternal and young child nutrition adversely affected by external hocks such as increasing global food prices. *Journal of Nutrition*, 140, 162S-169S.

Ericksen, P., Thornton, P., Notenbaert, A., Cramer, L., Jones, P. and Herrero, M. (2011) Mapping hotspots of climate change and food insecurity in the global tropics. London, CGIAR Research Program on Climate Change, Agriculture and Food Security.

FAO (2002) Training in the preparation of food balance sheets. *Food Balance Sheets Paper No. 5*, Rome, Italy, Food and Agriculture Organization.

FAO (2012) The state of food insecurity in the world. Rome, Italy, United Nations Food and Agriculture Organization.

FAO (2013) FAO statistical database. Rome, Italy, United Nations Food and Agriculture Organization.

Funk, C. and Brown, M. E. (2009) Declining global per capital agricultural capacity and warming oceans threaten food security. *Food Security Journal*, 1, 271-289.

Funk, C. C., Dettinger, M. D., Michaelsen, J. C., Verdin, J. P., Brown, M. E., Barlow, M. and Hoell, A. (2008) The warm ocean dry Africa dipole threatens food insecure Africa, but could be mitigated by agricultural development. *Proceedings of the National Academy of Sciences*, 105, 11081-11086.

Garnett, T., Appleby, M. C., Balmford, A., Bateman, I. J., Benton, T. G., Bloomer, P., Burlingame, B., Dawkins, M., Dolan, L., Fraser, D., Herrero, M., Hoffmann, I., Smith, P., Thornton, P. K., Toulmin, C., Vermeulen, S. J. and Godfray, H. C. J. (2013) Sustainable intensification in agriculture: Premises and policies. *Science*, 341, 33-34.

Gouel, C. (2013) Food price volatility and domestic stabilization policies in developing countries. *WP6393*. Washington DC: World Bank.

Grosh, M., Ninno, C. D., Tesliuc, E. and Ouerghi, A. (2008) For protection and promotion: The design and implementation of effective safety nets. Washington DC, World Bank.

Hazell, P. B. (2013) Options for African agriculture in an era of high food and energy prices. *Agricultural Economics*, 44, 19-27.

Hertel, T. W., Keeney, R., Ivanic, M. and Winters, L. A. (2007) Distributional effects of WTP agricultural reforms in rich and poor countries. *Economic Policy*, 22, 289-337.

IAASTD (2008) *International assessment of agricultural knowledge, science and technology for development*, London, Island Press.

IFPRI (2008) Economic impact of African agriculture. Washington DC, International Food Policy Research Institute.

IPCC (2007a) Climate change 2007: Working group I: The physical science basis. Rome, Italy, United Nations.

IPCC (2007b) The effects of climate change on agriculture, land resources, water resources and biodiversity. Washington DC, Intergovernmental Panel on Climate Change.

Kates, R. W. (2000) Cautionary tales: Adaptation and the global poor. *Climatic Change*, 45, 5-17.

Ladha, J. K., Dawe, D., Pathak, H., Padre, A. T., Yadav, R. L., Singh, B., Singh, Y., Singh, Y., Singh, P., Kundu, A. L., Sakal, R., Ram, N., Regmi, A. P., Gami, S. K., Bhandari, A. L., Amin, R.,

Yadav, C. R., Bhattarai, E. M., Das, S., Aggarwal, H. P., Gupta, R. K. and Hobbs, P. R. (2003) How extensive are yield declines in long- term rice-wheat experiments in Asia? *Field Crops Research*, 81, 159-180.

Lamb, R. L. (2000) Food crops, exports, and the short- run policy response of agriculture in Africa. *Agricultural Economics*, 22, 271-298.

Lin, M. and Huybers, P. (2012) Reckoning wheat yield trends. *Environmental Research Letters*, 7.

Lobell, D. B., Schlenker, W. and Costa- Roberts, J. (2011) Climate trends and global crop production since 1980. *Science*, 333, 616-620.

Lowder, S. K. and Carisma, B. (2011) Financial resource flows to agriculture: A review of data on government spending, official development assistance and foreign direct investment. Rome, Italy, UN Food and Agriculture Organization Agricultural Development Economics Division.

Moussis, N. (2011) *Access to European Union law, economics, policies*. Euroconfidential.

Mwila, A. M., Banda, D. and Kabwe, P. (2004) Review of the Zambia national food balance sheet. Washington DC, US Agency for International Development FEWS NET.

Nelson, G. C., Rosegrant, M. W., Palazzo, A., Gray, I., Ingersoll, C., Robertson, R., Tokgoz, S., Zhu, T., Sulser, T. B., Ringler, C., Msangi, S. and You, L. (2010) Food security, farming, and climate change to 2050: Scenarios, results, policy options. Washington DC, International Food Policy Research Institute.

Pingali, P. L. and Heisey, P. W. (1999) Cereal crop productivity in developing countries: Past trends and future prospects. Mexico, International Maize and Wheat Improvement Center (CIMMYT).

Rashid, S., Gulati, A. and Cummings Jr., R. (2008) From parastatals to private trade. *IFPRI Issue Brief 50*. Washington DC, International Food Policy Research Institute.

Rockstrom, J. and Falkenmark, M. (2000) Semiarid crop production from a hydrologic perspective: Gap between potential and actual yields. *Critical Reviews in Plant Science*, 194, 319-346.

Ruel, M. T., Garrett, J. L., Hawkes, C. and Cohen, M. J. (2010) The food, fuel and financial crises affect the urban and rural poor disproportionately: A review of the evidence. *Journal of Nutrition*, 140, 170S-176S.

Sahn, D. E. and Stifel, D. C. (2004) Urban-rural inequality in living standards in Africa. Helsinki, Finland, World Institute for Development Economics Research.

Schmidhuber, J. and Tubiello, F. N. (2007) Global food security under climate change. *Proceedings of the National Academy of Sciences*, 104, 19703-19708.

Simelton, E., Fraser, E. D. G., Termansen, M., Benton, T. G., Gosling, S. N., South, A., Arnell, N. W., Challinor, A., Dougill, A. J. and Forster, P. M. (2012) The socioeconomics of food crop production and climate change vulnerability: A global scale quantitative analysis of how grain crops are sensitive to drought. *Food Security Journal*, 4, 163-179.

Swinnen, J. and Squicciarini, P. (2012) Mixed messages on prices and food security. *Science*, 335, 405-406.

Tilman, D., Cassman, K. G., Matson, P. A., Naylor, R. and Polasky, S. (2002) Agricultural sustainability and intensive production practices. *Nature*, 418, 671-677.

Von Braun, J. (2008) Rising food prices: What should be done? *IFPRI Policy Brief*, Washington DC, International Food Policy Research Institute.

Von Braun, J. and Diaz- Bonilla, E. (2008) Globalization of food and agriculture and the poor. Washington DC, International Food Policy Research Institute.

World Bank (2010) World development report 2010: Agriculture for development. Washington DC, International Bank for Resconstruction and Development/World Bank.

제 5 장

시장과 식량가격 결정 요인

이 장의 목표

식량가격은 지역사회에서 식량에 대한 접근성을 결정하는 가장 중요한 지표이다. 식량 접근성은 4개의 식량보장 요소 중 하나로서, 세계 시장이 더욱 통합되고 식량이 불안정한 현지 시장에 영향을 미치므로 점차 중요해졌다. 이 장에서는 세계의 원자재 시장과 대부분 식량 불안정 국가의 현지, 광역 식량시장의 구조를 기술하였다. 현지 식량가격에 영향을 미치는 요인을 파악함으로써 현지 식량가격을 결정하는 기후 변동성과 국제 원자재 가격의 중요성을 잘 이해할 수 있을 것이다. 이 장은 식량가격이 농촌과 도시의 지역사회에 영향을 미치는 상이한 경로를 분석하였다. 여기에는 식량가격이 세계 식량 시스템 내에서 어떻게 변화하고 있는지를 분석하는 개념틀을 제공하였다. 마무리로 현지 시장가격에 대하여 논의하였다. 또한 이들 현지 인구가 거주하는 곳에서 멀리 떨어진 도시에서 수입품목 가격에 과도하게 주목하기 때문에 얼마나 많은 현재의 가격지수들이 식량 불안정성에 대한 가격 변동의 영향을 밝히는 데 실패하는가를 보여 주었다.

국제 옥수수 가격과 옥수수 생산 변동성

옥수수는 중요한 국제 원자재로서, 세계 식량가격에 중요한 영향을 미친다. 옥수수는 세계 거의 모

표 5.1 2011년 옥수수 생산 상위 5개국의 통계

생산량			소비			수출			수입		
순위	국가	MT	순위	국가	MT	순위	국가	MT	순위	국가	MT
1	미국	314	1	미국	280	1	미국	41	1	일본	15
2	중국	193	2	중국	188	2	브라질	14	2	멕시코	11
3	브라질	70	3	EU-27	68	3	우크라이나	14	3	한국	7
4	EU-27	65	4	브라질	54	4	아르헨티나	13	4	EU-27	6
5	우크라이나	23	5	멕시코	30	5	인도	4	5	중국	5
	세계	874		세계	864		세계	99		세계	94

출처: USDA, 생산, 공급, 분배(PSD) 데이터베이스, www.fas.usda.gov/psdonline
주: 단위는 곡물 백만 톤(MT)

든 지역에서 식량으로 이용된다. 또한 옥수수는 동물 사료로도 생산되며, 공업용 원료나 에탄올을 만들어 연료용으로 쓰이기도 한다. 옥수수는 광범위하게 이용되기 때문에 세계의 다양한 지역에서 가격 자료를 구할 수 있다. 미국은 세계 시장으로 수출되는 옥수수의 약 30-40%를, 북반구의 80% 이상을 생산한다. 이 옥수수 대부분은 식량이 아닌 공업용 공정이나 동물 사료로 사용되며, 미국의 생산량이 세계 옥수수 가격에 중요한 영향을 미친다. 표 5.1은 2011년 옥수수 생산과 소비, 수출, 수입 통계치를 보여 준다. 2억 8천만 톤의 옥수수가 미국에서 소비되었으며, 이 중 약 60%는 동물 사료로 쓰였다. 또한 미국은 국제시장에 중요한 옥수수 수출 국가이다. 미국은 세계 여러 나라에 4,100만 톤의 옥수수를 수출하며, 일본, 멕시코, 한국, 유럽 연합, 중국이 상위 5개 수입 국가이다.

미국에서는 곡물의 50% 이상이 아이오와, 미네소타, 네브래스카, 일리노이에서 생산된다. 미국의 생산량이 세계 상품가격의 큰 부분을 차지하기 때문에, 생산 변동성을 초래하는 현지 날씨를 옥수수 가격의 국제 변동성에 연결지을 수 있다. 그림 5.1은 1969-2010년간 연간 옥수수 가격의 차분*에 대한 미국 옥수수 생산의 연간 차분을 나타낸 것이다. 세계 수출시장에서 미국의 비중이 커서 미국 옥수수 생산이 가격 변동의 30%를 차지한다. 수출시장에서 전체 옥수수의 거의 절반을 공급하는 미국 외에도 국제 옥수수 가격 변동성에는 또 다른 많은 요인이 있다. 여기에는 지난 수십 년간의 시장 예측, 정책 변화, 생산 추이, 옥수수 이용 등이 포함되며, 이런 영향은 국가와 지역 규모에서 더욱 복잡하다.

오랫동안 옥수수 가격 변동이 컸을 뿐만 아니라 최근에는 더 심해졌다. 최근 가격 상승은 미국에서 에탄올 생산을 위한 옥수수의 수요 증가로 생긴 시장의 비탄력성 때문이다(Write, 2011; Abbott et al.,

* 옮긴이: 전년도 값과 올해 값의 차이

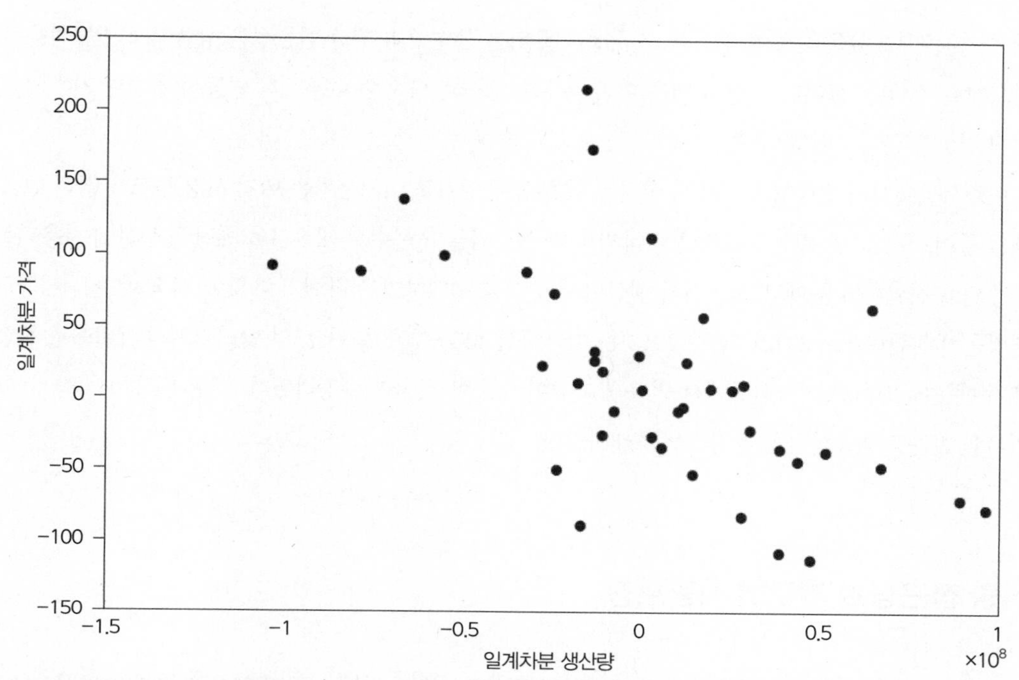

그림 5.1 1969년–2010년간 국제 옥수수 가격과 미국 옥수수 생산량(출처: IndexMundi 가격 자료와 USDA 생산량 자료)

2011). Diffenbaugh et al.(2012)은 미국의 거대 바이오 연료 산업의 수요가 지난 10년간 미국 옥수수 시장의 변동성을 심화시켰으며, 식량 생산에 대한 기후 영향으로 가까운 기간 안에 변동성을 더 증폭시킬 수 있음을 보여 주었다.

미국은 시장에서 재생 가능 연료의 비용 경쟁력을 키우기 위해서 휘발유의 셀룰로스 에탄올 표준을 정하였다. 이 표준을 충족시키기 위해서 2012년까지 미국에서 휘발유 수요를 20%까지 줄이기 위한 충분한 연료를 생산하기 위해 에탄올을 만드는 데 옥수수를 사용하는 바이오 연료 공장들이 세워졌다(Schnepf, 2007). 부시 대통령은 이 목표를 정한 2007년에 에너지 및 안전 법률을 제정한 후 10년 내로 미국 휘발유 소비량의 20% 감축을 요구하였다. 이 목표는 2017년까지 350억 미국 갤런(1억 3천만 m^3)의 재생 가능 연료 표준을 정하고 자동차 제조사의 평균 연비(CAFE) 표준을 개선하고 현대화하여 달성해야 한다(Schnepf, 2007). 에탄올 표준이 원자재 시장에 미치는 영향은 의도하지 않았던 것으로 2007–2008년간 많은 품목에 대한 국제 원자재 가격의 상승에 중요한 요인으로서 종종 인용되고 있으며, 표준 시행 이후 옥수수 시장 변동성의 주요 요인이 될 수 있다(Diffenbaugh et al., 2012).

Diffenbaugh et al.은 미국에서 옥수수 생산의 잠재적 변화와 가격–생산 관계를 모델링함으로써 엄격하게 바이오 연료 정책이 지속될 경우 앞으로 수십 년간 기온상승은 옥수수 시장가격의 변동성을 크게 증가시킬 수 있음을 보여 주었다. 기온상승에 따른 옥수수의 생산 변동성은 상품가격 변동성을 더 악화시킬 것이다. 그러나 이런 모델은 미국 옥수수 생산과 옥수수 수출가격 변동성에 대한 기후의 직접적 영향을 환기시킬 뿐이다.

수출시장에서의 변동성이 어떻게 현지 식량 생산에 영향을 미치는가는 현지 시장 구조에 달려 있다. 예를 들어, 멕시코의 옥수수 가격은 미국의 식량 생산자들이 옥수수 대부분을 에탄올 생산에 사용되는 품종으로 전환하였을 때 멕시코에서 생산한 옥수수를 구매하기 시작했기 때문에 미국 에탄올 시장의 영향을 받는다(Wise, 2012). Wise(2012)는 미국에서 2006–2011년간 15억 달러어치의 에탄올을 생산했기 때문에 멕시코 식량시장에서 원자재 가격이 상승할 것이라 추정하였다. 이런 비용이 식량 순 수입국의 빈곤층에게 심각한 악영향을 초래하였다.

식량 접근성과 가구의 식량보장

국제시장에서 식량가격 변동성이 현지 식량 접근성과 식량보장에 어떻게 영향을 미칠까? 이는 관심 대상인 지역사회의 생활 전략과 현지 시장이 국제 식량가격 변동성에 얼마나 취약한가에 달려 있다. 세계화가 가속화되고 있음에도 불구하고, 현지 생산은 세계가 어떻게 생존해 가느냐의 핵심이라 할 수 있다. 재배되는 식량의 일부만 국제시장으로 진입하기 때문에 국제 원자재 시장에서 구입한 식량은 한 지역에서 가용한 식량의 일부분일 뿐이다. 그림 5.2는 가구의 식량 생산, 농지 외 소득, 식량가격 등이 식량 접근을 가능케 하는 역할을 보여 준다. 도시나 소도읍 지역에서의 노동 생활로 질병과 환경오염이 더 광범위하게 퍼져 가구 구성원들의 건강과 영양 상태를 저하시키므로 환경과 보건 서비스와 같은 공공 서비스의 가용성과 접근성에 더욱 취약하다(Ruel et al., 2010).

영양 상태가 좋은 사람이 질병에 훨씬 강하다. 그러나 칼로리와 미량 영양소의 부족은 영양실조는 물론 소화기 장애와 만성 비전염성 질병, 빈혈, 미량 영양소 결핍, 식량으로 전염되는 질병 등의 원인이 되기도 한다(Chiu et al., 2009). 좋은 영양은 위생조건과 수질, 전염성 질병, 1차 헬스케어에 대한 접근성 등과 같은 비식량적 요인에 달려 있다. 따라서 소비를 위한 적절한 식량이 영양을 보장하지 않는다(Pinstrup–Andersen, 2009). 일반적으로 개인에 의해 결정되지만, 이런 생각은 "건강 보장"과 "영양 보장"이라고 불릴 수 있다. 가구와 지역사회 수준에서 보면 적절한 식량 소비가 건강의 기초가 된다.

오늘날 점증하는 식량시장의 세계화와 도시인구의 증가로 식량 접근성은 세계 식량 불안정성의 핵심이 되고 있다(Eilerts, 2006). 시장에 구매할 수 있는 식량이 없어서 식량보장 위기가 발생하는 경우

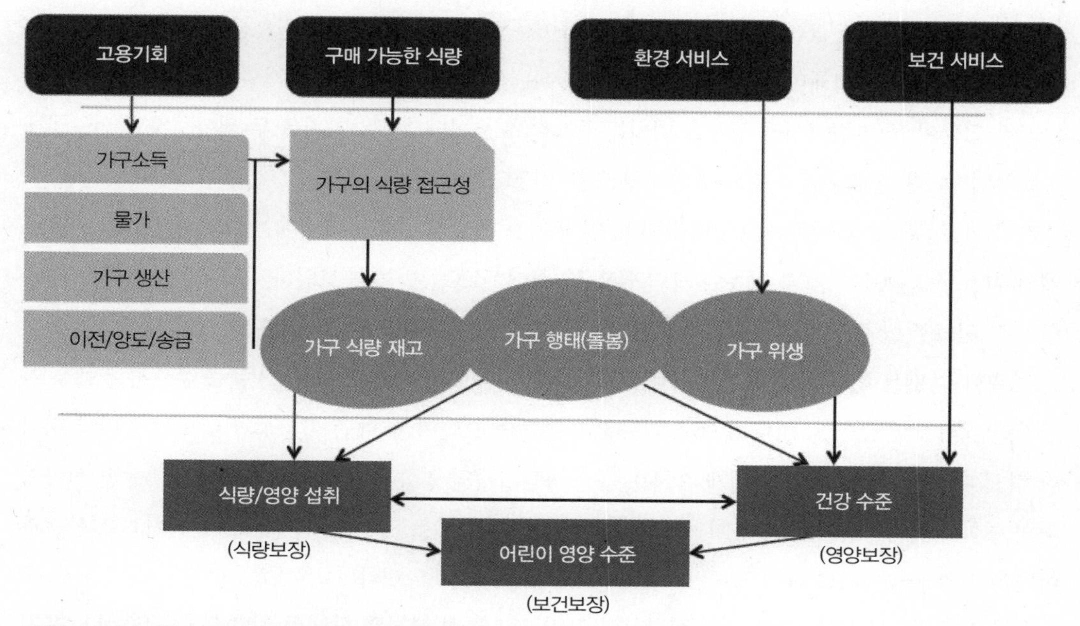

그림 5.2 식량과 영양, 건강보장 결정의 개념도(출처: 유니세프 개념도와 Ruel et al.(2007)를 수정)

는 거의 없다. 교통망을 가로막는 지속적인 갈등이나 정치적 격변으로 시장과 교통이 심각하게 왜곡될 때, 식량 가용성이 심각하게 영향을 받는다(Hill-bruner and Moloney, 2012). 상당한 인구가 충분한 식량에 접근이 불가능하여 발생하는 식량보장 위기가 이런 격변의 유형에 비해 훨씬 더 일반적이다. 심지어 시장은 위기 시기에도 보통 거래 가능한 식량으로 넘쳐난다. 문제는 지역사회에서 최빈곤층이 식량을 구매할 수 있는가이다. 식량가격이 소득보다 훨씬 빠르게 증가하고, 그 상태로 장기간 지속된다면, 식량보장에 대한 영향은 부정적일 것이다(Von Braun and Diaz-Bonilla, 2008).

식량가격의 수준과 불안정성

시장은 사람들이 식량을 얻는 가장 일반적 방법이다. 시장은 서양식 식료품 가게일 수도 있고, 열린 창문으로 소비자를 대하는 방 하나짜리의 작은 가게일 수도 있으며, 혹은 상품이 종류별로 도로나 좌판에 진열되어 있는 노천시장일 수도 있다. 시장에서 식량가격은 국제 원자재 가격과 수확 이후 경과 기간, 현지 생산 부족 상황, 정치 위기 등 여러 가지 요소의 영향을 받는다. 매우 가난한 지역의 경우, 각 가구가 한번에 살 수 있는 식량의 양이 적고, 식량 판매자는 아주 많으면서 각각 소량을 취급한다

(삽화 10) (Fafchamps, 2004). 이는 현지 거래자들이 식량가격을 줄이는 데 필요한 규모의 경제를 얻을 시장 능력은 줄이고 거래비용을 키운다(Clark, 1994). 식량가격 변동성과 가격 수준 혹은 장기간의 식량가격 평균이 식량 접근성에 영향을 미치는 중요한 요소이다. 이 두 가지 모두 식량보장과 접근성에 중요하며, 둘 다 현지 공급과 수요에 의해 결정된다(FAO, 2011).

가격 변동성은 종종 변동계수로 측정되며, 일정 기간 동안의 월평균 가격에 대한 표준편차의 비율로 계산된다(FAO, 2011). 가격 변동이 크면 달과 달 사이에도 큰 변화를 보인다. 변동이 큰 가격은 예측할 수도 있고 못할 수도 있다. 수확 이후 현지 공급과 수요 변화에 의한 규칙적인 증가와 감소의 계절성은 예측할 수 있는 변동이다. 현지 교통비용, 즉 지체 이후 소비자로 전가되는 지출을 주도하는 매우 가변적인 에너지 시장도 또 하나의 예측 가능한 변동성의 요인이다. 예측 가능성과 더불어 준비와 적절한 정책 대응이 가난한 사람들에게 미치는 높은 식량가격의 영향을 줄일 수 있다. 예측 가능한 식량가격의 변화가 불가능한 경우보다 지역사회에 다른 비용과 이익을 갖게 한다. 급격한 식량가격의 상승과 하락은 지역 공동체가 효과적으로 반응할 수 있는 능력을 떨어뜨린다(FAO, 2011).

식량가격 수준은 일정 기간 평균 식량가격과 비교한 특정 시점의 상대적 식량가격을 말한다. 현지 소득과 식량가격의 관계가 식량가격이 식량보장에 어떻게 영향을 미치는가를 결정한다. 높거나 가변적인 식량가격은 공동체의 생계에 영향을 미친다. 농업소득 비율이 높으면, 식량가격의 상승이 실질소득을 상승시켜 전체적으로 순 긍정효과를 가져올 수 있다(Hertel et al., 2007; Panagariya, 2005). 가격 변동성에 대해 민감도가 상이한 다음 3종류 인구 집단이 있다.

- 식량을 생산하지 않아 상승한 가격으로 명목소득이 감소하는 도시 소비자(Ruel et al., 2010). 감소 규모는 전체 지출에서 식량 지출이 차지하는 비중에 달려 있다. 많은 국가에서 가장 빈곤한 사람들은 식량 구입을 위해 소득의 절반 이상을 지출한다(그림 1.1 참조).
- 파는 것보다 더 많이 사들이는 농촌의 구매자들. 높은 식량가격은 부정적인 영향을 미친다. 일반적으로 이 집단이 가장 빈곤한 사람들이며, 생산자원은 별로 없고, 비농업 활동으로 대부분의 소득을 벌어들인다(Egal et al., 2003; Lay and Schüler, 2008).
- 생산이 일정하더라도, 사들이는 것보다 더 많이 팔아서 높은 식량가격으로 이익을 만들 수 있는 농촌 판매자들. 생산효과의 규모는 농부가 더 높은 가격에 대응하여 더 많이 생산할 수 있는가에 달려 있다. 시장이 불안정한 대부분 지역에서 공급 반응이 낮을 것이다(Von Braun and Tadesse, 2012). 현지에서 전반적인 인플레이션으로 식량가격이 상승하면, 이 집단은 소득을 늘릴 수 없고 심지어 소득 감소를 겪을 수 있으며, 농업 투입물 비용이 더 들어간다면 더욱 그럴 것이다.

상이한 인구 집단과 유사하게 국가 역시 더 높은 식량가격에 대응하는 농업 생산을 활성화할 수 있는 다른 능력을 갖고 있다. 식량 순 수입 국가는 더 많은 식량 수입을 감당할 수 있는 새로운 외환 원천이 있어야 한다. 식량가격이 빠르게 상승하면, 소득 비중이 최소한의 소비를 유지하기 위해서 더 증가하기 때문에 이 최빈곤 인구 집단의 1인당 소득이 감소한다. 이런 소득 감소는 조세 수입을 감소시켜 전반적으로 국가 재정에 부정적 영향을 미친다. 삽화 11은 여러 국가의 식량가격 충격에 대한 회복력 차이를 보여 준다.

최근 이런 식량가격 충격이 3가지 방향으로 국가에 영향을 미쳤다. 가격 상승에 대해 회복력이 있거나, 이익을 얻거나, 피해를 보는 것이다. 회복력이 있는 국가는 식량가격이 상승한 기간에 FAO 기준 영양부족이 감소하였다. 브라질과 인도, 중국은 무역 제한, 안전망, 식량 비축분의 방출 등의 방법을 결합하여 현지 인구에 대한 식량가격의 상승 영향을 줄이려 하였다. 또한 이들 국가는 이 기간에 높은 경제성장을 이루었으며 소득 증가로 식량가격 상승을 감당할 수 있었다(FAO, 2011).

식량가격 상승으로 이익을 얻은 국가들은 대부분 태국이나 베트남과 같은 식량 순 수출 국가이다. 이런 국가는 비교적 균등하게 토지를 분배하고 있어서 생산 영역의 확대와 생산 능력에 대한 추가적인 투자 등을 할 수 있었다. 세 번째 집단에 속하는 국가들은 높은 식량가격으로 영양부족이 늘었다. 이 집단은 소득이 매우 낮고 식량가격 상승으로부터 빈곤층을 보호할 만한 예산이나 식량 비축분이 부족하였다. 영양부족의 증가는 최빈곤층의 소비 감소에 기인하였으며, 상승한 식량가격으로 초래된 것이다. 이런 국가 중 다수는 이런 기간에 국제시장에서 실제 필요한 양보다 훨씬 적게 수입하였으며, 공급 감소가 현지 식량가격 상승으로 이어졌다. 과거 세계적 가격 폭등을 경험하였으나, 세계 식량 시스템은 더욱 통합되었으며, 소득분배는 더욱 불평등하게 되었고, 과거보다 더 많은 빈곤 가구들이 식량 순 구매자가 되었다. 이는 최근 식량가격의 상승이 수십억 인구에게 식량보장에 대한 좋지 않은 영향을 미쳐 왔음을 의미하는 것이다(Von Braun and Diaz-Bonilla, 2008; Barrett and Bellemare, 2011).

식량가격 변동성이 계속 커질지를 판단하는 것이 너무 이르기는 하지만, 식량가격 수준의 상승이 대부분 지역사회에 영향을 미쳐 왔다는 것은 분명하다. 식량가격이 가까운 미래에 2008년 이전 수준으로 돌아가지 않을 것이다. Webb(2010)은 다음 4가지 이유를 들어 왜 미래의 가격 수준이나 가격 변동성을 예측할 수 없는지를 논하였다.

1. 2007-2008년과 2010-2011년의 식량가격 상승은 식량 부족 기간이 아니라 식량 잉여기간에 발생하였다(Webb, 2010).
2. 곡물과 기타 식량의 기록적인 생산은 높은 식량가격에 민감한 식량 순 수입국가인 대부분 개발도

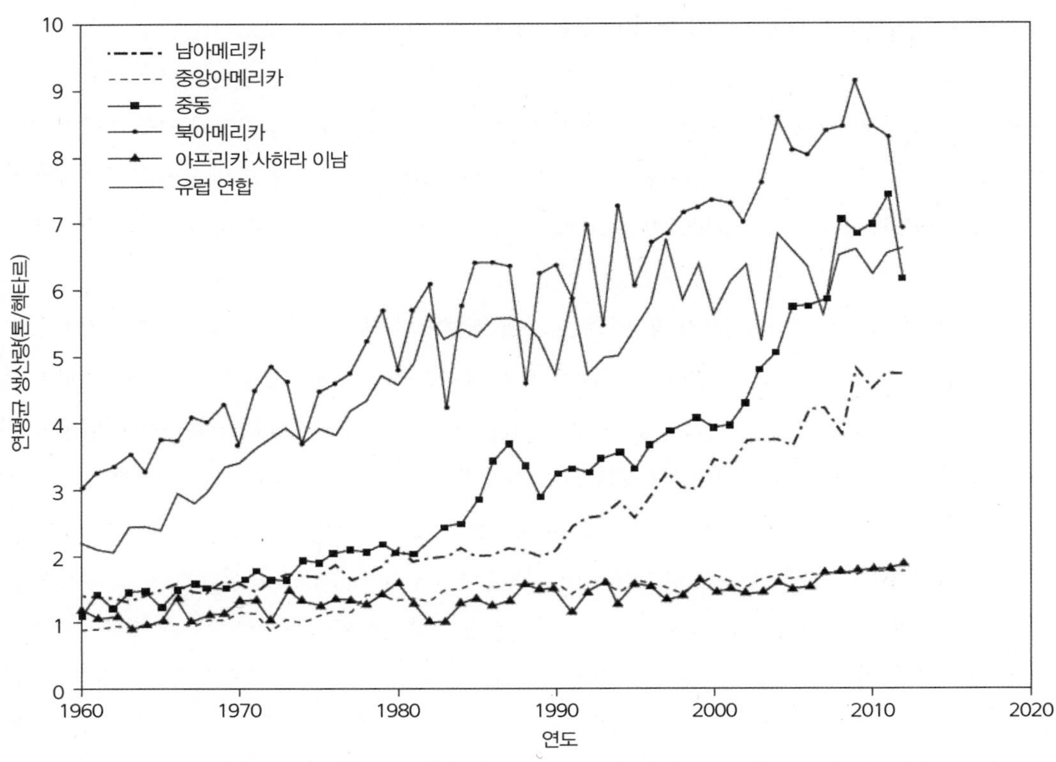

그림 5.3 세계 옥수수 생산량 변화. 아프리카와 중앙아메리카는 옥수수 생산 능력의 세계적 추이를 따라가지 못하고 있다(출처: USDA 생산, 공급, 분배 데이터베이스).

상국에서 불안정한 식량 재분배를 초래하였다.

3. 식량 수요 증가는 1970년대부터 개발도상국에서 농업투자가 소홀히 된 이후에 발생하였다. 그 결과 빠른 인구 증가를 보이는 최빈국에서 1인당 식량 생산이 감소하였다(그림 5.3) (Funk et al., 2008).
4. 곡물가격은 상승했지만 소농들의 생산자 가격은 늘지 않았다. 개발도상국의 소농들은 현지에서 사용할 수 있는 종자에 의존하며, 새로 개발되어 생산을 크게 증가시킬 수 있는 다양성에 적응하기 어렵고, 농부들이 산지에서 생산물에 대하여 더 높은 가격을 얻더라도 스스로의 비축분이 급감했을 때에는 그들 역시 식량 구입 비용을 더 많이 지불해야 한다. 더욱이 식량이 불안정한 대부분의 경우는 기능적으로 토지가 없는 농촌 노동자이거나 시장에 식량을 전적으로 의존하는 도시 빈민들이다(FAO, 2011; 2012).

세계 시장에서 현지 가구로 높은 가격의 이동

그림 5.4와 같은 국제 식량가격의 변화가 세계에서 최빈국의 영양 상태에 어떻게 영향을 미치는가? 우리는 이를 이해하기 위해서 국제 가격이 국가, 지역, 가구로 이어지는 과정을 추적하고 각 단계에서 가격이 어떻게 중개되는가를 고찰할 필요가 있다(표 5.2). 식량가격 전이에 관한 많은 문헌이 있으며, 최근 식량보장에 대한 국제 원자재 가격 상승의 영향에 초점을 두고 있다(Garg et al., 2013; Abbott and Battisti, 2011; Baffes and Dennis, 2013; Baltzer, 2013; Von Braun and Tadesse, 2012; Rashid, 2011). 가격 전이는 멀리 떨어져 있는 두 시장 가격이 연동되어 움직일 때 발생한다. 이 움직임은 재화나 용역의 실물 움직임만으로 주도되는 것은 아니며 단순 정보의 흐름으로 발생할 수 있다(Von Braun and Tadesse, 2012). 대부분 연구는 최근 높은 식량가격이 빈국의 현지 시장으로 강력하게 전이되고 있다는 것을 보여 주었다(Minot, 2011; Garg et al., 2013; Dillon and Barrett, 2013; Baffes and Dennis, 2013). 이 전이는 완벽하지 않으며, 어떤 시장은 전혀 반응이 없거나 또 다른 시장은 충격이 나타난 며칠 이후에 반응하기도 한다(Von Braun and Tadesse, 2012). Von Braun and Tadesse(2012)가 지

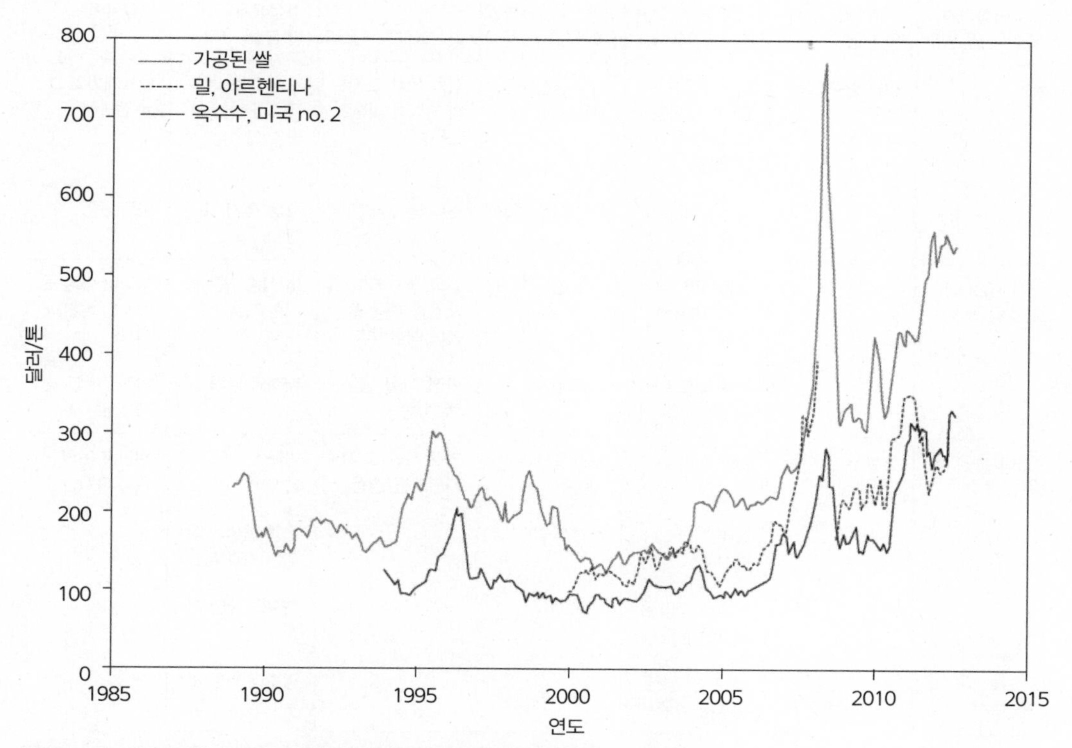

그림 5.4 주요 항구에서의 옥수수, 쌀, 밀의 국제 상품가격(출처: FAO 통계 데이터베이스)

적하였듯이, 영구 잉여 혹은 영구 결핍 지역의 가격은 일시적 잉여나 일시적 결핍 지역의 가격에 비해 국제시장의 가격과 상관관계가 더 높다. 아시아나 라틴 아메리카 시장에서보다 아프리카 시장에서 가격 전이가 덜 완벽한 것을 볼 수는 있으나, 동일 원자재에 대해 현지 가격을 국제 가격 변화에 연관시키는 것은 어렵다.

오랫동안 경직성이 식량가격의 특성이었지만, 가격 하락은 가격 인상보다 생산자 가격에 더 빨리 전달되고 가격 인상은 가격 하락보다 소비자 가격에 더 빨리 전달되기 쉽기 때문에 가격 전이는 식량보장에 중요하다(Von Braun and Tadesse, 2012). 최근 가격 전이가 과거보다 무척 빠르기는 하지만, 기반시설이 취약하거나 시장이 고립되고 경쟁적이지 않은 지역에서는 아직도 경직성이 가격 움직임에

표 5.2 국제 원자재 가격의 추이와 개인에 미치는 영향에 대한 시장 지위의 메커니즘

세계	→	국가	→	가구		
기저 조건	**국경 자료**	**기저 조건**	**국내 자료**	**기저 조건**	**자료(성인)**	**자료(어린이)**
식량 시스템: 무역, 운송, 공정	국경 식량가격	식량 시스템: 무역, 운송, 공정	가구 수준 식량 가격	식량 소비와 대체 패턴	식생활 다양성	식량 섭취의 양과 질
국제 곡물가격 (옥수수, 쌀, 밀)	무역 제한 관세와 세금	식량 정책: 보조금과 역사	식량 보조금과 세금		가정에서의 식량 분할	영양 수준
환율	상업 항구로의 접근성	식량시장 요인: 토지 가용성, 농업 투입의 활용	식량 생산 투입 가용성	식량 생산, 토지와 투입에 대한 접근성	자신의 소비나 판매를 위한 식량 생산	헬스케어와 교육 접근성
		비 식량 상품의 수요 공급	기타 상품 비용	소득 생산 패턴	고용, 임금, 조건	아동 노동
세계 시장: 연료, 상품, 노동		노동시장: 공식 및 비공식 고용	소득 생산 기회	교육, 헬스케어 시스템, 아동 돌봄에 대한 투자	비 식량 상품에 대한 지출	집이나 다른 곳에서의 생활과 식사
		교통 네트워크와 연료 가용성	교육비	가정, 사회, 공동체 관계	저축과 부채	미래 건강과 생계 전망
이민과 송금 패턴	정부 금융 지위	금융 서비스	보건 및 식수 서비스	가구 자산: 토지, 자연자원, 상품	가구 간 양도와 융자	권한 부여의 느낌과 복지
	외환	정부 서비스와 예산	사회적 양도		물과 위생에 대한 시간과 지출	
		사회적 공급 프로그램과 역사			가구와 개인 자산	
		부, 자산, 평등의 기존 수준			양도에 의한 소득	

출처: Compton et al., 2010에서 발췌

중요한 요소가 될 수 있다.

표 5.2는 국제 가격과 현지 가격 간의 몇 가지 연계와 기저에서 전이 경로를 보여 준다. 표에서는 나타나지 않은 많은 환류 경로가 있다. 예를 들어, 많은 사람들이 고가의 수입 식량 대신 저가의 대체재로 이동하기 때문에 특정 상품에 대한 수요가 줄어들 수 있다. 일반적으로 문헌에서는 식량가격과 그 영향간과 실제 가구에 대한 엄격한 연구를 거의 다루지 않고, 통제하의 가구소득과 개인별 영양 상태 측정 간의 "바람직한 연계"를 가정한다(Compton et al., 2011). 그러므로 실제의 많은 환류 경로가 이런 표현에서 제외되고, 식량가격 변동과 영양 수준에 대한 광범위한 긍정적·부정적 이해에서도 제외되었다.

식량보장에 대한 식량가격의 영향은 변동이 발생하는 지역의 생계 전략에 달려 있다. 농촌 가구가 식량을 재배하지만, 많은 농촌 가구는 농촌시장과 가축 생산, 공예, 임금 노동시장에서 일하면서 소득원을 다양화시키고 있다(Abdulai and CroleRees, 2001). 이것이 현금 소득을 증가시키고 어느 정도 가구의 생활 수준도 향상시켰지만, 대부분 자급 농부들이 시장에서 식량을 순 구입하도록 만들었다(Brown et al., 2009).

가격 변동과 소득 변동에 대한 소비자의 반응은 변동의 규모에 달려 있다. 가격 변동 폭이 클수록 반응도 크다. 이런 반응은 소득 중 식량 지출 비율이 큰 빈곤 국가에서 중간 소득이나 고소득 국가에서보다 훨씬 더 심각하다. 114개국에서 수요에 대한 식량가격의 반응을 측정하였는데, 저소득 국가에서는 식량 수요가 0.59만큼 줄었으나, 고소득 국가는 0.27만큼 줄었다(Seale et al., 2003). 소비자가 소득 증가에 의해 식량가격 상승을 상쇄한다 하더라도, 높은 가격에 대한 소비 반응은 미미하다(ul Haq et al., 2008). 그러므로 식량보장에 대하여 높은 가격이 갖는 시사점은 심각하고 부정적인데, 특히 식량가격을 예측할 수 없을 때 더 그렇다(Von Braun and Tadesse, 2012).

현지 식량가격에 대한 국제 원자재 가격의 영향

앞에서 살펴본 현지 식량가격에 대한 국제 가격의 영향을 고려한 분석들은 거의 전적으로 국제 교역이 이루어지는 원자재에 주목하고 있다. 이런 원자재에 대한 정보는 훨씬 더 많고, 시장 간에 비교가 가능하며, 상품의 가치가 잘 알려져 있어서 상당히 타당하다. 불행하게도 식량 불안정 사회에서 빈곤층은 지구 반대편에서 수입한 밀이나 쌀을 먹을 수 있을 있는 정도의 사람들이 거의 없다. 최빈국의 최빈곤층은 가장 저렴한 식량으로 대부분의 칼로리를 얻는다. 대부분 현지에서 자라는 카사바, 기장, 수수,

무지개콩, 땅콩 등이다. 이들 빈곤층의 식량보장에 대한 높은 식량가격의 영향을 이해하기 위해서는 현지에서 재배되는 식량가격에 대한 국제 가격의 영향을 파악할 필요가 있다. 만약 이런 현지 식량가격이 세계 식량 시스템 변동으로 조절된다면, 현지 생산이 현지 식량의 중요한 원천이 될 수 없거나, 현지 생산이 매우 가변적이거나, 현지 식량이 다른 곳에서 수입된 식량보다 더 비싸거나, 혹은 현지 식량이 시장에 잘 나오지 않을 것이다(즉, 직접 재배한 가구나 공동체 내에서 소비될 것이다). 식량보장 분석가는 어느 국가와 지역이 세계 식량 시스템에 통합되었는지를 파악한다면, 일반적으로 소득이 생산에 미치지 못하므로 높고 가변적인 세계 식량가격이 상승하는 접근성 부족으로 식량 불안정을 초래하는 국가를 쉽게 파악할 수 있을 것이다.

현지 기후변화의 중요성을 판단하는 것도 국제 원자재 가격 변동이 현지 식량가격에 전이되는 것을 측정할 수 있는 다른 한 측면이다. 국제 가격이 현지 가격을 지배한다면, 첫 단계의 강력한 신호로 현지 식량 가용성 변동이 나타날 것이다. 가뭄이 발생한다면, 무엇이 식량가격에 대한, 그리고 궁극적으로 식량 수요에 대한 영향일까? 이는 시장에서 지역적으로 소비되는 원자재에 대한 이해를 통해서만 답할 수 있을 것이다. 그것은 현지 식량이 시장에서 거래되지 않고 식량 가용성이 갑자기 떨어진다면, 시장에서의 수요 급증이 식량가격을 상승시키기 때문일 것이다. 적절한 비용으로 서로 멀리 떨어진 여러 지역에서 현지 가구의 식량 생산량을 추적할 적절한 방법이 거의 없기 때문에 낮은 식량가격과 현지에서 재배되는 식량가격에 대한 관심이 중요하다.

식량과 곡물 가격지수

식량가격 변동을 모니터하기 위해 FAO는 국제수준의 식량 상품가격 추세를 감시하기 위한 식량 가격지수를 개발하였다. 이 지수는 선진국과 개발도상국 중 가장 앞선 국가의 수출시장에서 수요·공급 조건을 대부분 반영한다. FAO 식량 가격지수의 한 구성요소인 FAO 곡물 가격지수는 국제적으로 거래되는 곡물가격 동향의 한 지표로 식량 불안정 국가의 빈곤층에서 소비되는 가장 저렴한 식량의 변동을 희박하게 반영한다(Funk and Brwon, 2009). 그림 5.5는 곡물과 식량 지수가 포함된 FAO의 식량 가격지수를 보여 준다. 기타 중요한 식량 품목 가격은 서로 밀접히 관련되어 있지 않아 육류, 낙농, 설탕 등은 서로 다른 경향과 변동을 보인다.

FAO 식량 가격지수는 정규화된 특정 기간 동안 하나의 상품군 가격의 가중평균이다. 식량 가격지수는 모든 국가의 수도에서 식량가격과 국제 수출시장에서 원자재 가격을 기록한 식량 항목의 가중평균에 기초한 것이다. 복수의 화폐, 인플레이션 비율, 화폐 가치, 기타 변수들을 다루기 위해 모든 가격지수는 기본적인 기간에 각각의 가치로 표현되고 한 달 기준으로 계산된다. 그러므로 FAO 식량 가격지

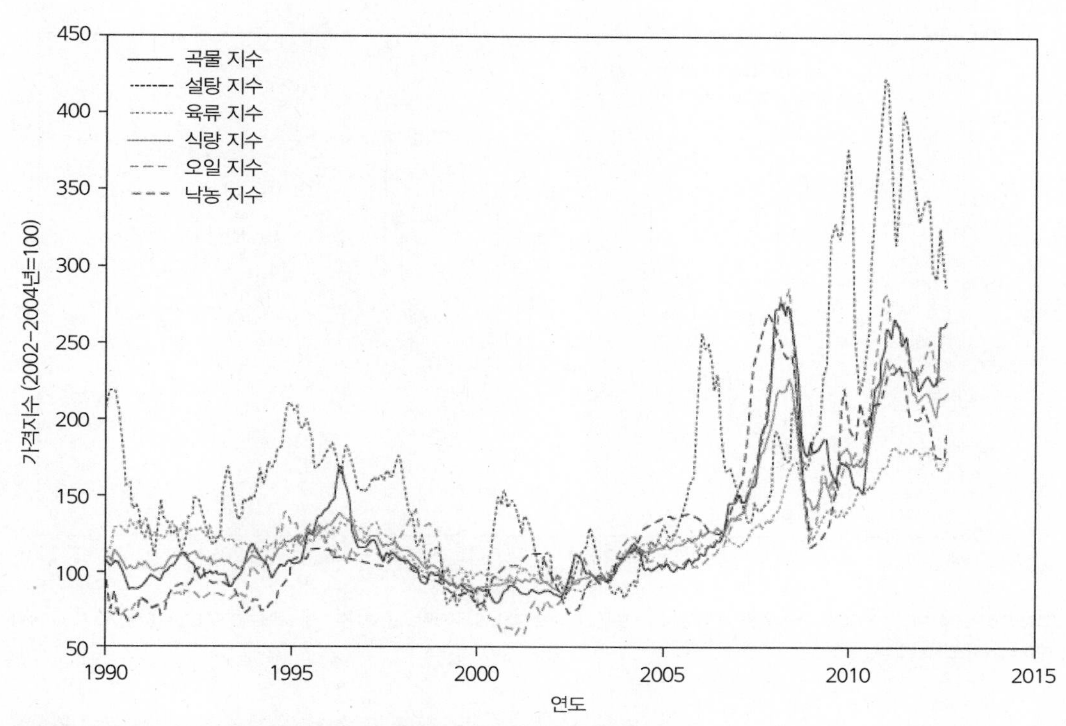

그림 5.5 FAO의 식량 가격지수. 식량, 곡물, 설탕, 오일, 육류, 낙농 포함(출처: FAO 자료).

수의 한 가지 한계는 육류, 어류, 낙농, 오일, 채소, 곡물 등과 같이 총칭적으로 관련 있는 식량에 기초한다는 것이다. 대부분 식량 불안정 가구에서는 식량 예산이 부족하여 이런 상품 대부분을 얻을 수 없다. 그러므로 식량 가격지수에 포함된 식량가격은 대부분 불안정한 식량과 거의 관련이 없다. 따라서 국제 곡물가격이 현지 식량가격에 어떻게 영향을 미치는가를 이해하기 위해서는 FAO가 제공한 곡물 가격지수 정보를 이용해야 한다.

FAO 곡물 지수는 밀과 옥수수, 쌀의 국제 시장가격과 수도의 시장가격으로 구성된다. 지표에 사용된 밀, 옥수수, 쌀 가격의 중요성을 고려하여, 상품들은 FAO 통계 데이터베이스가 제공한 2002–2004년간 세계 수출비율에 따라 가중되었다. 곡물가격은 서로 관련되어 있어서 곡물 지수의 경우, 이들 3지수에서 사용된 것보다 적은 개수의 원자재 가격의 경우도 대부분 일반적인 가격 동향을 관찰할 수 있다. FAO 곡물 가격지수의 월별 변화에 대한 3차례의 수출 곡물 가격지수의 변화(걸프만에서 경질 겨울 밀, 황색 옥수수, 방콕에서 태국 쌀 100 %)는 이 3가지 가격이 해당 지수의 변동 폭의 약 85 %를 설명한다는 것을 보여 준다(FAO, 2013).

분석의 초점은 FAO 곡물 지수가 니제르의 진데르(Zinder)와 같이 작고 고립된 개발도상국 시장에서

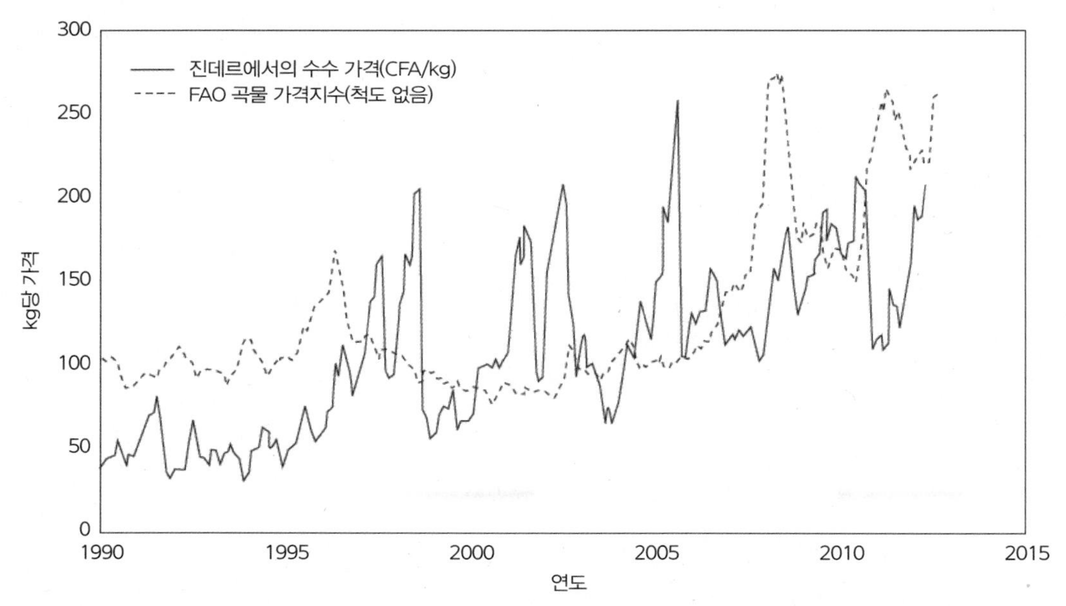

그림 5.6 2004년에서 2006년 기준 곡물 가격지수와 니제르 진데르 지방에서 자란 소립종 수수의 소매 가격(CFA/kg) (출처: FAO 가격 데이터베이스 자료 (FAO, 2013))

현지에서 재배되는 원자재의 가격과 어떻게 관련되는지를 이해하는 것이다. 진데르는 서아프리카의 사막 가장자리에 위치하며, 나이지리아 카노(Kano)에서 북쪽으로 약 150마일 떨어진 작고 고립된 농촌이다. FAO 식량 가격지수가 상승한다면, 진데르에서 식량가격이 상승한다고 가정할 수 있을까? 진데르는 대부분 주민들이 농업활동에 종사하는 작은 마을로 국제 공동체로부터 실제 식량이 도착하기까지 수개월이 걸린다. 따라서 국제 가격 변동 정보가 현지 식량가격을 움직이는 데 충분할까? 현지 식량가격이 국제 식량가격에 어떻게 관련되는가를 결정하기 위해 두 가지 요소를 파악해야 한다. 첫째, 소비된 현지 식량이 각국의 가장 빈곤하고 식량이 불안정한 사람들에 의해 소비되는 식량과 유사한지를 결정하는 것이 필요하다. 서아프리카에서는 빈곤한 시골 농부들이 기장과 수수, 카사바, 무지개콩, 땅콩을 재배하여 먹는다. 대부분 농촌 가구들은 수입 옥수수와 쌀, 밀 등 FAO 곡물 지수에 포함된 상품을 먹을 능력이 없다. 그러므로 현지에서 관련 있는 상품과 FAO 곡물 지수의 상품들 간의 불일치가 문제이다.

그림 5.6은 니제르 진데르에서 수수의 현지 소매가격과 FAO 곡물 지수를 비교한 것을 보여 준다. 두 개의 시계열은 별로 상관이 없으며, 두 변동 간에도 거의 관련이 없다. 물론 이것은 FAO 식량 지수가 수도에서 관찰된 쌀, 옥수수, 밀 가격을 포함하고 있으며, 진데르는 수도가 아니므로 예상할 수 있었던 것이다. 그러나 관련이 없는 정도가 놀라운 수준이다. 그렇다면 무엇이 현지 가격을 결정하는가? 니

제르의 모든 식량가격이 진데르의 경우와 같을까? 다음 절에 이런 질문에 답하는 분석 결과를 제시하였다.

식량 불안정 국가의 국가 식량 가격지수

식량 불안정 지역에서 주요 식량가격은 국제 수출 시장가격 동향을 바로 반영하지 못한다. 이는 불완전한 시장통합과 수출과 수입 균형가격 사이에서 현지 상품가격의 이동, 수입 제품의 부재와(또는) 무역에 대한 정책장벽 등이 이유이다(Minot, 2011; Conforti, 2004). 식량가격이 특정 국가에서 국제가격 변동과 어떻게 관련되는지를 결정하기 위해서 국제 거래를 위해 생산되는 제품을 반영할 현지 가격지수를 만드는 것이 필요하다. 일단 국가 수준의 곡물 가격지수가 만들어지면, 그것이 국제 곡물가격과 어떻게 관련되는지를 평가할 수 있다.

경제학자들은 가격 간의 상호작용 정도를 판단하기 위해 회귀분석을 이용한다. 이런 시계열 분석 사고는 시장이 통합되었다면 가격이 함께 움직인다는 것을 배경으로 한다. 그러나 이 접근법은 시장이 서로 거래를 하지 않더라도 여러 공통 요소들(인플레이션, 기후 패턴, 인구 성장)이 가격에 대해 유사한 영향을 행사할 수 있기 때문에 비판받아 왔다. 스펙트럼의 정반대에서는 고정가격의 독점 조달이 시장 간 상호작용 정도와 무관하게 상관계수가 1.0이 될 수도 있다(Harriss, 1979; Fackler and Goodwin, 2001). 또한 선형 관계는 원자재의 생산과 분배 간의 가격 반응의 차이가 있는 시장을 구분하지 못할 수 있다(Barrett, 1996).

세계적인 많은 분석에서 그레인저-인과성 메트릭(The Granger-causality metric)이 곡물시장 통합 연구에 쓰여 왔다. 한 시장에서 한두 달 지연된 가격이 자체 지연 가격을 통제한 후에라도 다른 시장 가격을 예측하는 데 유용하다면, 두 번째 시장은 최초의 그레인저-인과 가격 운동이라 불린다. 절차는 보통 이변량 회귀, 벡터 자기회귀 혹은 에러 수정 모델, 추정된 계수에 대한 F검증의 수용 혹은 기각 등의 틀로 수행된다. 어떤 분석가들은 그레인저-인과성의 존재가 하나의 시장에서 가격충격은 특정한 시차를 두고 다른 시장에서의 심각한 반응을 유도할 수 있다는 것을 의미하는 것으로 간주한다. 다른 연구자들은 이를 시장 간 정보나 상품 흐름 방향의 지표로 간주해 왔다. Baulch(1997)는 양방향 그레인저-인과성이 존재한다면, 가격이 동시에 결정된다고 하였다. Fackler and Goodwin(2001)은 검증은 단지 선행/후행 관계의 추정만 가능하게 하며, 변동을 조절하는 것을 의미하는 인과적 틀에 대해서는 말할 수 있는 것이 거의 없다는 점을 지적하였다(Brown et al., 2012).

국가 수준의 지수를 만들기 위해 FAO와 FEWS NET이 수집한 35개국 232개 시장의 식량가격으로 구성되고 지속적으로 업데이트되는 가격 데이터베이스에서 구한 정보가 사용된다. 대부분 자료는

FAO의 전구 정보 및 조기경보 시스템(GIEWS; Global Information and Early Warning System) 식량가격 웹사이트(www.fao.org/giews/price-tool2)에서 공개적으로 구할 수 있으며, 각 국가별 몇 가지 자료원이 있다. FAO/GIEWS의 PriceTool 웹사이트를 통해 자료의 일부분을 받을 수 있으나, 이 공개 데이터베이스에서 자료를 모두 얻을 수 없다. FAO와 FEWS NET은 같은 자료원(농업 부처들)을 사용하며, 대부분 자료는 일정한 형태(뉴스레터, 웹사이트, 지방정부나 세계식량계획이 요구한 형태)로 공개적으로 이용 가능하지만, 어느 한 자료원에서 완전하게 구할 수 없으며, 지속적으로 업데이트되는 고유한 자료이다. 연구를 위해 사용하는 데이터베이스는 124개의 상품으로 구성되어 있다. FEWS NET의 전문가들은 이런 상품을 선택된 지역에서 식량보장에 접근하는 데 적합한 것으로 간주하였다. 데이터베이스는 1997년에서 2011년까지의 지역 통화에 의한 소매가격 자료를 포함하고 있으나, 각 시계열의 시작 연도는 시장에 따라 다르다. 2004년에서 2011년까지의 가장 완벽한 정보가 가격지수를 만드는 데 사용되었다.

식량가격 자료를 지수에 결합하는 데에는 현지 생산 시스템과 식량 소비 패턴에 대한 정보가 활용되었다. FEWS NET의 결과물과 시장 흐름도(Market Flow Maps)를 이용하여 각국의 시장을 잉여, 약간 부족, 부족 지대로 나누었다.

무역 흐름도는 Markets and Trade가 운영하는 FEWS NET 웹사이트(www.fews.net)에서 찾을 수 있다. 각 국가와 지역에 대하여 다음 지수가 계산되었다.

- 35개 식량 불안정 국가의 국가 곡물 가격지수, 식량 불안정 공동체 식단에서 중요한 상품가격을 사용하여 구성(표 5.3 참조)
- 서아프리카, 남아프리카, 동아프리카, 중앙아메리카, 중앙아시아의 지역 지수
  - 곡물에 대한 지수, 비곡물에 대한 지수, 모든 식량가격에 대한 이용 가능한 지수
  - 수도에 대한 지수, 수도 외의 도시에 대한 지수, 모든 시장에 대한 지수

국가와 광역의 지수를 만들기 위해 2004년 1월에서 2011년 4월까지 이용 가능한 자료의 수가 각 시장-상품 결합에 대한 가중치 요소로 사용되었다. 이는 결측된 주요 식량 가격지수의 불확실성을 줄여 준다. 상품가격 지수의 평균을 구하여 각국의 국가 가격지수를 만든다. 광역 지수에도 유사한 방법이 사용되었다. 2004년에서 2011년까지 35개국 중 18개국에서 가격 자료의 75% 이상을 구할 수 있으며, 10개국에서는 가격 자료의 50-75%를, 6개국에서는 가격 자료의 25-50%를 얻을 수 있다. NEWS NET 가격지수는 각 식량 불안정 국가에서 소비되는 주요 곡물가격 변동의 평균 비율을 반영한다.

표 5.3 국가별 가격 정보

국가	모든 상품	평균[1]	표준 편차[1]	최소[1]	최대[1]	지표상 시장 수	2005–2009년 평균 옥수수 생산[2]	2005–2009년 평균 옥수수 수입[3]	2005–2009년 평균 쌀 생산[2]	2005–2009년 평균 쌀 수입[3]	2005–2009년 평균 밀 생산[2]	2005–2009년 평균 밀 수입[3]
엘살바도르	흰옥수수, 쌀(de primera), 붉은콩	129.11	30.42	82.72	196.48	1	764,660	32,788	0	523,930	4,207	227,410
과테말라	흰옥수수, 쌀, 검은콩	131.54	23.97	97.85	168.69	6	1,395,300	27,493	9,082	669,820	1,812	462,950
아이티	쌀(수입), 검은콩, 옥수수 가루	114.09	21.86	78.84	170.15	5	221,100	116,650	0	8,834	3,342	208,650
온두라스	흰옥수수, 분류된 쌀, 붉은콩	133.87	33.12	70.24	204.17	4	545,540	37,628	1,051	304,360	1,924	177,320
니카라과	흰옥수수, 쌀(80/20), 붉은콩	142.04	46.18	63.18	248.43	5	498,010	305,150	0	8,669	3,934	114,980
아프가니스탄	밀가루, 밀	133.4332	52.92	72.18	285.57	7	322,800	0	3,960,000	1,639	566,800	511,400
타지키스탄	1등급 밀가루, 쌀, 감자	125.95	46.05	53.77	205.24	5	140,740	56,091	701,130	0	0	305,960
예멘	밀, 쌀, 붉은콩	137.85	36.95	97.62	252.53	1	61,100	0	174,650	364,440	189	2,338,400
부룬디	카사바 가루, 옥수수, 고구마, 콩	120.49	23.65	82.55	175.22	6	121,080	72,019	8,334	23,017	1	6,744
지부티	수수 가루, 밀가루, belem 쌀	136.25	37.71	88.72	219.52	6	11	0	0	721	0	123,230
에티오피아	흰옥수수, 흰수수, 혼합 테프, 흰 밀	158.75	76.16	69.62	329.43	13	3,790,400	16,784	2,568,700	42,627	4,122	964,850
케냐	흰옥수수, 수수, 콩	114.16	28.16	71.12	178.53	8	2,777,600	47,771	315,280	421,370	126,120	652,130
북수단[4]	수수	134.13	52.92	58.24	239.6	8	63,400	24,300	623,340	59,714	3,127	1,479,400
르완다	옥수수, 콩, 쌀	111.77	29.10	54.57	170.62	2	148,710	76,040	41,285	30,283	1,879	9,244
소말리아	붉은 쌀(수입), 붉은 수수, 흰옥수수, 무지개콩	215.06	134.42	83.48	56.43	21	121,570	17,985	1,016	73,474	0	6,322
남수단[5]	수수, 옥수수, 밀가루	145.45	59.12	82.86	346.37	8	–	–	–	–	–	–
탄자니아	흰옥수수, 쌀	116.59	35.40	55.96	188.21	13	3,418,700	1,279,200	94,720	75,277	45,300	641,430
우간다	옥수수, 콩, 카사바 칩	126.45	48.65	73.2	363.7	5	1,245,600	170,520	18,200	25,437	43,817	356,580
말라위	흰옥수수, 쌀, 카사바	117.30	44.23	52.78	212.7	9	1,245,600	172,520	18,200	25,437	43,817	356,580
모잠비크	흰옥수수, 쌀, 콩	122.93	39.69	62.78	204.05	9	1,345,800	109,950	2,465	125,770	0	417,150

(계속)

잠비아	옥수수, 옥수수 가루	117.04	29.21	75.42	177.98	9	1,351,100	22,314	131,070	40,630	12,882	50,653
베냉	옥수수, 쌀, 무지개콩	123.91	28.87	79.26	194.25	5	903,650	95,497	0	1,500	9,770	14,723
부르키나파소	기장, 흰옥수수, 수수	114.45	26.34	67.68	192.25	6	825,560	136,960	0	4,127	38,570	44,101
카보 베르데	옥수수, 쌀	121.82	25.20	97.64	168.98	1	5,959	0	0	8,412	2,217	22,931
차드	수크령(Pearl millet), 옥수수, 수수	108.80	24.34	61.46	164.59	6	204,310	132,420	6,515	8,412	0	23,525
코트디부아르	쌀, 얌	114.10	23.47	86.52	190.13	2	615,690	678,770	0	16,642	195,860	302,160
감비아	쌀	120.66	16.75	99.44	155.33	1	37,536	35,531	0	52	78,474	52
가나	무지개콩, 얌	176.71	65.48	72.12	321.52	2	1,333,900	283,140	0	46,314	343,800	351,230
기니	쌀	93.89	30.68	30.92	173.16	1	632,420	1,409,500	0	2,482	74,863	42,235
말리	기장, 쌀, 수수	106.51	17.04	73.09	147.23	8	840,640	1,331,300	10,041	7,438	100,890	68,685
모리타니	밀, 쌀(수입), 옥수수	126.48	19.82	91.19	169.16	6	14,755	72,072	2,198	1,925	64,825	297,280
니제르	옥수수, 기장, 수수	110.80	22.14	67.83	182.69	14	5,979	52,085	8,234	28,034	16,079	10,911
나이지리아	옥수수, 수수, 카사바, 무지개콩	124.30	33.95	62.87	213.89	10	6,929,000	3,675,300	54,163	5,613	53,754	3,937,900
세네갈	수수, 파쇄 미곡*	118.04	23.06	73.75	181.95	5	293,160	314,660	0	102,850	847,130	372,180
토고	옥수수, 무지개콩	142.11	53.39	65.6	313.2	2	568,140	86,164	0	1,950	28,367	77,675

주: 국가별 가격 정보는 지수에서 사용된 상품, 평균 가격, 표준편차, 2004-2011년 기간 동안의 최소-최대 가격, 평균의 기간 수, 각 국가의 가격지수에서의 시장의 수 등을 포함함. 단 하나의 시장이 있을 경우, 이는 국가의 수도임. 곡물 정보도 제공되는데, 여기에는 곡물 가격지수에 있는 세 상품인 옥수수, 쌀, 밀의 2005-2009년간 MT 단위의 생산 및 수입 정보가 포함된다.

1. 기간 동안 월간 kg당 지역 화폐 가격으로 주어진 모든 식량 생산에 대한 국가 지수의 평균, 표준편차, 최소, 최대 통계치
2. 2005-2009년간 평균의 연간 생산(백만 톤)
3. 2005-2009년간 평균의 연간 수입(백만 톤)
4. 전체 수단에서의 북수단의 생산 및 수입 수치
5. 북수단의 생산 및 수입 통계치 참조

* 옮긴이: broken rice: 쌀 싸라기. 벼를 도정하는 과정 중에 생산되는 부산물

가격지수 분석 결과

삽화 12는 FAO 곡물 지수와 비교한 동·남·서 아프리카의 가격지수 결과를 나타낸 것으로 각 지역에서 3가지의 변화를 보여 준다. 즉, 잉여, 일부 부족, 주요 부족 지대 시장에서 만들어진 현지 곡물 가격지수이다. 각 지대는 상이한 시계열을 갖으며 각 지역의 모든 시장 간 가격 관찰을 확대하여 구해진 각 시기에 대한 변동성을 보여 준다. 삽화는 이 세 지대에 대한 지역 곡물 가격지수 간 상당한 차이를 보여 준다.

삽화는 잉여, 부족, 주요 부족 지역들 간 차이와 이들이 FAO 곡물 지수와 별 상관이 없다는 것을 보여 준다. 주요 잉여와 일부 부족 지대는 주요 부족 지대보다 서로 관계가 있는 듯하다. 동아프리카의 변화를 보면, 2007년 FAO 지수에서 나타난 최고 곡물가격과 동아프리카 특히 일부 부족 지대에서 가격 상승 간에 큰 시차가 있음을 확인할 수 있다. 서아프리카 가격지수는 특히 높은 가격 기간에 동부와 남부 지역보다 시장 간에 다양성이 훨씬 낮다. FAO 가격이 정점에 오른 이후 여섯 달 동안, 주요 3지역 시장 중 잉여 시장의 경우는 높은 가격이 나타났지만, 부족 지대에서는 뚜렷하지 않았다. 이것은 이들 지역에서 상품 가치의 영향으로 생산자 가격이 상승한 결과일 수 있다.

삽화 13은 각 지역의 곡물, 비곡물, 모든 식량의 가격지수 변화를 나타낸 것이다. 동·서 아프리카에서 곡물과 비곡물 가격이 매우 유사하게 나타난다. 남아프리카에서는 비곡물 가격이 곡물 시계열에 비해 훨씬 더 가변적이다. 중앙아시아에서는 (지역에서 생산된 밀가루와 감자로 구성된) 비곡물 가격 시계열이 곡물 시계열과 전혀 관련이 없으며, 2007-2008년간 있었던 가격 상승을 전혀 보여 주지 못한다(Brown et al., 2012).

FAO의 곡물 가격지수와 현지 식량 가격지수 간 관련성

삽화 13의 자료를 이용하여 광역 수준에서 FAO 곡물 지수를 통계적으로 비교할 경우, 한 지역이 전체적으로 세계 시장에 통합되었는지 아닌지를 판단할 수 있다. 표 5.4는 그레인저-인과 검증 결과를 보여 주며 지역의 현지 곡물가격이 국제시장에 통합되었다. 분석 결과는 동아프리카에서 밀, 옥수수, 쌀의 경우 수도와 비수도 도시의 국제시장에서 곡물가격이 얻어진다는 것을 보여 준다. 빈곤층이 자주 소비하는 비곡물은 국제 가격과 관련이 없으며, 여기에는 동아프리카의 혼합 테프, 수수, 콩, 카사바 등이 포함된다. 남·서아프리카의 결과는 이들 지역이 국제시장에 통합되지 않았다는 것을 보여 준다. 특히 서아프리카는 국제시장과 아무런 관련이 없다는 것을 보여 주며, 이는 국제시장에서 고립되었다는 것을 의미한다.

2007-2008 국제 원자재 가격의 상승은 지역과 국제 원자재 시장의 변동에서 근본적인 변화가 있다

는 것을 보여 준다(Trostle, 2010; Moseley et al., 2010). 어떤 지역에서는 가격과 적절한 교통, 국제시장에 원자재를 팔 수 있는 개선된 능력, 더 높은 가격으로 국제시장에서 식량을 수입하기 위한 다양한 욕구 등에 대한 정보가 현지 가격의 변동성에 영향을 미쳐 왔다(Badiane and Shively, 1998; Deaton and Laroque, 1992; Wodon et al., 2008). 중앙아메리카와 남아프리카는 기록 기간 동안 변동성의 증가 추세가 작았지만, 국제 원자재 시장에 지속적이고 의미 있는 통합을 보여 준다. 동아프리카는 지속적으로 국제시장으로 통합되고 있으나 곡물만을 다루고 있으며, 가장 극빈이면서 대부분 식량 불안정에 중요한 식량원일 수 있는 비곡물은 다루지 않았다. 분석 결과, 남·서아프리카는 국제시장에 통합되지 않았다.

잘 준비되지 않아서 기능적으로 약한 아프리카의 지역 시장은 정책 결정자들에게 큰 관심거리이다. 주요 곡물의 현지 생산을 담당하는 국가의 도시 소비자들은 국제 곡물가격의 급격한 상승에 더 복잡한 반응을 보인다. 현지 농부는 잉여 식량을 생산할 능력이 없고 과도한 비용을 들여야 식량을 시장으로 출시할 수 있다면, 자체 시장에서 높은 가격의 혜택을 얻지 못하고 높은 식량가격에 노출될 수 있다. 수입상품 가격이 오르면, 소비자는 지역에서 생산되는 주요 비곡물 식량(수수, 기장, 테프, 카사바, 얌, 콩 등)을 찾게 되며, 이는 수요 증가로 현지 상품가격을 상승시키게 된다. 결과적으로 이전에는 감당할 수 있었던 원자재가 더욱 비싸져 최빈곤층의 식량보장에 영향을 미친다. 국제적으로 거래되는 높은 곡물가격이 소비자에게 빠르게 전이되는 해안 도시에서는 이런 현지 주요 식량에 대한 영향이 빠르게 나타난다. 따라서 이런 현지 주요 비곡물 식량 생산자는 상품가격 상승으로 어느 정도 이익을 취하며, 소비자는 모든 식량가격의 일반적인 상승 영향을 받게 되고 최빈곤층에서 영향이 더욱 심하다. 최저 생활 지역의 농부들이 더 높은 생산자 가격으로 이익을 얻을지, 적절한 잉여를 생산할 능력이 없어 높은 식량가격에 노출되는 것이 소득에 대한 높은 수요를 통해 그들의 식량 불안정만 심화시킬지 등은 불분명하다.

Brown et al.(2012)은 FAO 곡물 지수와 연간 NDVI 추정치 모두를 포함한 현지 식량가격의 다변량 회귀예측과 함께 FAO 곡물 지수와 국가 지수 간의 회귀분석 결과를 보여 주었다. 결과적으로 국제시장에 통합된 국가에서는 회귀분석 결과가 유의하고, NDVI는 큰 의미 없었다. 이런 유의성의 결여는 (식물의 건강에 반영되는 것과 같은) 날씨가 중요하지 않다는 것이 아니다. 이런 국가의 가격 정보가 마케팅 사슬에서 시장가격으로 훨씬 더 빠르게 전이된다는 사실을 반영하는 것이다. 이는 어떤 의미로 시장 기능이 잘 유지되고 있다는 것을 보여 준다. 다른 측면으로 NDVI가 유의할 때, 이는 정보가 마케팅 사슬에서 완전히 아래로 전이되지 않아서, 결과적으로 불완전한 정보를 반영하게 되는 것을 의미할 수 있다. 이런 국가에서는 NDVI 자료가 식량보장 분석가들에게 큰 도움이 될 수 있다.

표 5.4 그레인저-인과성 검증 결과. 곡물, 비곡물과 모든 원자재의 지역 기초 식량 지수에 대한 F검증 확률과 모든 시장, 수도, 비수도 도시의 지역 기초 식량 지수에 대한 F검증 확률

모든 시장

지역	곡물		비곡물		모든 상품	
	FAO 지수에 의한 그레인저 인과	FAO 지수에 대한 그레인저 인과	FAO 지수에 의한 그레인저 인과	FAO 지수에 대한 그레인저 인과	FAO 지수에 의한 그레인저 인과	FAO 지수에 대한 그레인저 인과
	Prob>F	Prob>F	Prob>F	Prob>F	Prob>F	Prob>F
동아프리카	0.0000	0.2315	0.1512	0.0556	0.0009	0.1395
남아프리카	0.6836	0.6400	0.0273	0.4985	0.6158	0.6147
서아프리카	0.1294	0.1898	0.6521	0.4986	0.2971	0.4735
중앙아메리카	0.0115	0.4476	0.0020	0.9730	0.0008	0.5596
중앙아시아	0.0005	0.3129	0.5477	0.2181	0.0010	0.1858

중심 도시들

지역	곡물		비곡물		모든 상품	
	FAO 지수에 의한 그레인저 인과	FAO 지수에 대한 그레인저 인과	FAO 지수에 의한 그레인저 인과	FAO 지수에 대한 그레인저 인과	FAO 지수에 의한 그레인저 인과	FAO 지수에 대한 그레인저 인과
	Prob>F	Prob>F	Prob>F	Prob>F	Prob>F	Prob>F
동아프리카	0.0073	0.0046	0.1698	0.2382	0.0544	0.0702
남아프리카	0.9421	0.7931	0.1406	0.0795	0.6459	0.5378
서아프리카	0.3166	0.1972	0.5557	0.5567	0.2834	0.5671
중앙아메리카	0.0059	0.4231	0.0068	0.7433	0.0034	0.5540
중앙아시아	0.0007	0.7871	0.4787	0.7283	0.0024	0.5366

출처: Brown et al.,2012에서 발췌

요약

선행 연구들은 빈곤층의 식량보장에 대한 식량가격 상승의 부정적 영향을 부각시켜 왔다. 높은 식량가격은 가구와 개인의 소비 감소로 영양에 영향을 미친다는 것을 보여 주었다. 국제 곡물가격은 국제 수요 증가와 빠듯한 공급에 지속적으로 반응해 왔으므로, 이런 가격이 식량 불안정 지역에 어떻게 전달되는지를 완벽하게 이해하는 것을 개선하는 것은 빈곤층의 식량보장을 지켜주는 데 매우 중요하다. 현지 가뭄으로 식량 공급이 감소하면 수년간 지속될 수 있는 가격 상승으로 만성적 식량 감소가 발생할 수 있다. 원격탐사 정보는 가격이 빈곤층을 위한 식량 접근 조건에 크게 영향을 미칠 수 있는 시장을 찾는 데 도움을 줄 수 있는 현지 식량 재배조건에 대한 중요한 정보를 제공할 수 있다.

콩, 카사바 칩, 수수와 같이 저가이면서 대량의 반가공 상품을 포함한 식량보장 분석을 위해 특별히 개발된 중요 식량 가격지수가 식량가격 관련 식량 불안정 가능성이 있는 인도주의적 상품에 대해 의사결정자들에게 정보를 제공한다. 식량시장의 세계화가 선진국에서 저개발국가로 가격 신호의 이동을 증가시키고 전 세계적인 식량 수요와 공급 간의 주기적인 불균형이 점점 더 빈번해지기 때문에 이 정보의 가치가 높아지고 있다.

참고문헌

Abbott, P. C. and Battisti, A. B. (2011) Recent global food price shocks: Causes, consequences and lessons for African government and donors. *Journal of African Economies*, 20, i12-i62.

Abbott, P. C., Hurt, C. and Tyner, W. E. (2011) What's driving farm prices in 2011? Oak Brook IL, Farm Foundation.

Abdulai, A. and CroleRees, A. (2001) Determinants of income diversification amongst rural households in southern Mali. *Food Policy*, 26, 437-452.

Badiane, O. and Shively, G. E. (1998) Spatial integration, transport costs, and the response of local prices to policy changes in Ghana. *Journal of Development Economics*, 56, 411-431.

Baffes, J. and Dennis, A. (2013) Long-term drivers of food prices. Washington DC, World Bank.

Baltzer, K. (2013) International to domestic price transmission in fourteen developing countries during the 2007-08 food crisis. Copenhagen, United Nations University.

Barrett, C. B. (1996) Urban bias in price risk: The geography of food price distributions in low-income economies. *Journal of Development Studies*, 32, 830-849.

Barrett, C. B. and Bellemare, M. F. (2011, July 12) Why food price volatility doesn't matter: Policy makers should focus on bringing costs down. *Foreign Affairs*.

Baulch, B. (1997) Testing for food market integration revisited. *Journal of Development Studies*, 33, 512-534.

Brown, M. E., Hintermann, B. and Higgins, N. (2009) Markets, climate change and food security in West Africa. *Environmental Science and Technology*, 43, 8016-8020.

Brown, M. E., Tondel, F., Essam, T., Thorne, J. A., Mann, B. F., Leonard, K., Stabler, B. and Eilerts, G. (2012) Country and regional staple food price indices for improved identification of food insecurity. *Global Environmental Change*, 22, 784-794.

Chiu, Y.-W., Weng, Y.-H., Su, Y.-Y., Huang, C.-Y., Chang, Y.-C. and Kuo, K. N. (2009) The nature of international health security. *Asia Pacific Journal of Clinical Nutrition*, 18, 679-683.

Clark, G. (1994) *Onions are my husband: Survival and accumulation by West African market women*, Chicago IL and London, Chicago University Press.

Compton, J., Wiggins, S. and Keats, S. (2011) Impact of the global food crisis on the poor: What is the evidence? London, Overseas Development Institute.

Conforti, P. (2004) Price transmission in selected agricultural markets. *FAO Commodity and Trade Policy Research Working Paper No. 7*, Rome, Italy, Commodities and Trade Division, Food and Agriculture Organization.

Deaton, A. and Laroque, G. (1992) On the behavior of commodity prices. *Review of Economic Studies*, 59, 1-23.

Diffenbaugh, N. S., Hertel, T. W., Scherer, M. and Verma, M. (2012) Response of corn markets to climate volatility under alternative energy futures. *Nature Climate Change*, 2, 514-518.

Dillon, B. M. and Barrett, C. B. (2013) Global crude to local food: An empirical study of global oil price pass-through to maize prices in East Africa. Ithaca NY, Cornell University.

Egal, F., Valstar, A. and Meershoek, S. (2003) Urban agriculture, household food security and nutrition in southern Africa. *Sub-regional expert consultation on the use of low cost and simple technologies for crop diversification by small-scale farmers in urban and peri-urban areas of Southern Africa*, Stellenbosch, South Africa.

Eilerts, G. (2006) Niger 2005: Not a famine, but something much worse. *HPN Humanitarian Exchange Magazine*. London, Overseas Development Institute.

Fackler, P. and Goodwin, B. K. (2001) Spatial price analysis. In Gardner, B. L. and Rausser, G. C. (Eds.) *Handbook of agricultural economics*, North-Holland, Elsevier.

Fafchamps, M. (2004) *Market institutions in sub-saharan Africa: Theory and evidence*, Cambridge MA, MIT Press.

FAO (2008) The state of food insecurity in the world 2008. Rome, Italy, United Nations Food and Agriculture Organization.

FAO (2011) Price volatility in food and agricultural markets: Policy responses. Rome, Italy, United Nations Food and Agriculture Organization.

FAO (2012) The state of food insecurity in the world. Rome, Italy, United Nations Food and Agriculture Organization.

FAO (2013) FAO statistical database. Rome, Italy, United Nations Food and Agriculture Organization.

Funk, C. and Brown, M. E. (2009) Declining global per capital agricultural capacity and warming oceans threaten food security. *Food Security Journal*, 1, 271-289.

Funk, C. C., Dettinger, M. D., Michaelsen, J. C., Verdin, J. P., Brown, M. E., Barlow, M. and Hoell, A. (2008) The warm ocean dry Africa dipole threatens food insecure Africa, but could be mitigated by agricultural development. *Proceedings of the National Academy of Sciences*, 105, 11081-11086.

Garg, T., Barrett, C. B., Gómez, M. I., Lentz, E. C. and Violette, W. J. (2013) Market prices and food aid local and regional procurement and distribution: A multi-country analysis. *World Development*, 49, 19-29.

Harriss, B. (1979) There is method in my madness: Or is it vice versa? Measuring agricultural market performance. *Food Research Institute Studies*, 17, 197-218.

Hertel, T. W., Keeney, R., Ivanic, M. and Winters, L. A. (2007) Distributional effects of WTO agricultural reforms in rich and poor countries. *Economic Policy*, 22, 289-337.

Hillbruner, C. and Moloney, G. (2012) When early warning is not enough: Lessons learned from the 2011 Somalia famine. *Global Food Security*, 1, 20-28.

Lay, J. and Schüler, D. (2008) Income diversification and poverty in a growing agricultural economy: The case of Ghana. *Proceedings of the German Development Economics Conference*, Zurich.

Minot, N. (2011) Transmission of world food price changes to markets in sub-saharan Africa. *IFPRI Discussion Paper 01059*, Washington DC, International Food Policy Research Institute.

Moseley, W. G., Carney, J. and Becker, L. (2010) Neoliberal policy, rural livelihoods, and urban food security in West Africa: A comparative study of the Gambia, Côte d'Ivoire, and Mali. *Proceedings of the National Academy of Sciences*, 107, 5774-5779.

Panagariya, A. (2005) Agricultural liberalisation and the least developed countries: Six fallacies. *World Economy*, 28, 1277-1299.

Pinstrup-Andersen, P. (2009) Food security: Definition and measurement. *Food Security Journal*, 1, 5-7.

Rashid, S. (2011) Intercommodity price transmission and food price policies. Washington DC, International Food Policy Research Institute.

Ruel, M. T., Garrett, J. L., Hawkes, C. and Cohen, M. J. (2010) The food, fuel and financial crises affect the urban and rural poor disproportionately: A review of the evidence. *Journal of Nutrition*, 140, 170S-176S.

Schnepf, R. (2007) CRS report 32712: Agriculture-based renewable energy production. Washington DC, National Council for Science and the Environment.

Seale, J., Regmi, A. P. and Bernstein, J. (2003) International evidence on food consumption patterns. *Technical bulletin 1904*, Washington DC, US Department of Agriculture.

Trostle, R. (2010) *Global agricultural supply and demand: Factors contributing to the recent increase in food commodity prices*, Washington DC, US Department of Agriculture Economic Research Service.

Ul Haq, Z., Nazli, H. and Meilke, K. (2008) Implications of high prices for poverty in Pakistan. *Agricultural Economics*, 39, 477-484.

Von Braun, J. and Diaz-Bonilla, E. (2008) Globalization of food and agriculture and the poor. Washington DC, International Food Policy Research Institute.

Von Braun, J. and Tadesse, G. (2012) Global food price volatility and spikes: An overview of costs, causes, and solutions. Bonn, Germany, University of Bonn.

Webb, P. (2010) Medium- to long-run implications of high food prices for global nutrition. *Journal of Nutrition*, 140, 143S-147S.

Wise, T. A. (2012) The cost to Mexico of U.S. corn ethanol expansion. Medford MA, Tufts University.

Wodon, Q., Tsimpo, C., Backiny-Yetna, P., Joseph, G., Adoho, F. and Coulombe, H. (2008) Potential impact of higher food prices on poverty: Summary estimates for a dozen west and central African countries. *Policy Research Working Paper Series*, Washington DC, World Bank.

Wright, R. (2011) The economics of grain price volatility. *Applied Economic Perspectives and Policy*, 33, 32-58.

제 6 장

식량가격과 계절성

이 장의 목표

이 장에서는 계절별 가격 변동을 검증하여 기후 변동성과 현지 주요 식량가격 간의 관련성을 파악하고자 하였다. 판매나 곡물 공급 변화와 같이 현지 주요 식량가격에 영향을 미치는 요소와 국제 원자재 시장의 영향도 논의하였다. 가격과 생산이 밀접하게 연동되는 지역의 사례로 고립되고 낙후된 지역인 서아프리카를 소개하였다. 입체적 분석으로 지리적 입지에 따라 가격이 왜 다양한지를 설명하였다. 이 장은 식량 접근에 대한 경제적, 정치적, 기타 충격과 함께 시장가격의 변동성을 이해하기 위해서 원격탐사로 측정된 자료가 현지 농업 생산성 평가에 어떻게 사용되는지를 설명하였다. 끝으로 어린이와 기타 취약 인구에 대한 계절성의 사회적, 영양적 영향을 평가하였다.

식량보장의 계절성

일년 중 특정 시기에 시스템의 행태가 규칙적으로 변하는 계절성은 대부분 기후현상의 공통 특성이다. 날씨의 계절성은 대부분 지역에서 특정한 달에 일어나는 추수와 함께 전 세계 농업사회의 중요한 특성이다(Devereux et al., 2011). 식량가격, 식량 가용성에 대한 계절의 영향이 오랫동안 인식되어 왔으며, 다양한 문헌에 광범위하게 기술되어 왔다(Alderman et al., 1997; Chen, 1991; Crews and Silva,

1998; Haddad et al., 1997; Handa and Mlay, 2006; Hillbruner and Egan, 2008). Devereux(2012, p. 111)가 언급한 것처럼 "계절성은 단기적인 기근과 식량 위기를 초래할 뿐만 아니라 농촌의 생산 능력과 가구 웰빙에 대한 불가역적이고 장기적인 결과를 가져올 수 있는 다양한 '빈곤 톱니효과'를 초래할 수 있다." 정기적인 식량 가용성 감소와 식량의 경제성에 대응하여 발전해 온 대처 전략은 자산이 가난한 가구에서 부유한 가구로 전이될 때 전체 가치가 다 전이되지 않도록 하는 것이다(Devereux, 2012).

기후 변동성의 심화로 자원의 계절적 가용성이 더욱 악화될 것이다. 예측하기 어려운 작물 성장기의 지속기간과 시작과 종료 시기의 변화가 기존 전략을 추진하기 어렵게 하고 시스템의 예측 불가능성을 키워 자원의 계절적 가용성에 영향을 미칠 것이다. Jennings and Magrath(2009)는 동아시아, 남아시아, 남아프리카, 동아프리카, 라틴 아메리카 농부들의 상황을 보고하였다. 이 연구에서 농부들은 다음과 같은 우기와 계절 내의 강우 패턴에 중대한 변화를 지적하였다(Jennings and Magrath, 2009).

- 성장기 전후로 예기치 않은 시기에 발생하는 변덕스러운 강우량
- 극한 폭풍과 예외적으로 강한 강우가 우기 내의 긴 건기에 간간이 발생
- 많은 지역에서 우기 시작에 대한 불확실성 증가
- 짧거나 과도기적인 두 번째 우기가 평년보다 강해지거나 사라짐.

이런 변화가 소유하고 있는 경작지가 적고 자원이 부족한 농부들에게 미치는 영향은 심각할 수 있으며, 농업의 위험 부담을 더 커지게 한다. 이는 자연자원에 대하여 인위적인 압력과 상호작용하는 열 스트레스와 물부족, 병해충과 질병 등의 증가로 발생한다(Moore et al., 2012). 농업 생산의 예측이 어려워지면 농부들이 적절한 비료 수준을 유지하고 생산 다양성을 높이는 데 필요한 투자 능력이 떨어지게 된다. 이런 계절적 변화는 식량 수요의 증가와 함께 발생하며, 향후 50년간 계속 증가할 것으로 예상된다(IAASTD, 2008).

농부들의 변화에 대한 인식은 지리적으로 다양하며, 광범위한 지역을 통틀어 놀라울 정도로 일관성이 있다는 점이 주목할 만하다(Jennings and Magrath, 2009). 이는 생물물리학적 분석이 아닌 농부와의 면담에 근거한 것이다. 원격탐사의 장기 자료가 정책 결정자가 이런 변화에 대응하여 효율적인 적응전략을 세우기 위한 분석 보고서를 작성하는 데 사용될 수 있다(Husak et al., 2013; Iizumi et al., 2013). 지구과학은 이런 변화들이 지속될지와 공간범위에 대한 통찰력을 제공할 수 있다(Cook and Vizy, 2012).

적절하게 기능하지 못하는 무역 인프라 때문에 통합되지 못한 시장은 시장 기능이 저해되고 식량 부

족이 초래될 수 있다(Zant, 2013). 통합이 약한 시장은 농부들의 시장 참여가 낮기 때문에 종종 고립될 수 있으며, 이는 (추수 이전의) 높은 수요기에 공급이 부족하고 (추수 이후의) 낮은 수요기에 과잉 공급되는 "얄팍한" 시장을 만들 수 있다(Garg et al., 2013). 개발도상국 대부분 가구는 자본, 노동, 식량에서 가능한 자급적이고자 하여, 가격의 변동성과 극단적으로 높은 비용으로 거래되는 것을 피하려 한다(Lutz et al., 1995). 이런 것이 얄팍하게 거래되는 취약한 시장의 존재 이유이자 결과이다. 얄팍하게 거래되는 시장은 생산자와 소비자 물가 간의 차이를 높이고, 가구의 시장 의존도를 최소화하는 요인이 된다(Grag et al., 2013; Kirsten, 2012).

현지 시장에서 식량가격의 계절성

모든 공동체에서 곡물을 저장할 수 있는 것이 아니므로 가격의 계절성이 발생한다(Alderman and Shively, 1996). 계절적인 가격 변동은 생산 변동을 반영하며, 특히 인프라와 무역 제한으로 거래자가 잉여 곡물을 외부로 반출시킬 능력이 떨어지는 풍년 해에 더욱 그렇다(Devereux, 2012). 계절적 가격 변동은 저장 손실과 대규모 추수 후 곡물 판매, 평년과 풍년의 고립된 시장에서 거래자 참여 부족 등에 의해 발생할 수 있다(Alderman and Shively, 1996). 그러므로 가격 계절성은 생산 편차와 역의 관계로 가구와 거래자가 곡물을 저장할 능력이 부족하거나 저장하려 하지 않기 때문에 추수 이후에 높은(낮은) 생산이 낮은(높은) 가격으로 이어진다. 그러나 일반적으로 식량가격의 계절성이 있는 시장은 그렇지 않은 시장에 비해 기능이 떨어진다(Kshirsagar, 2012).

얄팍한 시장에서 교통비용의 계절성도 날씨 변동 못지않는 식량가격 계절성의 요인이다. 각 시장에서 교통비용의 가변성에 대해서는 별로 알려진 바가 없지만, 우기의 강우와 불량한 도로, 물자와 사람의 이동 수요 증가, 연료와 기타 교통에 필요한 물자의 어려움 증가 등에 의해 성장기에 교통비용이 늘기 쉽다(Alderman and Shively, 1996). 거래비용은 시장에서의 상품에 대한 가격과 수요 결정, 공정한 가격에 대한 협상 비용 결정, 시장의 정책 및 강화 비용 결정 등 경제적 교환을 만드는 과정에서 발생하는 비용이다(Asante et al., 1989; Fafchamps, 2004). 이런 비용은 모두 계절적이기 쉽다. 이들 효과가 모두 합쳐지면 정부의 개입 없이는 식량가격과 식량 가용성의 계절 변동이 발생할 수밖에 없다.

Cornia et al.(2012)은 가격 인상을 다루는 데 쓰여 온 다양한 정부의 정책적 개입을 다음과 같이 기술하였다.

- "획득권한 기반 생산" 개선, 또는 자가소비를 위해 생산되고 사용된 식량의 양을 증가시키는 목적을 가진 보조금 지급
- "권리 기반 거래" 개선, 또는 높은 가격 기간 동안 마케팅 부서나 국가 지원 판매를 통한 가격 안정화
- "권리 기반 노동" 개선, 또는 흉작기에 가구소득을 지원할 수 있는 공공근로 시작
- "권리 기반 수송" 증가, 또는 극단적 필요시기에 식량지원 혹은 현금 이동 지원(Devereux et al. 2008)

이 중 앞의 두 개는 1인당 충분한 식량 생산 부족에 대한 근본적 문제를 다루는 방법으로서 축소되었으나, 뒤의 두 개는 강화되었다(Cornia et al., 2012). 급격한 가격 상승 기간에 국내 생산을 안정시키기 위한 식량 수입은 국제 원자재 가격을 상승시켜, 이런 개입효과를 감소시켰다(Cornia et al., 2012). 식량가격이 높은 시기에 적절하게 공급할 수 있는 운송 인프라와 현지 식량시장의 비효율성이 식량가격의 계절성이 널리 확산시킨다는 것을 알 수 있다. 계절성과 현지의 높은 가격은 대부분 저개발국가에서 불확실성과 고통의 근원이 될 것이다(Ehrhart and Guerineau, 2011; Hazell, 2013; Kydd, 2009).

공급이 취약한 현지 시장에 대체재를 제공할 수 있고 변동성이 높은 국제 식량가격은 식량보장이 불안정한 지역의 식량 생산을 경제의 중요한 구성요소가 되게 한다. 높은 가격과 장거리 곡물 이동에 따른 높은 교통비용 때문에 빈곤 퇴치에 초점을 둔 프로그램에서 현지 생산이 중요한 활력소가 될 것이다(Nin-Pratt et al., 2011; Rakotoarisoa et al., 2011). 각 국가 내 농업 지역에서 식량을 조달하면 지역경제의 이윤이 성장하는 도시로 이동하는 것을 막을 수 있으며, 도시와 농촌에서 모두 생활비가 낮아지는 효과가 있다. 인구 성장이 빠른 지역에서는 현지 생산을 지속적으로 증가시켜 식량 수요를 충족시킬 필요가 있다. 농업 종자와 투입에 대한 적절한 투자 없이 현지에서 소비를 유지하기 위해서는 계속 수입을 늘려야 할 것이다(Bumb et al., 2012).

서아프리카에서 식량가격에 대한 기후 변동성의 영향

가구의 식량보장과 영양에 대한 식량가격의 계절성 영향의 사례를 서아프리카에서 찾아볼 수 있다. 서아프리카는 개발이 가장 덜 된 지역의 하나로 심각한 빈곤을 겪고 있는 거대한 내륙 지역이며, 인프라 개발이 취약하고 경제에서 농업 활동이 차지하는 비율이 높다. 이 지역은 주로 현지에서 식량이 조

달되고 인프라가 불충분하며 반복적으로 가뭄의 영향을 받기 때문에 기후 변동성이 어떻게 식량가격에 영향을 미치는가를 파악하는 데 이상적이다. 서아프리카의 불어권 국가로는 베냉, 부르키나파소, 코트디부아르, 기니비사우, 말리, 니제르, 세네갈, 토고 등이 있다. 이 중 사하라 사막 국가인 니제르, 말리, 부르키나파소는 국제시장 접근성이 최악이며, 강수량이 적을 뿐만 아니라 불규칙적이고 토양은 척박하다(Heaps et al., 1999). 또한 이들 세 국가는 1인당 소득이 낮아서 세계 226개 국가 중 부르키나파소 199위, 말리 212위, 니제르 220위이다(IndexMundi, 2012).

소득과 식량 대부분을 농업에서 얻고 있는데다 강우량의 계절 변동이 크고 거의 격년마다 부족을 겪고 있어서 근본적으로 농가가 취약한 상황이다(삽화 14). 몇 년 동안 현지에서 식량을 재배할 수 없게 되더라도 현금이 있다면 강우량이 충분한 지역에서 재배된 식량을 살 수 있으므로 소득이 중요하다(Mishra et al., 2008; Rojas, 2007; Zaal et al., 2004). 식량 생산과 식량가격 변화가 인간의 건강과 식량보장에 미치는 영향은 전적으로 최빈곤층에 대한 개발과 정부의 지원 수준에 달려 있다.

사헬지대 대부분 농촌의 가구는 생필품에 필요한 현금을 얻기 위해 농장에서 조, 밀과 같은 곡물을 재배하여 판매한다(Jayne and Minot, 1989). 서아프리카에서 곡물 생산은 1980년에서 2009년 사이에 해마다 4.4% 증가하였다. 이와 같은 성장률은 인구 성장률을 간신히 앞선 것이다. 이런 성장의 2/3는 재배 지역의 확대로, 1/3은 생산량 증가에 의한 것이다(Bumb et al., 2012). 농부들은 전형적으로 곡물의 일부를 추수 직후, 가격이 낮을 때 시장에 팔고 일부는 소비를 위해 남겨 두며, 후에 자신의 식량이 줄었을 때 높은 가격으로 시장에서 식량을 구한다. 이런 거래는 운송비용이 많이 들고, 지속적이지 않으며 이익은 매우 적으며 가구의 경작지에서 5km 이내에서만 이루어진다(Platteau, 1996; Zant, 2013).

이와 같이 지난 30년간 생산량 증가율이 낮은 것은 이미 다른 지역에서 생산량을 획기적으로 늘릴 수 있는 화학비료와 기타 근대적 투입물을 적절하게 사용하지 못하기 때문이다. 서아프리카에서 농업은 지난 10년간 2015년까지 기아와 빈곤을 반감시키기 위한 새천년 개발목표(Millennium Development Goal)의 절반만 성장하였다. Bumb et al.(2012)은 현지 소규모 자작농이 생산성이 높은 종자와 비료, 우수한 저장시설, 개선된 농업 활동 등 현대적 농업 기술을 활용하려는 노력을 설명하였다. 대부분 작물의 생산량은 투입을 강화시키면 배가될 가능성이 크다(Nin-Pratt et al., 2011). 전체 경작지의 25%에서만 개선된 종자와 비료(8kg/ha)를 사용한다. 이 지역에서는 금융비용과 신용 비용, 정부 조세 등이 높아서 비료 사용률이 낮으며, 이로 인해 기본 생산비용에 대한 톤당 비용이 크게 증가하였다(Bumb et al., 2012). 멀리 떨어진 소규모 농업 지역은 비료 수입이 제한적이어서 농부들의 수출 능력 역시 떨어지며, 거래자가 현지 가격이 높을 때 식량을 판매하는 것을 어렵게 한다.

서아프리카에서는 주요 식량을 얌, 카사바, 조, 수수, 기타 현지 작물을 포함한 다양한 현지 생산에 의존하고 있으며, 이들의 생산량이 비교적 안정적이지만 척박한 열대 토양에서의 천수농업이라 생산량이 빈약하다(Tadele and Assefa, 2012). 1965년에서 2007년 사이에 이 지역의 인구는 3배 증가하였지만, 곡물 생산은 그에 미치지 못하고 있다. 현지 생산이 수요를 충족할 수 없어서 지역 혹은 광역 내 생산을 대신하는 수입 식량비율이 증가하였다(Nin-Pratt et al., 2011). 1960년대에는 수입 식량비율이 총식량의 5%에 지나지 않았으나, 지난 10년간 23%로 증가하였다(FAO, 2013). 지역에 따라 거래 내역의 차이는 있지만, 곡물, 생선, 설탕 등이 일반적으로 수입되는 상품이다. 현지 생산과 소비 간에 큰 차이가 있어서, 지역 내에서 곡물 수요를 충족하지 못하고 있다. 이런 공급 부족은 식량가격이 계절성과 연변동에 취약하고 날씨충격에도 취약하다는 것을 의미한다.

서아프리카의 계절성

식량가격의 계절성은 생산 불안정성과 1인당 생산 능력의 저하와 함께 서아프리카의 식량보장에 심각한 영향을 미친다. 해에 따라 다르지만, 매년 5월에서 9월 사이의 식량가격은 건기 평균에 비해 50-200% 증가한다(Cornia et al., 2012). 그림 6.1은 니제르 진데르의 북부 작은 마을에서 자주 소비되는 곡물인 수수의 소매가격 증가 추세를 보여 준다. 매년 상승한 후 감소하는 가격의 계절성이 잘 나타난다. 이런 계절성은 7월과 8월 경작시기 동안 건기에 비하여 수수 가격이 상당히 높다는 것을 의미한다(Brown et al., 2006).

전형적으로 식량가격의 계절성은 성장기에 발생한다. 이 기간에 농가는 지난 계절에 남아서 저장한 곡물이 바닥나고 생필품을 평균보다 높은 가격으로 시장에서 구매해야 한다. 종종 이 시기에는 높은 이자율을 쳐서 현금을 빌리고 추수 이후에 갚아야 한다. 이것을 나중에 팔면 더 높은 가격을 받을 수 있지만 실제로 낮은 가격에 잉여 곡물을 팔아야 하는 요인이 된다(Brown et al., 2009). 성장기 동안 농업 지역에서 광범위한 수요 증가로 연중 가장 높은 가격이 나타난다. 또한 농한기에는 농부들이 가장 높은 에너지 비용을 지출하며, 농업에 종사하는 모든 가구원들이 더 많은 양의 칼로리를 필요로 한다(Cornia et al., 2012; Sahn, 1989). 그러므로 식량보장은 이런 계절 주기의 영향을 크게 받는다.

1인당 농가소득이 감소하고 가구의 현금 수입 수단이 더욱 다양화하면서 식량가격 변동성에 대한 노출이 커졌다. 식량시장이 더 많은 지역으로 통합되고 있지만, 지역에서 전형적인 생산 시스템의 제약과 작고 고립된 비공식 시장에서 분배의 비효율성 때문에 아직까지는 현지 식량가격의 연변동과 경년 변동이 크다. 식량가격은 즉각적으로 현지 식량 생산에 연계된다(Brown et al., 2012; Garg et al., 2013; Von Braun, 2008). 강우량 외에도 재배 지역과 곤충과 동물에 의한 피해, 토양침식, 토양 불모지

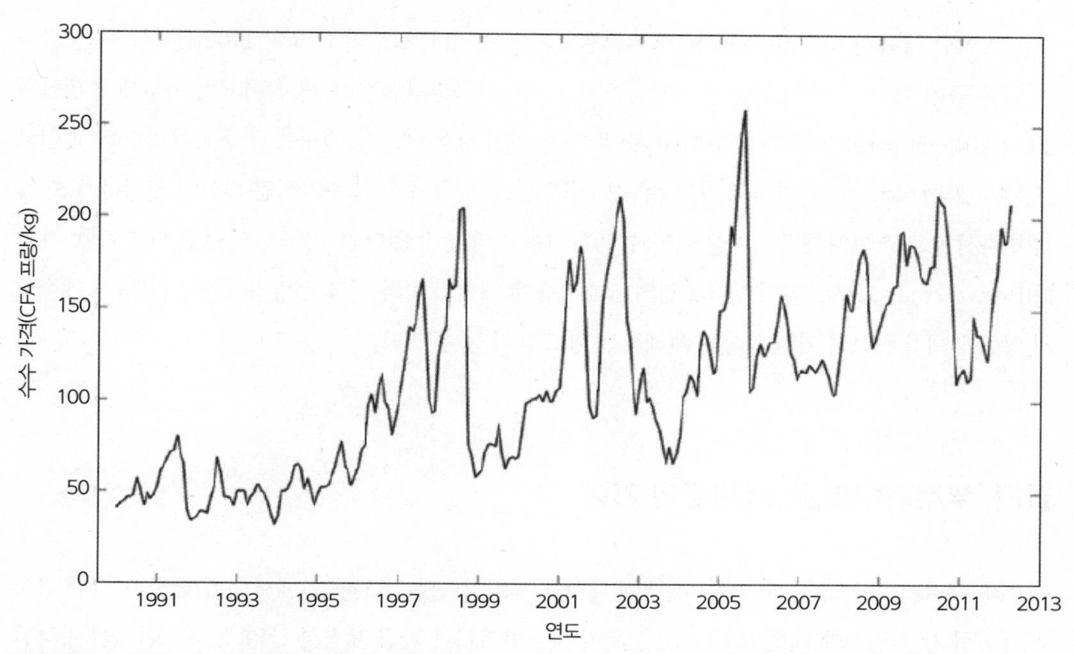

그림 6.1 니제르 진데르의 1990-2012년간 재배되는 굵은 낟알의 소매 수수 가격의 계절 변동성(출처: FAO 가격 데이터베이스 자료)

화, 기타 다양한 요인에 의한 피해 등 많은 변수가 곡물 생산에 영향을 미칠 수 있다(Hoogmoed and Klaij, 1990; Klaij and Hoogmoed, 1993). 또한 국제 식량 거래, 국내에서 지역 간 생산 불균형, 도로망 부실 등이 현지 식량가격에 영향을 미칠 수 있다(Brown et al., 2013; Cutler, 1984; De Waal, 1988; Deaton and Laroque, 1996).

사헬지대 대부분 지역의 농가는 가구에서 필요한 현금을 얻기 위해 곡물을 팔고 있다(Jayne and Minot, 1989). 일반적으로 농부들은 곡물의 일부를 추수 직후, 가격이 낮을 때 시장에 직접 판매하고 소비를 위해 일부를 남겨 둔다. 그들은 매년 후반기에 자신들의 식량 부족으로 비싼 가격으로 시장에서 식량을 구입한다. 이런 거래는 교통비가 비싸고 도로 상황이 불확실하기 때문에 가구의 토지 반경 5km 이내에서 이루어진다(Platteau, 1996). 강수의 계절 변동과 연변동 때문에 소득과 식량의 주요 원천인 농업의 취약성이 크다. 현지에서 곡물을 수확하지 못하더라도 강수량이 충분한 지역에서 생산된 곡물을 구매할 수 있으므로 현금 소득이 중요하다.

농부들은 크게 두 범주의 방법으로 식량을 구매한다. 양을 중요시 여기는 사람들이 판 것보다 더 많은 양을 사들이는 경우, 가치를 중요시 여기는 사람들이 팔아서 번 돈보다 더 많이 구매하는 경우로 구별된다. 공통의 시나리오는 서아프리카 대부분 농촌시장에서 곡물을 사기 위한 가격이 추수 후 늦가을이 아닌 생육시기의 정점인 여름에 두 배가 되는 것이다. 칼로리 수요의 110%를 생산하는 가구의 예를 들어 보자. 그들이 현금을 얻기 위하여 추수 후 곡물의 30%를 판매한다면, 여름에 총생산의 20%(110%−30%+20%=100%)를 다시 사야 한다. 가격 요동 때문에 가구는 총생산의 10%의 손실로(+30%−2×20%=−10%) 가치에 따른 순 구매자가 된다. 현금 소득의 추가적인 원천이 있거나 언제 가격이 다시 오르고 그때까지 판매를 미룰 수 있을지를 파악할 수 있다면, 가구는 이런 손해를 피할 수 있다(Brown et al., 2009). 현재 생육조건의 상호작용에 대한 정보와 국제 식량가격 및 전형적인 계절성의 영향에 대한 정보가 이런 상황을 이해하는 데 도움이 될 수 있다.

말리, 부르키나파소, 니제르의 기장

말리, 부르키나파소, 니제르에서 식생에 대한 원격탐사 관측과 1982년에서 2007년까지 기장 가격의 계절성 간 관련성에 대한 초기 분석을 통하여 식량가격과 환경 계절성 간의 정량적 관계를 파악할 수 있다(Brown et al., 2008). Brown et al.(2006; 2008)은 말리, 부르키나파소, 니제르의 445개 시장의 월별 기장 가격을 사용하여 이를 분석하였다. 분석 자료는 식량가격을 수집하고 분석하기 위한 FEWS NET의 초기 결과에서 얻었으며, 현지 화폐(CFA)로 표시되어 있다(Chopak, 1999). 자료마다 시작 연도(니제르는 1982년, 말리는 1987년, 부르키나파소는 1989년)와 기간이 다르다. 이 시계열에는 2000년대의 대부분뿐만 아니라 1980년대와 1990년대도 포함되어 장기적인 상황을 보여 주지만, 2000년 이후에 시작된 자료만으로는 분석이 불가능하다(Brown et al., 2006; 2008).

제3장에서 언급했듯이 원격탐사에 의한 식생 자료는 두 개의 연구에서 서아프리카 기장의 생육조건을 나타내는 데 사용되었다. NDVI 자료는 사헬지대에서 식생 생산성의 차이를 파악하는 데 집중적으로 사용되었다. 여러 연구자들에 의해 현지 곡물 생산(Fuller, 1998; Funk and Budde, 2009; Jarlan et al., 2005; Vrieling et al., 2011), 강수량(Nicholson, 2005; Nicholson et al., 1998)과 NDVI의 상관관계가 밝혀졌다. AVHRR NDVI 자료는 월별로 8km의 공간 해상도를 갖고 있다(Tucker et al., 2005). AVHRR 센서는 서아프리카에 적절한 공간, 분광, 시간 해상도를 갖는다(Becker−Reshef et al., 2010; Justice et al., 1991; Prince et al., 1990). NDVI 월별 극대치로 각 시장 주변의 5×5 픽셀(40×40km)의 평균이 계산되었다. 대부분 시장이 단순히 시장 바로 옆 지역보다 훨씬 넓은 지역에서 곡물을 끌어들이고 있어서 각 시장 주변의 인접 영역에만 초점을 두고 있다는 것이 단점이다(Aker et al., 2010; FEWS NET, 2009). 이런 단점에 대해서는 제7장에서 설명할 것이다.

서아프리카의 생산 패턴

많은 반건조 농업 지역과 마찬가지로 서아프리카에서는 거의 모든 식량이 자라는 6월 혹은 7월부터 9월까지 지속되는 몬순기가 생육기에 해당한다. 처음에 약한 강수 후 토양수분이 급격히 증가하면서 식생이 성장한다. 10월에서 11월 사이 추수 이후에 식량 가용성이 급격히 증가한다. 다음 생육기가 가까워지면서 현지 식량 공급이 줄고 많은 가구가 시장에서 식량을 구입하면서 식량가격이 오르기 시작한다. 생육기의 절정 시기에 수요는 오르고 공급이 줄면서 식량가격이 상승하며, 고립된 지역에서 더욱 심하다. 삽화 15는 1982년에서 2007년간 3개의 서아프리카 국가의 기장가격과 식생 변화를 나타내며 계절 변동과 연변동이 크다는 것을 보여 준다.

그림 6.2는 말리, 부르키나파소, 니제르의 1982–2007년 월평균 자료로 식량가격과 식생지수의 계절성을 명확하게 보여 준다. 가격은 해에 따라 최저 가격의 100% 이상으로 급등할 수 있다. 가구가 이런 큰 변화에 대응하기는 매우 어렵다.

서아프리카에서 식량가격의 계절성과 원격탐사로 관찰된 환경 변동성 간의 관계가 두 개의 중요한 측면을 보여 준다. 하나는 식량가격에 대한 생육기의 영향과 이에 따른 계절성이고, 다른 하나는 특정

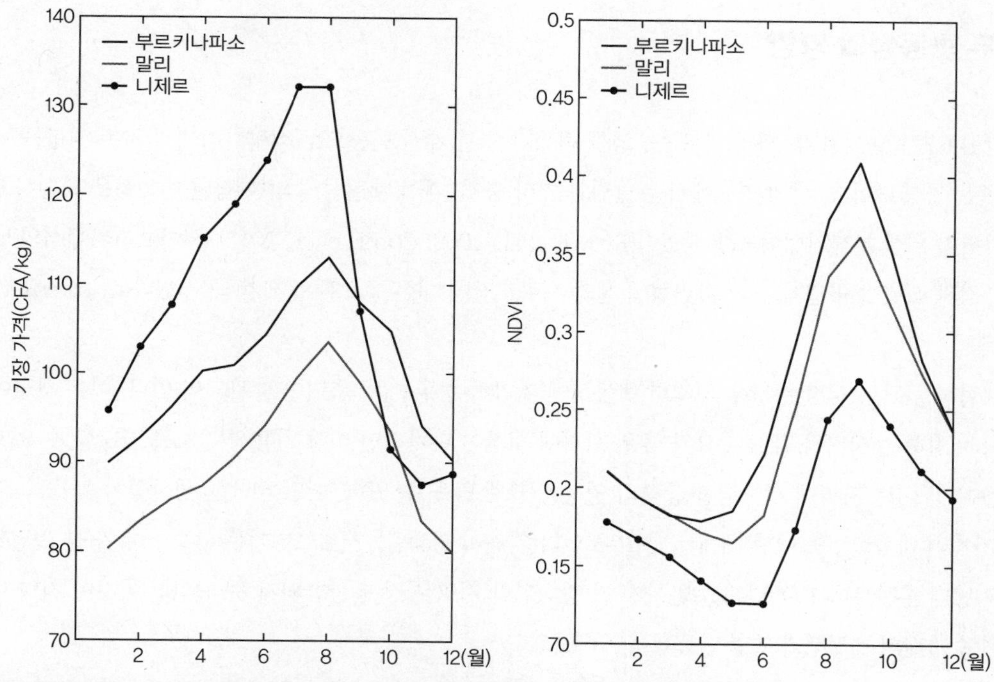

그림 6.2 1982–2007년간 부르키나파소, 말리, 니제르 자료에 따른 월평균 기장 가격(좌)과 NDVI(우)

한 해 혹은 특정한 여러 해의 가격 수준에 대한 날씨충격의 영향이다. 이 두 가지가 동시에 식량가격에 영향을 미친다. 정치·정책적 충격은 물론 날씨, 국제 식량가격과 곡물 저장 능력 등의 경년 변동성이 그보다 낮은 빈도로 영향을 미친다. 이런 경향은 수년간 변동하는 가격 수준에 영향을 미친다.

날씨충격은 다양한 방법으로 농촌 가구의 소득에 직접적으로 영향을 미쳐 결과적으로 식량가격에 영향을 미친다. 생산 감소는 자체 생산한 곡물 판매나 거래로 얻는 현금 소득에 직접 영향을 미친다. 또 시장에서 구매와 자급 식량을 대체할 필요성에 의해서도 영향을 받는다. 또한 소득은 평균 이하의 임시노동 가용성의 영향을 받고, 현지 소득에 중요한 교통, 시장 서비스와 기타 비공식 경제 측면과 같은 서비스에 대한 수요를 감소시킨다(Camara, 2004; Venema and van Eijk, 2004). 날씨충격으로 상승한 주요 식량가격은 소득 감소와 생산 감소로 식량 접근성에 영향을 미친다. 부양 인구의 증가에 따라 매년 1인당 식량 생산량이 감소하는 지역에서(Funk and Brown, 2009) 수입이 충분하지 않으면 식량가격과 식량 생산량의 변화로 소비 감소와 기아가 발생할 수 있다(Steffen et al., 2012; Von Braun and Tadesse, 2012; Zant, 2013). 이는 가격이 진정될 때까지 수개월 동안 식량 소비를 줄이면 장기적으로 고통받는 어린이와 같은 취약한 개인의 경우 심각하다.

기후 변동성의 영향

그림 6.3은 날씨가 두 개의 경로 즉, 생산 변동과 연간 계절 변동으로 식량가격에 미치는 영향을 보여 주는 개념도이다. 선행 연구에서는 날씨와 기타 충격, 가격 계절성에 의한 경년 변동성을 확인하고 평가하기 위한 분석기법이 사용되었다(Brown et al., 2008; Cornia et al., 2012). 서아프리카에서의 날씨충격과 식량가격 편차 간의 관련성이 현지 식량보장에 대한 중요한 문제가 되고 있다(Christensen, 2000).

계절성을 갖는 시장은 강우의 경년 변동성에 취약하여 두 개의 측면이 연관되어 있다. 이는 작물이 한참 성장하는 시기와 같이 수요가 높은 시기에 시장이 단기적인 식량 가용성 감소를 감당할 수 없기 때문이다. 이런 지역에서는 생산 충격의 영향을 크게 받을 수 있다. 어떤 해에는 생산성이 높을 수 있고(가격이 하락함), 또 어떤 해에는 낮을 수 있다(가격이 상승함). 서아프리카는 수수 자료가 잘 측정된 1980년대 후반부터 1990년대 초반까지 더 광범위한 지역 시장에 통합되지 못하였다. 이것이 지역 내의 수수가격의 계절성과 경년 변동성을 가속시켰다.

날씨충격과 우기의 수요와 공급 변화의 영향은 저장과 거래, 교통망에 의해 조절된다. 현지 거래망

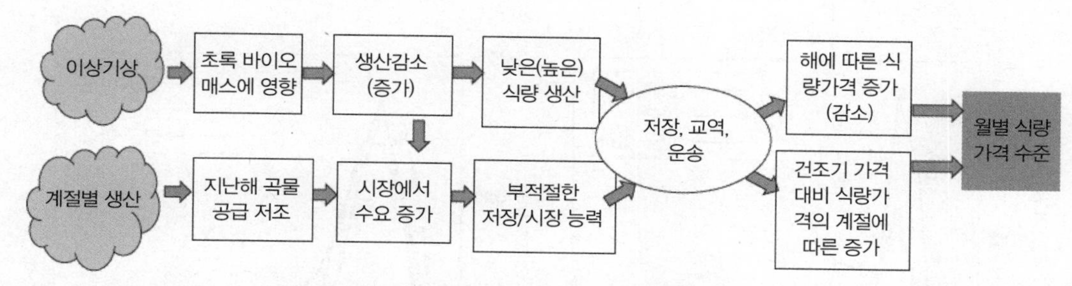

그림 6.3 소규모 고립된 시장 시스템에서 식량가격에 대한 연도별 계절별 날씨 영향 개념도

의 기능과 상품 거래자가 가용할 수 있는 인프라(저장 시설, 저렴한 철도나 트럭 네트워크, 저렴한 거래비용)가 날씨충격을 받는 시장과 그렇지 않은 시장의 차이를 만든다. 불행하게도 현지 곡물의 저장 비용, 여러 시기 동안 식량 보존에 대한 효율성 등에 대한 정보가 거의 없다. 환경충격과 식량가격 간의 관계를 완충시켜 주는 요인에 대한 정보의 부족으로 관찰된 환경–가격 간 관계의 불확실성이 커질 것이다.

표 6.1은 원격탐사 자료로 측정된 흉년, 평균, 풍년인 해의 평균가격을 나타낸 것이다. 표에서 서로 다른 기간 간에 가격 차이가 잘 나타나지만, 실제 식량가격 자료의 실상은 훨씬 더 엉망이다. 조세와 수입에 대한 정부 정책과 선거에서부터 지난해의 저장 곡물의 양에 이르는 모든 것과 서로 다른 시장에서 수요에 대한 소문 등 여러 가지가 가격에 영향을 미친다. 상품가격은 매우 복잡한 과정으로 결정되며, 연도 수를 감안할 때 경제학자들은 상품가격의 동향을 예측하기 위한 효과적인 모델을 개발하기 위하여 많은 노력을 기울였다(Baffes and Gardner, 2003; Deaton and Laroque, 1992); Tomek and Myers, 1993; Trostle et al., 2011).

그림 6.4는 표 6.1을 만드는 데 쓰인 자료와 같은 것으로 각 국가에 대한 히스토그램 형식으로 표현되었다. 실제(풍년–평균–흉년) 해마다 관찰된 가격 변동성은 각국의 생육기에 변동성의 영향을 나타내는 것이 얼마나 어려운가를 보여 준다. 모든 시장을 소속 국가에 따라 그룹화하는 것은 작물이 생산되는 환경과 시장 간의 관계에 대한 이해가 잘 이루어지지 않는 국가들의 시장 간 관계로 가정하기 때

표 6.1 1982–2007년간 부르키나파소, 말리, 니제르에서의 8–9월간 NDVI 편차를 이용한 8–9월의 기장 가격(CFA/kg)

NDVI 편차	부르키나파소	말리	니제르
평균 이하	118.5707	107.1924	125.2000
평균	115.6478	99.5688	117.5255
평균 이상	101.0583	96.8137	112.9464

주: NDVI 편차는 25년간 재배 정점기인 8–9월간 초목 초록색의 평균 이상이나 이하로 정의

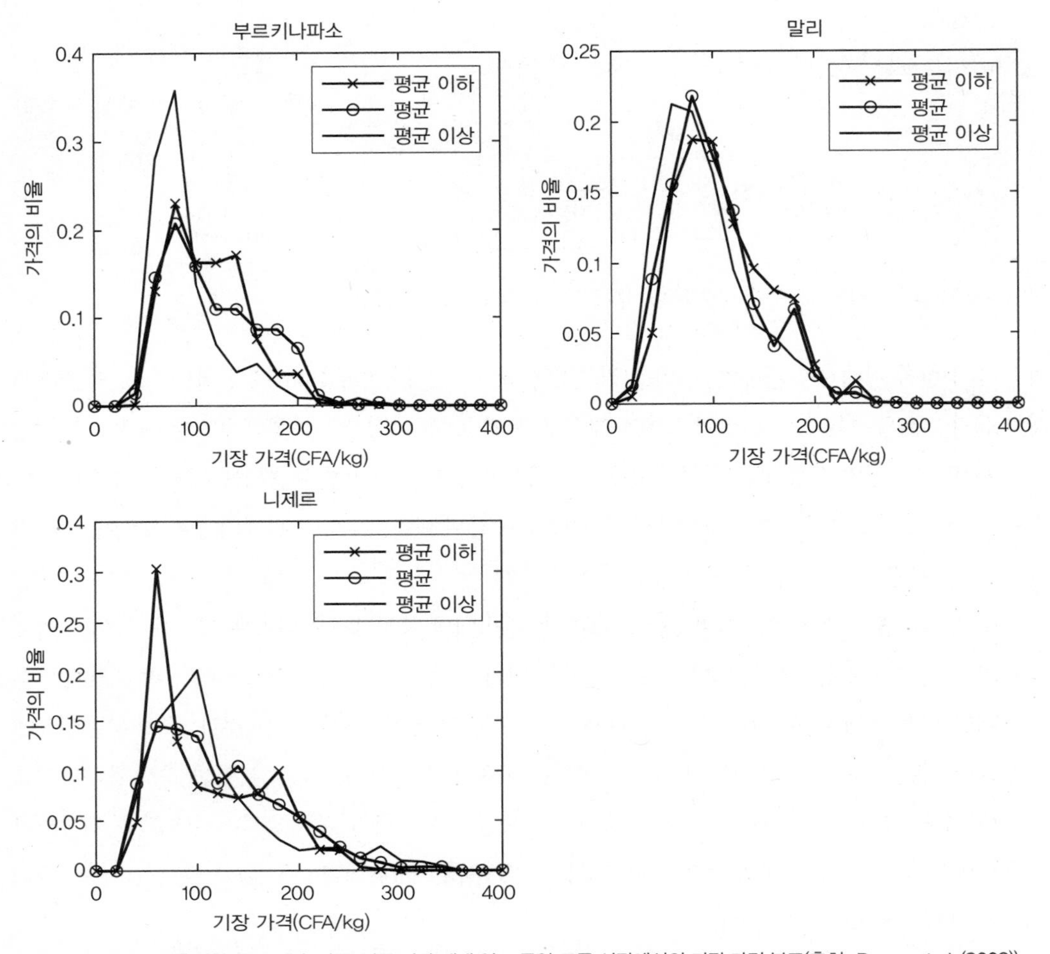

그림 6.4 식생지수로 측정한 평균 이상, 평균, 평균 이하 재배 연도 동안 모든 시장에서의 기장 가격 분포(출처: Brown et al. (2008))

문에, 다음 장에서는 어떻게 각 시장이 개별적으로 취급될 필요가 있는가에 대하여 논의할 것이다. 니제르의 다른 도시보다 나이지리아와 더 많이 거래하는 니제르의 시장과 인접한 이웃 국가 또는 다른 국가 시장의 상인과 오랫동안 관계를 맺고 있는 농부, 저장 능력의 차이, 소비자의 부와 특정 제품에 대한 수요 등 이런 모든 것이 국가 수준에서 분석하는 것을 어렵게 한다.

분석된 NDVI 편차와 기장 가격 변동성 간의 관계를 복잡하게 하는 또 하나의 요인은 각 시장 주변 40km 지역의 식생지수가 실제 관심 영역이라는 가정이다. 그림 6.4에서 재배기간의 질을 결정하는 데 사용되는 식생지수는 실제로 곡물이 판매될 특정 정보를 기반으로 하는 광범위한 지역이 아니라 각 시장 주변 지역에 대한 것이다. 대부분 농업 지역에서 잉여곡물이 생산되고, 농부들은 가장 가깝지 않더라도 생산된 곡물을 살 수 있는 적절한 능력을 갖고 최고의 가격으로 팔 수 있는 시장을 찾는다. 공급자와 판매자 간의 관계는 단순히 모든 농부들은 가장 가까운 시장으로 걸어간다고 하는 가정과 같이 아프리카 어느 지역에서나 의심의 여지없이 복잡하다(그림 6.4). 따라서 이 평가에 통합된 NDVI 자료의 지리적 범위를 확대하는 것이 위성 자료로 측정된 불량한 생육조건, 수확량 감소, 식량가격에 대한 이런 변화의 영향을 이해하기 위한 필수적인 단계이다.

개발도상국가의 상품시장 계절성

서아프리카와 같은 곳에서 식량가격의 계절성이 있을 때, 식량가격의 계절성과 현지 가격에 대한 현지 생산의 영향에 대해 무엇을 말할 수 있을까? 선진국 이외의 지역에서 현지 생산이 중요한 요인이고 식량 공급이 매우 제한적이라면, 날씨충격에 의한 경년 변동성과 수요와 공급의 주기적인 변화에 의한 계절성을 모두 기대할 수 있다(그림 6.3에 표현). 국제 원자재 가격의 영향을 크게 받는 지역에서는 식량가격의 계절성이 매우 낮다.

삽화 16에는 옥수수 가격의 국제적 계절성이 제시되어 있다. 옥수수가 세계 다른 여러 지역과 함께 서아프리카에서 소비되기 때문에 수수나 조 대신 옥수수의 가격을 제시하였다. 옥수수는 서로 다른 농업 생태 시스템과 대부분의 문화에서 재배되고 소비되는 몇 안 되는 국제 상품이므로(Chapoto and Jayne, 2009; Pingali and Heisey, 1999; Rojas, 2007; Wu and Guclu, 2013), 옥수수에 대한 현지 시장의 시계열 정보를 얻을 수 있다. 삽화에서는 세계 모든 개발도상국을 대상으로 옥수수의 계절성을 저-중-고의 수준으로 나타내었다. 인도와 중국은 상품가격에 대해 구축된 효율적인 가격통제 프로그램을 갖고 있어서 제외되었다. 아프리카의 거의 모든 시장은 옥수수 가격에 대해 중간 정도 혹은 높은 계절성이 나타난다. 멕시코나 남미 국가처럼 더 나은 교통망으로 세계 시장과 연결된 개발 지역에서는 계절성이 낮다.

이런 계절적 규칙이 2003-2011년 기간에 현지와 국제 옥수수 가격 간의 차이를 비교해 보면, 가격 시계열이 나타나는 계절성과 국제시장에서 고립 정도 사이에 관계가 있다는 것이 분명해진다. 계절효과는 시장이 고립되어 있는 곳에서 더욱 확연하다. 삽화 17은 계절적 가격효과와 국가의 고립 정도 간의 대응 관계를 보여 준다. 이런 대응은 서아프리카나 동아프리카와 같은 국가 혹은 세부 지역 내의 위치와 상품 전반에 걸쳐서 적용된다.

가구 식량 소비에 대한 식량가격 변동성의 영향

식량이 희소한 시기의 식량가격 변화는 영향을 받는 가구의 행태에 큰 영향을 미치며, 다음의 내용이 포함된다(Devereux and Longhurst, 2009).

- 저급한 식량을 먹는 것
- 초과 임금 노동을 하는 것
- 자산을 판매 혹은 교환하는 것
- 소비 합리화
- 축하나 기타 지출을 미루는 것
- 일자리를 찾아 이주하는 것
- 현금이나 식량을 빌리는 것
- 비식량 소비를 줄이는 것

식량이 부족한 시기에 들판을 정리하고 파종을 해야 하지만 지난해에 남은 곡식이 거의 없기 때문에 농부들의 에너지 소비가 높다(Cekan, 1992; Glantz, 1990; Toulmin, 1986). 날씨는 뜨겁고 습하며 도로는 종종 진창과 유실로 평소에 비해 훨씬 더 이동하기 어렵다. 여성은 어린이를 돌보고 식량을 준비해야 하는 것 외에도 들판에서 일을 도와야 하므로 가장 저렴한 상품을 찾기 위해 시장에 나갈 시간과 능력이 훨씬 떨어진다. 이런 변화는 상승하는 식량가격과 공급 감소의 영향과 섞인다. 그럼에도 불구하고 이런 변화는 사회복지에 대한 가격 계절성의 영향을 이해하는 데 중요하다.

여러 연구자들이 식량가격 변화가 개인과 가구에 어떻게 영향을 미치는지를 이해하기 위해 식량에 대한 지출 패턴을 나타내기 위해 면담을 이용한 연구를 시행하였다. 일부 영양에 대한 연구는 식량가격 변화로 인한 영양과 식량보장에 대한 영향에 초점을 두었다(Lavy et al., 1996; Thomas et al., 1992). 일부 연구는 가격이 높은 추수 전 빈곤기의 소비와 식량가격이 매우 낮아지는 추수 후 건기의 소비 간 계절 차이에 초점을 두고 있어서 가격 계절성을 이해하는 목적으로 더욱 흥미로우며, 경제 시스템의 큰 변화 없이 식량가격이 오르면 어떤 일이 벌어지는지에 대한 사례를 보여 준다(Becquey et al., 2012; Hillbruner and Egan 2008). 오랫동안 계절 가격 변동의 영향이 연구되어 왔지만, 이런 새로운 연구는 도시 지역 역시 식량가격의 급격한 변화에 매우 민감하다는 것을 보여 준다. 계절이 바뀌면서 나타나는 큰 식량가격의 변화로 두 시기의 식량소비의 큰 차이가 야기된다(Becquey et al., 2012).

식량가격과 영양 사이에는 강한 관련성이 있다(Lavy et al., 1996; Thomas et al., 1992). 소득과 전반적인 식량보장은 나이에 따른 신장의 성장과 같은 장기적인 식생활의 부적절함을 판단하는 척도에 영향을 미친다. 개발도상국과 특히 아프리카의 저개발 국가에서 도시인구 비율이 매우 빠르게 증가하고 있다. 아프리카의 도시인구 비율은 2000년 39%에서 2020년에는 거의 50%로 증가할 것으로 예상된다. 인구가 증가하는 동안 극단적인 빈곤 가구도 증가한다. 이 극단적인 빈곤 공동체는 식량가격에 특히 민감하며, 소득이 적거나 아예 없고, 종종 생존을 위해 정부 지원이나 더 큰 공동체에 의존한다.

Becquey et al.(2012)은 2단계 샘플링 디자인(Becquey and martin-Prevel, 2010; Becquey et al. 2010)을 통한 영양조사에서 부르키나파소 와가두구의 3,017가구의 거대 군집표본을 얻었다. 이 연구는 두 시기에 걸쳐 표본 가구를 설정하였다. 첫 번째는 우기인 2007년 6-8월 중순의 빈곤기이고, 두 번째는 2007년 11-12월 중순의 추수기이다. 각 계절에서 서로 연속되지 않은 두 개의 날짜에 대한 식생활 자료를 수집하였다. 숙련된 조사자들이 정량적인 24시간 회상기법을 사용하였다. 각 가정마다 가구의 식량 준비를 담당하는 사람이 지난 24시간 동안 가구에서 소비된 모든 식량을 기술하도록 하였다. 식량 목록이 기재된 후, 식사 상황별로 각각에 대하여 정성적으로 상술되었다. 가구가 소비한 각 식량의 양이 가구 척도, 가격, 또는 남은 음식을 고려한 표준적인 몫의 크기를 사용하여 추정되었다. 또한 각 계절의 두 회상 중 하나에 대해 가구 개인들이 집 밖에서 소비한 모든 음식을 정량적으로 기술하게 하였다. 이들 두 시기의 표본에 의해 연구자들은 가구 소비에 대하여 변화하는 식량가격의 영향을 알아낼 수 있었다(Becquey and Martin-Prevel, 2010). 가구조사는 복잡하며, 상세 내용은 결과의 정확도와 활용도에 매우 중요하다. 조사방법과 식량이 어떻게 범주화되었는지에 대해 더 자세한 내용은 Becquey et al.(2012; 2010; 2008)에 있다.

가구 식생활과 계절성

Becquey et al.(2012)의 분석 결과, 빈곤기의 높은 식량가격의 영향으로 가장 부유한 가구를 제외한 모든 가구에서 소비되는 식량의 양이 감소한 것이 확인되었다. 가격이 오르면 식량의 양과 질이 전반적으로 저하되지만, 식량보장은 식량가격, 성인의 경제적 의존과 가구 규모와 음의 관계가 있다. 교육, 가장의 사회 네트워크, 와가두구가 아닌 도시 지역에서 온 가구원의 존재는 모두 식량보장 결과와 양의 관계가 있다.

또 하나의 흥미로운 연구 결과는 큰 도시 지역인 와가두구에서 더 많은 가구들이 빈곤기 동안 인스턴트 음식에 의존하였다는 점이다. 이는 시장에서 산 땅콩소스와 쌀로 구성되며, 집에서 소비되었다. 빈곤기 동안 소비되는 채소는 가격과 전반적인 가용성 때문에 대체로 신선하지 않다. 푸른 잎과 양파는 지속적으로 가용할 수 있고 비싸지 않지만 다른 야채들은 추수 후 계절에 비해 빈곤기 동안 29% 비용이 더 든다. 그 외 다음과 같은 이유로 빈곤기 동안 집에서 준비한 식사 횟수가 줄어들었다.

- 강우 때문에 여성이 시장에 나가지 못함
- 가구, 부엌, 도로나 시장의 침수
- 식사 준비를 위해 사용되는 주 연료인 덜 자란 젖은 나무
- 도시 농업을 실행하는 사람들(샘플의 10%)의 경우 식사 준비 시간 부족(Becquey and martin-Prevel, 2010)

와가두구는 식량 소비에 대한 식량가격 계절성의 영향을 기록해 온 도시 지역 중의 하나이다. Hill-bruner and Egan(2008)은 방글라데시에서 날씨와 계절 식량가격이 가구 식량보장과 어린이의 영양 상태에 영향을 미치는 종류를 기록하였다. 그들은 건기에 비해 몬순기나 빈곤기 동안 지속적으로 높은 비율의 영양실조와 식량 불안정성이 나타난다는 것을 보여 주었다(Hillbruner and Egan, 2008). 감비아(Teokul et al., 1986; Tompkins et al., 1986)와 모잠비크의 도시 지역(Garrett and Ruel, 1999)에서 어린이의 영양실조 비율의 변화가 잘 나타난다. 말리의 바마코에서는 식량가격의 계절 변동으로 가족들이 하나의 식량 상품군에서 다른 것으로 옮겨 식생활의 에너지 균형을 맞추어 영양을 지키려 노력하였다(Camara, 2004). 여러 연구들이 농촌 지역에서 이런 영향에 초점을 두어 왔지만 그런 영향은 확연하지 않으며 도시 지역에서 일반적이다(Lavy et al., 1996). 이들 연구들은 식량비용과 함께 식량 가용성을 강우에 의한 질병의 증가와 질병의 만연, 비위생적 조건에 더해, 그 시기에 증가하는 영양실조와 식량 불안정성의 주체라고 비유하였다.

요약

이 장은 서아프리카에서 수행된 연구를 중심으로 식량가격의 계절성을 기록하는 데 초점을 두었다. 식량가격의 시계열이 설명되었고, 분석은 식량가격이 어떻게 계절적인지, 계절성의 있음직한 원인, 생육조건의 경년변동의 영향을 기술하였다. 가격 변동을 날씨와 식량가격의 경년 변동에 연계시킨 개념들이 제시되었다. 발생할 수 있는 생계와 식량보장에 대한 식량가격 변동의 영향에 초점을 맞춘 연구가 기술되었고, 장기간의 가격 변동의 영향도 논의되었다.

참고문헌

Aker, J., Klein, M. W., O'Connell, S. A. and Yang, M. (2010) Are borders barriers? The impact of international and internal ethnic borders on agricultural markets in West Africa. *CGD Working Paper 208*, Washington DC, Center for Global Development.

Alderman, H. and Shively, G. E. (1996) Economic reform and food prices: Evidence from markets in Ghana. *World Development*, 24, 521-534.

Alderman, H., Bouis, H. and Haddad, L. (1997) Aggregation, flexible forms, and estimation of food consumption parameters: Comment. *American Journal of Agricultural Economics*, 79, 267.

Asante, E., Brempong, A. and Bruce, P. A. (1989) Ghana grain marketing study. Accra Washington DC, Ghana Institute of Management and Public Administration and the World Bank.

Baffes, J. and Gardner, B. (2003) The transmission of world commodity prices to domestic markets under policy reforms in developing countries. *Policy Reform*, 6, 159-180.

Becker-Reshef, I., Justice, C., Sullivan, M., Vermote, E., Tucker, C. J., Anyamba, A., Small, J., Pak, E., Masuoka, E., Schmaltz, J., Hansen, M., Pittman, K., Birkett, C., Williams, D., Reynolds, C. and Doorn, B. (2010) Monitoring global croplands with coarse resolution earth observations: The global agriculture monitoring (GLAM) project. *Remote Sensing Journal*, 2, 1589-1609.

Becquey, E. and Martin-Prevel, Y. (2008) Mesure de la vulnérabilité alimentaire en milieu urbain Sahelien: Resultats de l'étude de Ouagadougou [Measurement of food insecurity in urban Sahel: Results from the study of Ouagadougou]. Ouagadougou, Burkina Faso, Le Comité permanent Inter états de Lutte contre la Sécheresse dans le Sahel (CILSS).

Becquey, E. and Martin-Prevel, Y. (2010) Micronutrient adequacy of women's diet in urban Burkina Faso is low. *Journal of Nutrition*, 140, 2079S-2085S.

Becquey, E., Delpeuch, F., Konaté, A. M., Delsol, H., Lange, M., Zoungrana, M. and Martin-Prevel, Y. (2012) Seasonality of the dietary dimension of household food security in urban Burkina Faso. *British Journal of Nutrition*, 107, 1860-1870.

Becquey, E., Martin-Prevel, Y., Traissac, P., Dembélé, B., Bambara, A. and Delpeuch, F. (2010) The household food insecurity access scale and an index-member dietary diversity score contribute valid and complementary information on household food insecurity in an urban West-African setting. *Journal of Nutrition*, 140, 2233-2240.

Brown, M. E., Hintermann, B. and Higgins, N. (2009) Markets, climate change and food security in West Africa. *Environmental Science and Technology*, 43, 8016-8020.

Brown, M. E., Pinzon, J. E. and Prince, S. D. (2006) The sensitivity of millet prices to vegetation dynamics in the informal markets of Mali, Burkina Faso and Niger. *Climatic Change*, 78, 181-202.

Brown, M. E., Pinzon, J. E. and Prince, S. D. (2008) Using satellite remote sensing data in a spatially explicit price model. *Land Economics*, 84, 340-357.

Brown, M. E., Silver, K. C. and Rajagopalan, K. (2013) A city and national metric measuring isolation from the global market for food security assessment. *Applied Geography*, 38, 119-128.

Brown, M. E., Tondel, F., Essam, T., Thorne, J. A., Mann, B. F., Leonard, K., Stabler, B. and Eilerts, G. (2012) Country and regional staple food price indices for improved identification of food insecurity. *Global Environmental Change*, 22, 784-794.

Bumb, B. L., Johnson, M. E. and Fuentes, P. A. (2012) Improving regional fertilizer markets in West Africa. *IFPRI Policy Brief 20*, Washington DC, International Food Price Research Institute.

Camara, O. (2004) The impact of financial changes in real incomes and relative food prices on households' consumption patterns in Bamako, Mali. Michigan MI, Michigan State University.

Cekan, J. (1992) Seasonal coping strategies in central Mali: Five villages during the "soudure." *Disasters*, 16, 66-73.

Chapoto, A. and Jayne, T. S. (2009) The impacts of trade barriers and market interventions on maize price predictability: Evidence from Eastern and Southern Africa. *Food Security International Development Working Papers*, East Lansing, MI, Michigan State University, Department of Agricultural, Food, and Resource Economics.

Chen, M. A. (1991) *Coping with seasonality and drought*, London, Sage Publications.

Chopak, C. (1999) Price analysis for early warning monitoring and reporting. Harare, Zimbabwe, FEWS.

Christensen, C. (2000) The new policy environment for food aid: The challenge of sub-Saharan Africa. *Food Policy*, 25, 255-268.

Cook, K. H. and Vizy, E. K. (2012) Projected changes in East African rainy seasons. *Journal of Climate*, 39, 2937-2945.

Cornia, G. A., Deotti, L. and Sassi, M. (2012) Food price volatility over the last decade in Niger and Malawi: Extent, sources and impact on child malnutrition. Rome, Italy, United Nations Development Programme.

Crews, D. E. and Silva, H. P. (1998) Seasonality and human adaptation: Current reviews and trends. *Reviews in Anthropology*, 27, 1-15.

Cutler, P. (1984) Food crisis detection: Going beyond the food balance sheet. *Food Policy*, 9, 189-192.

De Waal, A. (1988) Famine early warning systems and the use of socio-economic data. *Disasters*, 12, 81-91.

Deaton, A. and Laroque, G. (1992) On the behavior of commodity prices. *Review of Economic Studies*, 59, 1-23.

Deaton, A. and Laroque, G. (1996) Competitive storage and commodity price dynamics. *Journal of Political Economy*, 104, 896-923.

Devereux, S. (2012) Seasonal food crises and social protection. In Harriss-White, B. and Heyer, J. (Eds.) *The comparative political economy of development: Africa and South Asia*, Oxford, Routledge.

Devereux, S. and Longhurst, R. (2009) Seasonal neglect? Aseasonality in agricultural project design. *Seasonality Revisited*, Brighton, UK: Institute of Development Studies.

Devereux, S., Sabates-Wheeler, R. and Longhurst, R. (2011) *Seasonality, rural livelihoods and development*, Oxford, Routledge.

Devereux, S., Vaitla, B. and Swan, S. H. (2008) Seasons of hunger: Fighting cycles of starvation among the world's rural poor. *Hunger Watch Report 2009/Action Against Hunger*, London.

Ehrhart, H. and Guerineau, S. (2011) The impact of high and volatile commodity prices on public finances: Evidence from developing countries. Clermont, France, Centre d'Etudes et de Recherches sur le Developpement International.

Fafchamps, M. (2004) *Market institutions in sub-Saharan Africa: Theory and evidence*, Cambridge MA, MIT Press.

FAO (2013) FAO statistical database. Rome, Italy, United Nations Food and Agriculture Organization.

FEWS NET (2009) Markets, food security and early warning reporting. *FEWS NET Markets Guidance No. 6*, Washington DC, US Agency for International Development.

Fuller, D. O. (1998) Trends in NDVI time series and their relation to rangeland and crop production in Senegal. *International Journal of Remote Sensing*, 19, 2013-2018.

Funk, C. and Brown, M. E. (2009) Declining global per capital agricultural capacity and warming oceans threaten food security. *Food Security Journal*, 1, 271-289.

Funk, C. C. and Budde, M. E. (2009) Phenologically-tuned MODIS NDVI-based production anomaly estimates for Zimbabwe. *Remote Sensing of Environment*, 113, 115-125.

Garg, T., Barrett, C. B., Gómez, M. I., Lentz, E. C. and Violette, W. J. (2013) Market prices and food aid local and regional procurement and distribution: A multi-country analysis. *World Development*, 49, 19-29.

Garrett, J. L. and Ruel, M. (1999) Are determinants of rural and urban food security and nutritional status different? Some insights from Mozambique. *World Development*, 27, 1955-1975.

Glantz, M. (1990) Climate variability, climate change, and the development process in Sub-Saharan Africa. In Karpe, H. J., Otten, D. and Trinidade, S. C. (Eds.) *Climate and development*, Berlin, Springer-Verlag.

Haddad, L., Hoddinott, J. and Alderman, H. (1997) *Intrahousehold resource allocation in developing countries: Models, methods and policies*, Washington DC, IFPRI/JHU Press.

Handa, S. and Mlay, G. (2006) Food consumption patterns, seasonality and market access in Mozambique. *Development Southern Africa*, 23, 541-560.

Hazell, P. B. (2013) Options for African agriculture in an era of high food and energy prices. *Agricultural Economics*, 44, 19-27.

Heaps, C., Humphreys, S., Kemp-Benedict, E., Raskin, P. and Sokona, Y. (1999) Sustainable development in West Africa: Beginning the process, Boston MA, Stockholm Environment Institute.

Hillbruner, C. and Egan, R. (2008) Seasonality, household food security, and nutritional status in Dinajpur, Bangladesh. *Food and Nutrition Bulletin*, 29, 221-231.

Hoogmoed, W. B. and Klaij, M. C. (1990) Soil management for crop production in the West African Sahel. I. Soil and climate parameters. *Soil and Tillage Research*, 16, 85-103.

Husak, G. J., Funk, C. C., Michaelsen, J., Magadzire, T. and Goldsberry, K. P. (2013) Developing seasonal rainfall scenarios for food security early warning. *Theoretical and Applied Climatology*, 111, 1-12.

IAASTD (2008) *International assessment of agricultural knowledge, science and technology for development*, London, Island Press.

Iizumi, T., Sakuma, H., Yokozawa, M., Luo, J.-J., Challinor, A. J., Brown, M. E., Sakurai, G. and Yamagata, T. (2013) Prediction of seasonal climate-induced variations in global food production. *Nature Climate Change*,

3, 904-908.

IndexMundi (2012) Country ranking website, www.indexmundi.com.

Jarlan, L., Tourre, Y. M., Mougin, E., Phillippon, N. and Mazzega, P. (2005) Dominant patterns in AVHRR NDVI interannual variability over the Sahel and linkages with key climate signals (1982-2003). *Geophysical Research Letters*, 32, L04701.

Jayne, T. S. and Minot, N. (1989) Food security policy and the competitiveness of Sahelian agriculture: A summary of the "beyond Mindelo" seminar. Sahel, Club du Sahel.

Jennings, S. and Magrath, J. (2009) What happened to the seasons? Seasonality revisited. Oxford, Institute of Development Studies.

Justice, C. O., Dugdale, G., Townshend, J. R. G., Narracott, A. S. and Kumar, M. (1991) Synergism between NOAA-AVHRR and meteosat data for studying vegetation development in semi-arid West Africa. *International Journal of Remote Sensing*, 12, 1349-1368.

Kirsten, J. F. (2012) *The political economy of food price policy in South Africa*, Helsinki, Finland, United Nations University.

Klaij, M. C. and Hoogmoed, W. B. (1993) Soil management for crop production in the West African Sahel. Part 2. Emergence, establishment, and yield of pearl millet. *Soil and Tillage Research*, 25, 301-315.

Kshirsagar, V. (2012) An analysis of local food price dynamics in the developing world. Greenbelt MD, NASA Goddard Space Flight Center.

Kydd, J. G. (2009) A new institutional economic analysis of the state and agriculture in Sub-Saharan Africa. Washington DC, International Food Policy Reaserch Institute.

Lavy, V., Strauss, J., Thomas, D. and de Vreyer, P. (1996) Quality of health care, survival and health outcomes in Ghana. *Journal of Health Economics*, 15, 333-357.

Lutz, C., Van Tilburg, A. and Van Der Kamp, B. (1995) The process of short- and long-term price integration in the benin maize markets. *European Review of Agricultural Economics*, 22, 191-212.

Mishra, A., Hansen, J. W., Dingkuhn, M., Baron, C., Traoré, S. B., Ndiaye, O. and Ward, M. N. (2008) Sorghum yield prediction from seasonal rainfall forecasts in Burkina Faso. *Agricultural and Forestry Meteorology*, 148, 1798-1814.

Moore, N., Alagarswamy, G., Pijanowski, B., Thornton, P., Lofgren, B., Olson, J., Andresen, J., Yanda, P. and Qi, J. (2012) East African food security as influenced by future climate change and land use change at local to regional scales. *Climatic Change*, 110, 823-844.

Nicholson, S. (2005) On the question of the "recovery" of the rains in the West African Sahel. *Journal of Arid Environments*, 63, 615-641.

Nicholson, S. E., Tucker, C. J. and Ba, M. B. (1998) Desertification, drought and surface vegetation: An example from the West African Sahel. *Bulletin of the American Meteorological Society*, 79, 815-829.

Nin-Pratt, A., Johnson, M., Magalhaes, E., You, L., Diao, X. and Chamberlin, J. (2011) Yield gaps and potential agricultural growth in West and Central Africa. *Research Monograph 170*, Washington DC, International Food Policy Research Institute.

Pingali, P. L. and Heisey, P. W. (1999) Cereal crop productivity in developing countries: Past trends and future prospects. Mexico: International Maize and Wheat Improvement Center (CIMMYT).

Platteau, J.-P. (1996) Physical infrastructure as a constraint on agricultural growth: The case of Sub-Saharan Africa. *Oxford Development Studies*, 24, 189-219.

Prince, S. D., Justice, C. O. and Los, S. O. (1990) *Remote sensing of the Sahelian environment*, Brussels, Belgium, Technical Center for Agriculture and Rural Cooperation.

Rakotoarisoa, M. A., Iafrate, M. and Paschali, M. (2011) Why has Africa become a net food importer? Explaining Africa agricultural and food trade deficits. Rome, Italy, United Nations Food and Agriculture Organization.

Rojas, O. (2007) Operational maize yield development and validation based on remote sensing and agro-meteorological data in Kenya. *International Journal of Remote Sensing*, 28, 3775-3793.

Sahn, D. E. (1989) *Seasonal variability in third world agriculture*, Baltimore MD, Johns Hopkins Press.

Steffen, W., Sanderson, A., Tyson, P. D., Jäger, J., Matson, P. A., Moore III, B., Oldfield, F., Richardson, K., Schellnhuber, H. J., Turner II, B. L. and Wasson, R. J. (2012) *Global change and the earth system: A planet under pressure*, Berlin, Heidelberg, New York, Springer-Verlag.

Tadele, Z. and Assefa, K. (2012) Increasing food production in Africa by boosting the productivity of understudied crops. *Agronomy Journal*, 2, 240-283.

Teokul, W., Payne, P. and Dugdale, A. (1986) Seasonal variations in nutritional status in rural areas of developing countries: A review of the literature. *Food Nutrition Bulletin*, 8, 7-10.

Thomas, D., Lavy, V. and Strauss, J. (1992) Public policy and anthropometric standards in Cote d'Iviore. Washington DC, World Bank.

Tomek, W. G. and Myers, R. J. (1993) Empirical analysis of agricultural commodity prices: A viewpoint. *Review of Agricultural Economics*, 15, 181-202.

Tompkins, A., Dunn, D., Hayes, R. and Bradley, A. (1986) Seasonal variations in the nutritional status of urban Gambian children. *British Journal of Nutrition*, 56, 533-543.

Toulmin, C. (1986) Access to food, dry season strategies, and household size amongst the Bambara of Central Mali. *IDS Bulletin*, 17, 58-66.

Trostle, R., Marti, D., Rosen, S. and Westcott, P. (2011) Why have food commodity prices risen again? Washington DC, US Department of Agriculture Economic Research Service (ERS).

Tucker, C. J., Pinzon, J. E., Brown, M. E., Slayback, D., Pak, E. W., Mahoney, R., Vermote, E. and Saleous, N. (2005) An extended AVHRR 8-km NDVI data set compatible with MODIS and SPOT vegetation NDVI data. *International Journal of Remote Sensing*, 26, 4485-4498.

Venema, B. and van Eijk, J. (2004) Livelihood strategies compared: Private initiatives and collective efforts of Wolof women in Senegal. *African Studies*, 63, 51-71.

Von Braun, J. (2008) Rising food prices: What should be done? *IFPRI Policy Brief*, Washington DC, International Food Policy Research Institute.

Von Braun, J. and Tadesse, G. (2012) Global food price volatility and spikes: An overview of costs, causes, and solutions. Bonn, Germany, University of Bonn.

Vrieling, A., de Beurs, K. M. and Brown, M. E. (2011) Variability of African farming systems from phenological analysis of NDVI time series. *Climatic Change*, 109, 455-477.

Wu, F. and Guclu, H. (2013) Global maize trade and food security: Implications from a social network mode. *Risk Analysis*, 33, 2168-2178.

Zaal, F., Dietz, T., Brons, J., Van der Geest, K. and Ofori-Sarpong, E. (2004) Sahelian livelihoods on the rebound: A critical analysis of rainfall, drought index and yields in Sahelian agriculture. In Dietz, A. J., Ruben, R. and Verhagen, A. (Eds.) *The impact of climate change on drylands: With a focus on West Africa*, Dordrecht, Netherlands, Kluwer Academic Publishers.

Zant, W. (2013) How is the liberalization of food markets progressing? Market integration and transaction costs in subsistence economies. *World Bank Economic Review*, 27, 28-54.

제7장

현지 식량가격에 대한 기후 변동성의 영향 모델링

이 장의 목표

이 장에서는 환경의 계절성과 기후 변동성, 국제 가격 변동이 현지 식량가격에 미치는 다양한 영향을 설명할 수 있는 방안을 제시하고자 하였다. 모델을 사용하여 이 3가지 요소가 현지 식량가격에 미치는 영향을 확인할 수 있다면, 국제 가격과 원격탐사 정보를 수치화하여 각 시장에 상품을 어떻게 배치할 것인지를 결정하는 데 도움이 될 수 있다. 일부 시장에는 국제 가격이나 환경 관측으로 예측할 수 없는 가격이 형성되어 있다. 이 장에서는 국제 가격, 현지 날씨충격 또는 두 가지 모두에 영향을 받는 시장과 국가를 분류할 수 있는 경제틀과 모델 접근방법, 결과 등을 제시하였다. 마지막으로 현지 식량 접근성에 대한 날씨충격과 가격충격을 운영 모델에 통합하는 것의 잠재적 유용성에 대하여 간략히 논의하였다.

식량시장과 충격

이전 장에서 설명한 대로 기후 변동성과 식량가격 간의 관련성을 찾기 위해 식량 불안정을 인지하여 개선시키는 데 사용할 수 있는 도구로써 식량가격과 함께 생육기의 기후 변동성을 관측할 수 있는 모델을 개발해야 한다. 이 모델은 현지 혹은 멀리 떨어진 곳에서 발생하는 극한 현상이 가격에 영향을 미치는 경우와 그렇지 않은 경우를 모두 포함할 수 있어야 한다. 기상조건이 가용 식량의 양에 영향을 미치기 때문에 시장은 지역사회에서 현지 식량 부족을 대체하기 위해 다른 곳에서 식량을 구할 수 있는 기구이다. 외딴 지역의 소작농은 지원 서비스에 취약하고 과잉생산으로 생산자 가격이 하락하는 데 반하여 시장 진출을 위해서는 높은 비용이 든다(Chamberlin and Jayne, 2013). 시장 접근성의 문제가 생산 문제와 결합되면, 가구의 식량보장이 어려워진다.

일반적으로 식량가격은 실제 시장 상황을 반영하는 가장 좋은 단기 식량 가용성 지수이며, 식량 소비나 가구소득의 측정과 달리 쉽게 관찰할 수 있고 즉시 분석할 수 있다. 가격에는 거래자의 기대치와 보관 중인 식량의 양, 시장 기능에 영향을 미치는 관찰할 수 없는 요소 등이 포함된다. 단일시장 가격이 평소보다 훨씬 높을 때 관찰자는 그것이 단일시장에서 비정상적 조건이 반영된 단발적 충격에 의한 것인지 또는 주변에 널리 퍼진 문제로 보다 광범위한 위기를 반영한 결과인지 고민할 수 있다. 이런 질문에 답하기 위해 식량보장 분석가는 시장이 일반적으로 상호작용하는 방식과 일 년 중 그 시기의 일상적인 반응을 알아야 한다. 따라서 시장가격 변동을 이해하는 것이 식량보장 분석의 중요한 부분이다.

시장은 시·공간에 따라 복잡하고 계층적이며 서로 연결되어 있는 다양한 비공식적 기관이다(Barrett and Santos, 2013). 시장은 판매를 위한 장소에 물건을 가져오기 위해 함께 일하는 많은 개인들 간의 복잡한 관계를 통해 역할을 수행한다. 여기에는 개별 농장주, 지역사회, 공립 및 사립 기관과 트럭으로 농장을 방문하여 농부의 식량을 구매하는 상업 거래자 등이 포함된다. 그런 상업 거래자는 농장이나 소규모 시장의 개인으로부터 식량 곡물을 구입한 다음 그 곡물을 더 큰 시장으로 운송하기도 한다(Dorward et al., 2004). 시장이 활성화될 때, 가까운 두 시장 간의 동일한 재화의 가격 차이에는 거래가와 운송비만 반영된다(Ihle et al., 2011; Minot, 2011; Jayne and Rashid , 2010).

주변의 규모가 큰 시장 및 국제시장과의 가격 통합은 물자를 지역 안팎으로 이동할 수 있는 능력과 운송비용에 달렸다. 경쟁 시장에서 가격 통합은 거래비용을 초과하는 가격 차이를 이용하는 것을 목표로 하는 다른 시장 행위자와의 거래와 같은 차이 거래의 결과이다(Lutz et al., 1995). 한 시장가격이 날씨충격에 반응하지만 주변 시장의 가격이 변하지 않으면 그 시장은 다른 시장으로부터 고립될 수 있다. 다음과 같은 여러 요인 때문에 이런 통합이 잘 이루어지지 않을 수 있다.

- 시장이 공공 시장 보호나 알 수 없는 이유로 운송 시스템이 제대로 작동하지 않아 고립된다.
- 빈약한 시장 정보와 위험 회피 또는 무역장벽과 같은 효율적인 거래에 장애가 발생한다.
- 운송비용이 정당한 경우보다 시장 간 가격 차이를 야기할 수 있는 불충분한 자원(교통, 신용), 우선적 접근, 결탁 등으로 인하여 불완전한 경쟁이 발생한다(Lutz et al., 1995).

시장통합은 위기 상황에서 식량보장과 식량에 영향을 줄 수 있는 시장 문제를 진단하는 방법이다. 시장통합 측정은 시간에 따른 가격 동조화 분석이 포함되지만, 동일한 기간에 두 시장에서의 상품가격뿐만 아니라 두 지점 간의 거래비용과 거래 흐름에 대한 구체적인 시간 정보를 필요로 한다. 개발도상국에는 이런 정보가 거의 없으며, 일반적으로 통합 추정에 가격 정보만 사용된다. 가격 동조화는 기후로 인한 식량 생산 추세, 에너지 비용의 변화와 재화의 비용같이 국제 원자재 시장에서 두 시장 간 통합 수준과 관련이 없는 요인으로 인한 장기적 추세와 계절효과를 분리시킬 수 없다(Goletti and Christina-Tsigas, 1995). 마케팅 인프라와 정부 정책, 수요 차이, 공급 경로의 차이도 통합에 영향을 미칠 수 있는 요소이다(Chamberlin and Jayne, 2013).

각 시장에서 충격에 대한 반응은 철저한 분석과 상당한 시간에 걸친 관찰 결과를 분석하는 다양한 요인에 의해 결정된다(Masters et al., 2013). Chamberlin and Jayne(2013)은 지난 10년 동안 케냐에서 무역 네트워크의 확장은 전국에서 도로 등 운송로와 같은 기반시설이 확대된 것과 관련 있다고 판단하였다. 더 많은 곡물을 구입하기 위해 옥수수 상인들은 더 멀리 떨어진 마을까지 진출하는 것이 훨씬 더 광범위해졌지만, 이전보다 더 특이하고 상호의존적인 관찰 불가능한 개인적 관계도 형성되었다. 또한 옥수수 상인들은 물리적인 기반시설을 확장하지 않은 채로 멀리 떨어진 농촌에서 개인적으로 농산물의 수매와 판매를 위한 투자를 늘렸다. 이런 변화는 원격으로 관찰하기 어렵지만, 식량가격 분석으로 추측할 수 있으며, 특히 상인 이동이 제한되고 지나치게 시장성이 높은 곡물이 감소하는 심각한 외부 충격으로 인해 극적으로 변화하는 경우, 식량가격 분석으로 추론할 수 있다(Chamberlin and Jayne, 2013).

기후변화가 식량 생산에 미치는 영향에 대한 통합된 정보를 모델에 적용하면, 시장 간 연계의 이해에 도움이 된다. 날씨충격이 시장에 미치는 영향을 잘 이해하면, 고립된 시장과 기능을 다하지 못하는 시장에 대한 대응책을 개선할 수 있다. 상품화할 수 있는 시장 내 잉여 농산물과 가공되지 않은 농산물의 시장 행동의 차이가 시장 상호작용을 변화시키는 경향이 있다(Goletti and Christina-Tsigas, 1995). 생육조건 변화는 과거 잉여 생산 지역이 부족 지역으로 바뀔 수 있는 지점까지 단위면적당 생산능력에 영향을 미쳐 무역과 가격 차이에 영향을 미칠 수 있다(Essam, 2013). 도로 상태의 변화(홍수 또는 기타 요인으로 인한), 차량 연료비나 가용성, 국경통과 정책 변경, 정부 또는 비정부 기구가 설정한 도로 차단 등도 다른 종류의 공급 충격에 포함된다. 거래는 역동적이며 운송비에 따라 변동하고 상품 수요 변화에 의해 바뀐다(Shepherd, 2012).

농부의 행동에서 거래의 역할

한 국가에서 식량 자급이 줄어듦에 따라 국제 원자재 시장에 노출되어 대외 불균형이 확대된다(Moseley et al., 2010). 더 많은 농가가 시장에서 식량을 구입하므로 수입 곡물에 대한 수요가 증가한다. 근대화 없이는 국내 농업이 도시 수요를 따라갈 수 없다. 일반적으로 가뭄 시기에는 잉여 생산량이 있는 농촌을 포함하여 전국적으로 곡물 수요가 증가한다(Masters et al., 2013). 조곡 시장에 판매자로 참여하지 않는 가구도 있으며, 그들은 식량을 시장에 팔 필요가 없이 다른 수입원(고용 노동자 등)을 갖고 있다(Zant, 2013).

대부분 가구는 높은 거래비용 때문에 시장에 참여하지 못한다(Shami, 2012). 멀리 떨어져서 다른 지역과 잘 연결되지 않은 시장에서는 농부들이 거래를 위해 높은 비용이 들 수 있다. 운송 시스템 부족과 거리 또는 민족 차이나 계급 차이와 같은 장벽 등이 농가가 농산품을 시장에 유통하거나 판매가격을 결정하는 데 부정적 영향을 미칠 수 있다(Aker et al., 2010; De Janvry et al., 1991). 많은 농가가 유통에 참여하지 못하며 공급이 감소하고 기후 변동성에 대한 시장의 취약성이 더욱 커진다(Egbetokun and Omonona, 2012; Goetz, 1992).

시장에 참여하지 않는 농가는 가격 변동에 대한 노출을 줄이기 위해 자본과 노동, 식량의 자급자족을 모색하게 되고, 높은 거래비용이 거래시장의 변동성의 원인이자 결과로 나타난다. 거래가 드문 시장은 생산자와 소비자의 가격 차이를 높게 유지하여 시장 의존도를 최소화하려는 가구의 인센티브를 강화할 것이다(Tschirley and Weber, 1994; Kelly et al., 1996).

빈곤 완화와 경제성장을 위한 노력의 최전선에서 거래비용을 줄이고 시장 기능을 개선, 통합하려는 노력이 지속되고 있다(USAID, 2012). 높은 수준의 시장통합은 잘 작동하는 시장과 잉여 영역에서 부족에 이르기까지 원만한 유통과 정확한 가격 정보 전달 방법의 개선, 가격 변동성 감소와 정확한 정보에 근거하여 농산물 생산이 결정된다는 것을 의미한다(Zant, 2013). 반건조 농업 지역에서 기후재해와 식량 생산 감소가 나타날 가능성이 크므로 여전히 시장통합이 식량보장에서 핵심적이다(Rojas et al., 2011). 주요 식량을 위하여 잘 통합된 시장은 잠재적으로 기후와 관련된 피해를 줄이기 위한 기구를 만들어 잉여 지역에서 부족 지역으로 식량을 효율적으로 이동시킨다.

그러나 최근 연구에 따르면, 평년 수준의 시기나 풍년 시기에 잘 통합되어 기능을 잘 하는 시장도 흉년에는 전혀 기능하지 못할 수도 있다. 이는 식량 공급이 부족하고 해당 지역에 대한 수요가 있더라도 구매자의 구매력이 감소할 수 있기 때문이다. 그래서 거래자들은 충분한 구매자를 찾지 못할 수 있기 때문에 이 지역으로의 곡물 운송비 부담을 피할 수 있다. Zant(2013)는 말라위를 사례로 다음과 같이 설명하였다.

> 무역은 거의 수익성이 없으며, 대부분 평년과 풍년 시기에 가격이 유사하고 생산 비용이 비슷하다.… 식량 부족 기간에 전 세계는 더 큰 규모의 무역 인프라가 부족한 환경에서 서로 교역을 해야 하며, 많은 운송비를 지출하고 원거리 지역까지 빈번하게 비싼 운송비를 부담해야 한다.

이런 맥락에서 식량가격이 크게 상승하는 경향이 있으며 식량 공급이 어려워진다. 이런 시장 붕괴 가능성이 구호단체로부터 식량원조를 받는 일반적인 이유이다. 정상적인 유통을 통해 식량이 공급될 수 없다면, 위기 상황에서 식량 가용성이 심각하게 문제될 수 있다.

분석 결과는 날씨충격이 시장이나 광역의 식량가격에 미치는 영향을 잘 보여 준다. 이전 연구는 시장에서 가격충격 전이를 계산하기 위하여 여러 가지 접근법을 사용했지만, 이런 분석에서 종종 요구되는 공간적, 시간적으로 명시적인 정보가 부족하기 때문에 쉬운 방법이 아니다. Barrett(2008)은 공간에 따른 가격 전이에 대한 문헌을 요약하면서 다음과 같이 다소 비관적인 관점을 제시하였다.

> 제한된 자료, 특히 거래비용과 거래량에 대한 자료 부족과 기존 경험적 방법의 본질적인 한계를 감안할 때, 경제학자는 기업이나 정부 정책에 대한 가이드로써 공간 시장통합에 대하여 명확하고 강력한 판단을 내리기에는 경험적 토대가 취약하다.

이런 어려움을 고려할 때, 날씨에 따른 여파와 식량가격을 연결하는 성공적, 경험적 방법은 적은 표본에서 잘 작동하고 유연성을 가지며 공간적 가격 변동을 명시적으로 모델링하는 것이다(Kshirsagar, 2012).

식량가격 변동 모델링

현지 날씨와 생산 충격이 식량가격에 미치는 영향을 이해하기 위하여 현지 식량가격의 변화와 국제 가격 변화, 현지의 NDVI 변화 자료를 사용하여 현지 식량가격을 예측할 수 있는 모델을 사용할 수 있다. 여기서 Varun Kshirsagar와 공동으로 개발한 가격-NDVI 모델은 NDVI와 국제 가격을 입력하여 불안정한 식량시장에서 원자재의 시장가격을 예측하는 것이다. 이 모델은 저자와 공동 작업자가 수행한 기존 연구를 확장한 것으로 몇 가지 새로운 원리가 포함되어 있다. 특히 시장 주변의 위성 자료를 더 광범위하게 사용하고 있다(Brown et al., 2009; Brown et al., 2006; Brown et al., 2008).

성공적인 예측모델은 날씨충격과 같은 가격 변동의 주원인을 측정하고 정량화하는 능력을 키울 수 있다. 이전에는 현지 식량가격에 대한 날씨충격 등의 영향이 체계적으로 정량화되거나 조사되지 않았다. 여기에 제시된 새로운 접근 방법은 다음과 같다.

- NDVI 신호와 관련된 화소는 시장 주변의 현지뿐 아니라 해당 국가의 현지 농업 생육 상태와 일치함.
- 계절적 가격변동은 NDVI 편차와 함께 모델링될 수 있음.
- 표본 외의 가격을 예측하여 식량보장 조사의 지침으로 사용할 수 있음.

원격탐사와 최신 가격 정보를 사용하여 준 실시간으로 모델을 실행할 경우, 식량가격 변화를 식생 신호와 대규모 가뭄이 주변 시장에 미치는 영향을 이해하는 데 이용될 수 있다. 또한 이 접근법은 현지 식량가격의 계절적 변화를 이해하고 환경 변화와 글로벌 원자재 가격 변화에 대한 취약성 평가에 사용될 수 있다. 이 작업은 식량가격을 관찰하는 조기경보 기구에 예측요소를 제공할 수 있고, 가뭄이 특정 시장에서 생계에 미치는 영향에 대한 분석에서 필수적인 정성적 요소를 추가할 수 있다. 일반적으로 시장에서 원자재 가격을 관찰하는 시점과 식량가격을 관찰하는 시점 사이에 한 달 또는 그 이상 지체가 있을 수 있다. 그러므로 예측은 현재의 식량가격에 대한 정보를 제공하고, 향후 3–6개월 내에 식량보장 상황을 평가하는 데 초점을 맞춘 식량보장 전망에 반영될 수 있다.

실제 가격 "예측"은 제한적으로 사용되며, 미국 정부 지원의 FEWS NET과 같이 광역에서 영향력이 큰 조직에서 심각한 문제를 일으킬 수 있지만, 미래의 가격 동향을 파악하기 위한 예측은 인도주의 구호단체에 큰 도움이 될 수 있다. 현지 혹은 외딴 지역에서 관찰할 수 없는 날씨나 생산으로 인한 외부 영향으로 현지 가격이 상승에서 하락으로의 중대한 변화를 파악하는 데 큰 도움이 될 수 있다. 또한 어떤 모델이 관측된 기상이변의 영향을 받을 가능성이 있는 시장과 상품을 추정 할 수 있다면, 그런 현상이 생계에 미치는 영향에 대하여 더 정확한 분석을 할 수 있다. 이 모델의 목적은 되풀이 하여 사용할 수 있고 의사 결정자에게 정기적으로 제공할 수 있는 방법으로 특정 시장에 대해서 기상이변이 공간적으로 광범위한 지역에 미치는 영향을 정량적으로 평가하는 것이다.

식량가격 분석을 통하여 4개 대륙의 개발도상국에서 현지 식량가격 변동에 날씨충격이 미치는 영향을 확인할 수 있다. Brown et al.(2012)은 아프리카 사하라 이남의 현지 곡물시장은 세계 곡물가격의 영향을 크게 받지 않는 반면, 쌀 시장은 대체로 세계 쌀 가격의 변화에 영향을 받는다는 것을 보여 주었다. NDVI를 이용한 통합모델에서 179개 지점 중 87곳이 2003-2012년 기간 중 현지 기상이변의 영향을 받았다는 것을 보여 주었다. 이런 지역은 식량 공급망을 강화함으로써 많은 이익을 얻게 될 것이며, 개선된 결과를 토대로 기상이변으로 인한 불확실성을 완화하는 데 도움이 될 것이다(Kshirsagar, 2012).

가격-NDVI 모델의 개념적 구조

정보가 기능적으로 흐르고 효율적으로 저장할 수 있고 운송 인프라가 갖추어진 시장에서는 매달 식량가격의 변화가 주로 운송과 다른 유통가격의 차이를 반영한다. Hayek(1948)가 설명한 바와 같이, 시장가격은 역동적인 과정으로 조정된다. 상인과 중개인은 식량이 부족한 곳의 부족분과 이로 인한 현지 가격 상승을 예측한다. 결과적으로, 추가 식량 판매로 생긴 이익이 극대화되거나 수요가 충족될 때까지 식량이 남는 지역에서 더 많이 구매하고, 부족한 지역에서 더 많이 팔게 된다. 그러므로 날씨충격이 만성적인 식량 부족 시장에서 현지 가격에 일시적인 영향을 미칠 수 있지만, 거래자는 시장에서 가격 상승의 이점을 얻기 위해 상품을 이동시키므로 균형가격의 차이는 운송비의 차이를 반영한다. 결과적으로 식량이 부족한 지역의 현지 식량가격은 (만약 그 국가가 국제무역을 할 경우) 국제 가격, 생산자 가격, 관세와 기타 시장비용, 운송비 등에 의해 결정된다(Hayek, 1948).

이런 메커니즘이 어떻게 실패 할 수 있을까? Hayek의 "완벽한" 시장과 다른 가격을 형성하는 몇 개의 요인이 있을 수 있다. 가장 중요한 것은 임시적인 정부 정책이 거래자의 기대 수익률에 큰 불확실성 요인이라는 것이다. 이 요인은 Tschirley and Jayne(2010)이 주장했듯이 2008-2009년 남아프리카의 주요 식량 위기의 원인이 되었다. 둘째, 신용 제약과 신용 시장의 불완전성이 거래자가 차익거래 기회를 없앨 수 있는 기회를 방해한다(Kshirsagar, 2012).

Aker et al.(2010)은 서아프리카의 민족 차이가 국내시장 불완전성에 영향을 미치며, 이것의 일부는 민족 간 무역 마찰에 의한 것이라고 주장하였다. 거래 기회의 양과 지리적 범위의 변수가 클수록 무역업자에게 더 중요한 신용 제약이 생긴다. 거래자는 상품 유통에 대한 신용 부족으로 충분하게 상품을 구할 수 없다(특히 민족이 다른 지역으로 이동하는 경우).

날씨와 관련된 생산량도 상인들이 수익성 있게 상품을 운반하는 데 큰 차이를 만든다. Zant(2013)는 말라위의 옥수수 시장이 무역업자의 상품 유통 제약으로 생산량이 평균 혹은 그 이상인 기간과 평균 이하인 기간에 다르게 작동한다는 것을 보여 주었다. 생산 변동은 한 지역을 식량 잉여 지역에서 부족 지역으로 변화시켜 무역의 방향을 완전히 바꿀 수 있다. 거래비용이 시장가격의 주요 구성요소이므로, 특히 카바사, 기장 또는 얌과 같이 생산비가 낮은 저부가가치 주곡의 경우 운송이나 거래비용이 불완전하거나 누락되면 가격 분석 결과가 크게 달라지고 부정확한 결론을 내릴 수 있다(McNew and Fackler, 1997; Baulch, 1997). 일반적으로 개발도상국에서 유통이나 운송비용에 대한 완벽한 자료가 부족하다. 또한 범죄와 내전으로 거래 비용이 크게 증가할 수도 있다(Turner, 1999).

그림 7.1은 식량 부족 지역에서 현지 식량가격을 구성하는 필수요소를 보여 준다. 일반적으로 현지 식량가격은 현지 식량 공급 충격에 의해 결정되는 것이 아니라 현지 소비자가 다른 곳에서 수입된 식량을 살 수 있는 가격의 변화에 의해 결정된다. 이런 "현지 수입가격"의 변화는 범죄와 사회불안, 연료가격, 식량원조, 정부 특별 정책, 국가나 현지의 식량 공급 충격 때 국제 가격이 포함된 운송비용 등에 의해 결정된다.

식량 과잉 생산 지역에서 긍정적인 공급 충격(예: 유리한 강수 조건)이 현지 가격에 영향을 미칠까? 어떤 식량 공급업체도 구입한 상품 가격보다 낮은 가격에 공급하지 않는다. 그러므로 현지 수출가격은 하한 가격을 의미한다. 그러나 고립된 시장의 경우 현지 수출가격이 상당히 낮을 수 있다. 이런 시장에서 현지 공급 충격은 현지 가격에 영향을 미칠 것이고 영향 범위는 일부 무역비용에 달려 있다. 그림 7.2는 고립된 식량 잉여 지역에서 식량가격 형성요소를 보여 준다. 어떤 날씨충격이 현지 가격에 미치는 영향은 현지 공급곡선 변화의 크기뿐만 아니라 현지 수요와 공급의 상대적 탄력성에 달려 있다. 공급이 완전히 비탄력적인 경우, 좋은 기상조건일 때 가격이 급격히 떨어질 것이다. 이것은 대부분 농부들이 같은 작물을 재배하고 현지 시장을 벗어나는 유통이 제한적인 지역에서 더욱 잘 나타난다. 대

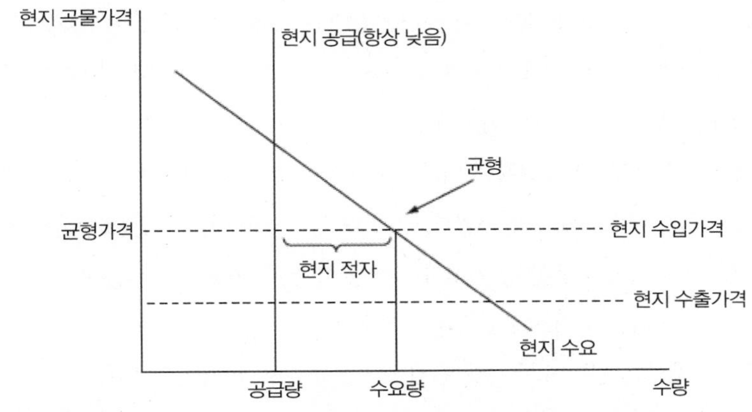

그림 7.1 식량 부족 시장(비탄력 공급 곡선)에서 현지 공급충격이 현지 균형가격을 결정하지 않는다(출처: Kshirsagar, 2012).

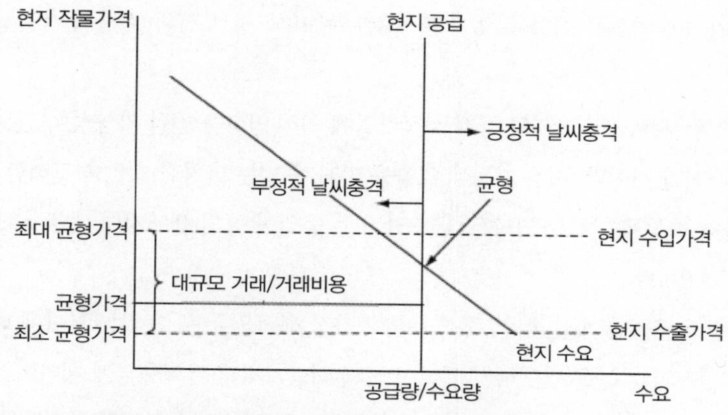

그림 7.2 고립된 식량 잉여 시장에서 현지 공급충격이 균형가격을 결정한다(출처: Kshirsagar, 2012).

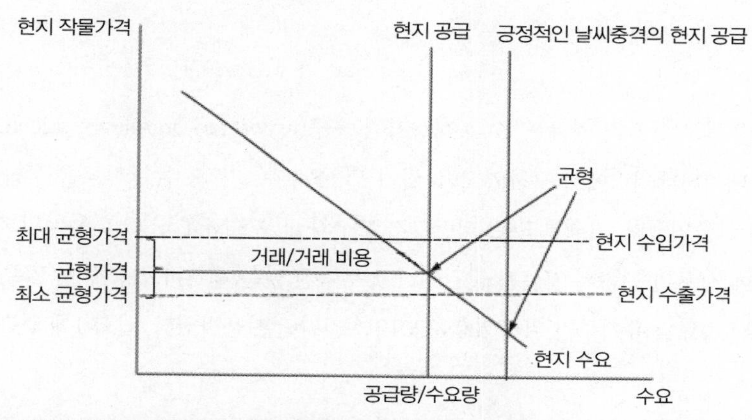

그림 7.3 현지 공급 충격은 연결된 식량 잉여 시장에서 균형가격을 일부 결정한다(출처: Kshirsagar, 2012).

규모의 수확시기에 곡물 저장 능력은 대규모 현지 잉여의 불리한 조건을 완화시켜 준다(Shepherd, 2012; Jones et al., 2011).

그림 7.3은 효율적인 교통망을 갖춘 도시 지역과 연결된 식량 잉여 지역의 식량가격 형성에 필수적인 요소를 보여 준다. 현지 공급에 대한 충격이 현지 가격에 영향을 미치지만, 이런 영향의 크기는 크지 않으며 현지에서 결정되는 무역 비용에 달려 있다. 이런 시장에서 국제 식량가격과 국내 연료 가격의 상승은 현지 가격에 상반된 영향을 미친다. 국제 식량가격의 상승은 현지 수출가격을 상승시키고, 국내 연료가격의 상승은 현지 수출가격을 낮추는 역할을 한다. 순 효과는 시장과의 접근성과 인프라의 가용성, 품질 등에 따라 달라진다.

만성적 식량 부족 지역의 경우, 현지 날씨충격과 식량가격 간의 유의성을 찾지는 못할 것이다. 국제

시장가격은 현지 가격에 영향을 미칠 수 있지만, 이는 운송비와 정부 정책, 시장의 적절성 여부에 달려 있다.

기본적인 경제적 추론은 현지 날씨와 국제 시장가격에 의해 영향을 받을 가능성이 있는 위치 특성과 관련지어 지침을 제시할 것이다. 시장 기능에 영향을 미칠 수 있는 다양한 요인을 고려할 때, 날씨와 외부 충격이 현지 가격 형성에 미치는 영향은 국가 간 또는 동일한 농업 생태지대 내에서도 지역 간에 상당한 차이가 있을 수 있다.

이 모델은 마케팅과 공급망 개선, 식량 원조 등으로 가장 혜택을 누릴 수 있는 분야에 대한 유용한 지침을 찾기 위한 식량시장 기능을 연구하기 위하여 국제 식량가격과 날씨충격에 대하여 명시적인 공간 정보를 사용한다. 이 모델은 기후 변동성이 식량 시장가격과 기능에 어떻게 영향을 미치는지, 국제 가격이 이런 영향을 어떻게 감소시키거나 악화시키는지를 평가한다.

자료

이 모델에 사용된 식량가격 자료는 FAO 식량가격 도구(www.fao.org/giews/pricetool)와 FEWS NET 식량가격 데이터베이스에서 구하였으며, 쌀과 밀, 옥수수, 기장, 수수 자료를 포함하고, 36개국 124개 지역에서 산출되었다. 가격은 FAO 식량가격 도구와 FEWS NET 및 그 회원국의 가격 자료에서 구하였다. 여기에 사용된 연속된 자료는 불완전하고 누락된 달은 제거하고, 가능한 많은 지역에서 비교 가능한 연속된 자료를 유지하기 위해 2008–2012년 기간만 사용하였다. 삽화 1에 연속성이 있는 지역을 나타내었다.

분석에 사용된 식생지수는 2003년부터 2013년까지 NASA MODIS(Moderate resolution Imaging Spectroradiometer) Aqua NDVI의 월 자료이다(Huete et al., 2002). 사용된 자료는 공간 해상도 0.05°인 MODIS 기후모델격자(Climate Model Grid)의 월별 자료이다. NDVI 결과물과 MODIS 센서 자료에 대한 자세한 정보는 Huete et al.(2002)에서 확인할 수 있다. 이 자료는 가뭄의 영향이나 비정상적으로 적은 강우량 또는 고온으로 인한 수분 조건을 정량화한 화소별로 월별 편차를 찾는 데 사용되었다. 모든 식생 자료는 실제 식생 건강 상태와 관련되지 않을 수 있는 구름, 대기 중의 먼지와 기타 에어로졸, 비정상적인 토양 수분 조건, 그 밖의 다른 현상에 의해 불확실성이 존재한다. 그러므로 10% 이하의 편차는 사용하지 않았다. 분석에서 비농업 지역의 영향을 제거하기 위해, NASA MODIS 토지피복 자료를 사용하여 숲, 물, 사막 또는 도시 지역을 식별하고 이런 화소를 분류하였다(Friedl et al., 2002).

경험적 방법

여기에 제시된 모델은 Harvey(1989)에 의해 경제학에서 일반화된 현지 가격 변동성을 수학적으로 모델링하기 위한 상태 공간 접근방법을 사용하였으며, 다음과 같은 이점이 있다.

- 적은 표본에서 잘 처리되고(Harvey, 1989) 원격탐사 자료를 쉽게 통합할 수 있는 시계열 접근방법이 사용된다(Shumway and Stoffer, 2010).
- 위험 초기단계의 지역사회에 중요한 가격 변동을 명시적으로 모델링한다.
- 가격의 자기회귀 특성을 모델화하기 때문에 정상성을 가정하지 않는다(Harvey, 1989).
- 추정 절차가 칼만 필터를 사용하여 변동 과정을 모델링하므로 1개월 또는 몇 개월 앞당겨 자연스럽게 예측이 이어진다.
- 추세, 계절 및 추세 구성요소로 가격을 해석함으로써 분석가가 잡음이 많은 시계열보다 적절한 해석을 할 수 있고 환경 변동과 관련시킬 수 있다(Brown et al., 2008; Cornia et al., 2012).

생육시기와 동일한 시간 규모의 변동을 갖는 구성요소로 자료를 구별함으로써 작물 생산과 가장 관련이 있는 계절별 구성요소를 분리할 수 있다. 그림 7.4는 케냐 나이로비에서 가격과 이 연구에서 사용

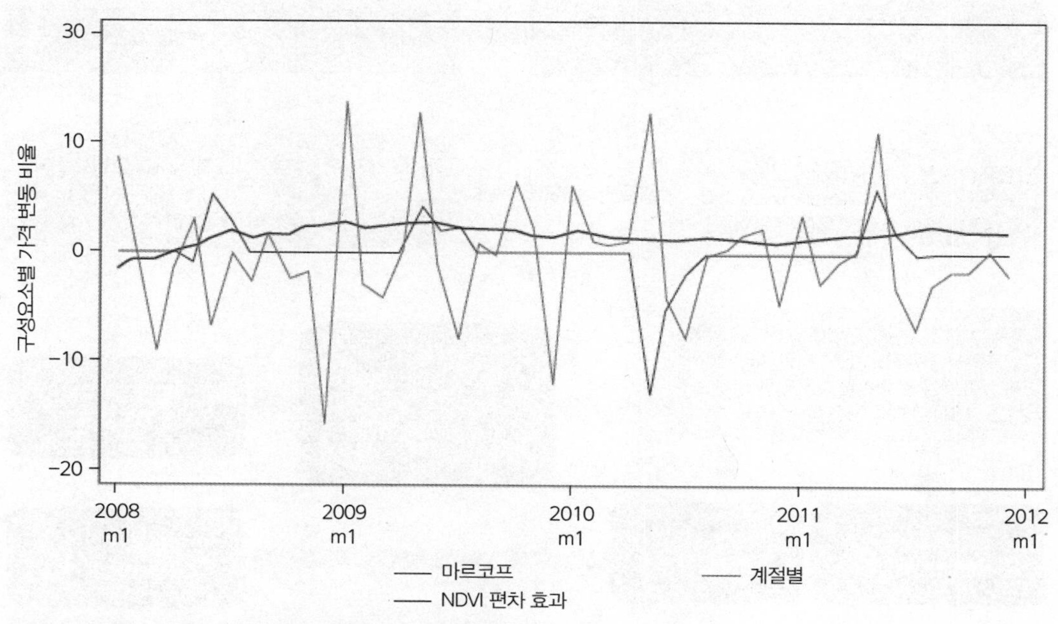

그림 7.4 케냐 나이로비의 계절별 및 마르코프 가격 구성과 NDVI 편차

된 3가지 구성요소의 변동을 보여 준다. 마르코프 추세와 계절 구성요소는 NDVI의 편차 정보와 연결되어 분석과 함께 날씨충격에 대한 정보를 수집하는 데 이용되었다.

계절 변동과 가뭄이 가격에 미치는 영향을 설명하기 위해 인공위성에서 얻은 식생 정보를 활용하여(Deaton and Laroque, 1992; Brown et al., 2008), 계절성과 자기회귀 과정, 추세(해당되는 경우)를 통합하여 현지 가격 변동을 추정한다. 또한 이 시스템에 충격과 같은 외부 변수를 포함하였다(Harvey, 1989). 자기회귀 모델 과정에는 시간 변동 오류가 있다. 두 가지 외부 변수–관련된 원자재의 국제 가격과 정규식생지수 편차–의 영향을 추정하였다. 이런 편차는 10년간의 월 평균값 중 상위 50% 이상에 해당하는 달에 대해서만 계산하였다. 이를 통해 현지 식량가격에 영향을 미칠 수 있는 몇 달 동안의 편차에 대한 영향을 제한할 수 있다. 각각 3개월의 시간 지체가 있으며, 각 요인별 총영향은 계수를 합하여 산출하였다.

변동 시스템으로 충격과 같은 세계의 가격 변동과 날씨 편차를 명확하게 측정함으로써, 외부 충격과 동시에 가격이 변하는 가능성을 감소시킬 수 있다. 예를 들어, 계절성을 명확하게 모델링함으로써 추정된 국제 가격 상승 영향이 계절적 이동을 잘 반영한다(그림 7.5).

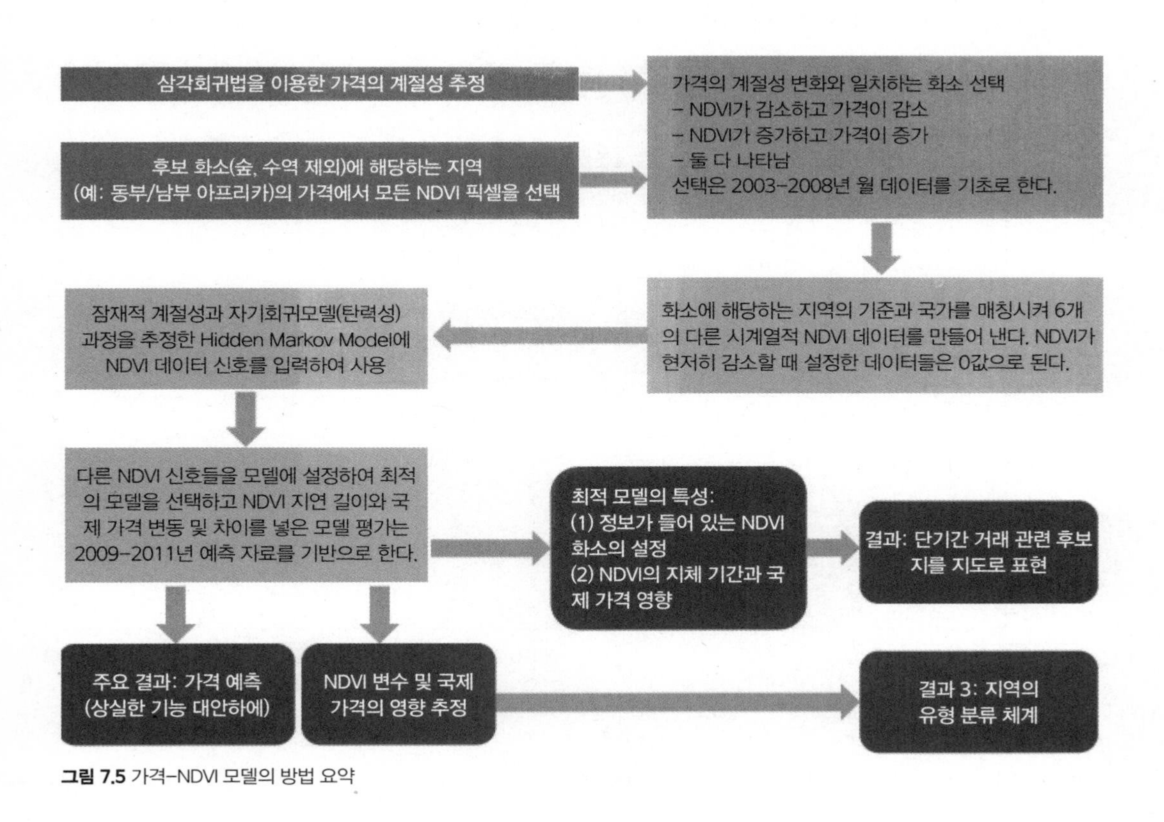

그림 7.5 가격–NDVI 모델의 방법 요약

다른 접근방법과 같이 공통적인 단점은 운송비를 측정할 수 없다는 것이다. 운송비는 고정비와 비례 운송비로 가정하거나 무시할 수 있다. 조사된 국가에서 운송비가 명확히 고정되어 있지 않아서 후자를 선택하였다. 향후 연구에서는 거리와 현지 연료 가격에 대한 추가 자료를 사용하여 운송비를 측정하고 그 방법론에 운송비와 비선형성을 함께 고려하고자 한다.

이 모델은 특정 모델에 대한 식량가격 변동과 가장 관련 있는 NDVI 시계열을 추정하기 위하여 NDVI와 함께 식량가격의 계절성을 사용하였다. 한 국가의 농업 지역의 NDVI 화소를 평균하고, 식량가격에 날씨충격을 포함할 수 있는 자료를 생성하기 위하여 사용하였다. 그다음, 모델이 계절성과 자기회귀 모델의 기울기를 추정하였다. 다음 서로 다른 NDVI 신호와 지체 기간, 입력변수로 다중 모델을 개발하고, 알고리즘은 회귀 통계로 최적 모델을 선택한다. 최적 모델은 3년(2009-2011년) 기간에 표본 밖의 경우에도 가장 좋은 모델이다. 한 지역의 최적 모델은 다음의 몇 가지 기준에 따라 다른 지역의 최적 모델과 차이가 있을 수 있다.

- 관련된 화소는 한 국가 내부 또는 다른 국가의 화소일 수 있다. 화소는 시장 규모와 거래의 다양성에 따라 시장 위치에서 가깝거나 멀어질 수 있다.
- 최적 모델은 잠재적으로 세계 가격을 설명변수로 포함할 수도 있고, 포함하지 않을 수도 있다.
- NDVI의 편차와 세계 가격의 지체 기간이 다를 수 있다.
- 수분 부족의 지속성과 지난 몇 년간의 가격 탄력성이 당해 연도 추정치에 포함될 수 있다.

이런 모델은 가격 변동과 현재 이용할 수 없는 날씨충격 사이의 관계와 장소에 대한 추가 정보를 제공하였다. 그다음, 이 모델로 2009-2011년의 가격 예측과 측정된 가격 변동과 관련된 NDVI 지도를 포함한 여러 가지 결과를 얻었다.

가격 변동과 상관관계가 있는 NDVI 시계열 지도

식량가격 변화 평가에서 NDVI 시계열 자료를 이용하려면, NDVI의 출처에 관한 의문이 발생할 수 있다. 각 시장은 수확 후 쉽게 바뀔 수 있는 다양한 수출 장소에서 화소 값을 얻을 수 있다. 어떤 지역은 과잉 곡물과 거래자의 관계처럼, 지역과 연간 생산량에 따라 연결성이 없어지거나 활성화될 수 있다. 저자는 가격 계절성과 NDVI 편차 사이의 관계를 보여 주는 지도를 통하여 특정 원자재와 시장을 위해서 식량가격의 변화와 관련되는 지역을 표현하였다. 그 후 현지 식량가격과 가장 관련 있는 NDVI 화소 지도를 만들 수 있다. 이를 통하여 식량이 어디에서 왔는지를 정확하게 파악할 수는 없지만, 각 시장 주변의 NDVI 값만 사용하는 경우보다 좋은 결과를 얻을 수 있다. 동아프리카와 남아프리카와 같은 일부 지역에서는 국경 간 곡물 무역이 활발하다.

삽화 18은 2003−2008년 동안 차드 은자메나에서 옥수수 가격과 가장 관련이 있는 서아프리카의 지역을 표현한 것이다. 은자메나에서 옥수수 가격의 계절성은 수단과 가장 관련이 크다. 이 지역의 NDVI 값은 강수량과 상관관계가 높고 강수량은 위도대에 따라 비슷할 수 있으므로(Nicholson et al., 1998), 대상의 화소 값을 예상할 수 있다. 그러므로 삽화 18에 표시된 화소는 수출 지대의 생육조건과 다른 화소들 간에 상관관계가 높다.

삽화 19는 차드의 FEWS NET 시장과 무역 흐름을 보여 준다. 지도는 식량보장에 중요한 시장 네트워크에 대한 경험에 근거한 지식을 보여 주며, 다른 FEWS NET 관계자, 지방정부 부서, 시장 정보 시스템, 비정부 기구, 네트워크와 민간 부문 파트너와 협력하여 USGS가 작성하였다. 전문가와 현지 거래자 대상의 면담 결과가 지도화되었으며, 평년 해의 정상적 거래 패턴을 보여 준다. 이 지도는 고정된 시기를 대상으로 하고 있어서 거래의 계절 영향이나 특정 해의 차이를 보여 주지 않는다. 간혹 식량가격 급등이 평년 수준인 해에 발생하기 때문에 이런 흐름은 극한 현상의 영향을 평가하는 데 유용하지 않다. 지도는 디지털 방식으로 제공되지 않아 쉽게 정량화시킬 수 없고 모델에서 관련 자료를 이용할 수 없다. 일반적으로 거래가 어떻게 이동하는지에 대한 지침으로만 사용할 수 있다. 이런 특성은 모델 개발에서 지도의 유용성을 감소시키지만 정량적으로 평가된 지도와의 비교를 위해 사용할 수 있다.

은자메나의 옥수수 가격 관련 지도에서 강조되는 화소는 볼(Bol) 지역의 수출 지대 위치와 대략 일치하지만 훨씬 더 광범위하다. 이는 볼 수출 지대의 화소와 국가를 둘러싼 다른 지역 사이의 NDVI 특성이 비슷하기 때문에 발생할 수 있는 특징이다. 반면에 FEWS NET 지도에는 차드 외곽 지역이 포함되어 있지 않아서 실제로는 옥수수가 다른 지역에서 은자메나로 수송될 수도 있다.

삽화 20은 모잠비크 남풀라(Nampula)의 옥수수 가격과 관련된 화소가 은자메나의 경우보다 훨씬 광범위하다는 것을 보여 준다. 모잠비크는 FEWS NET의 무역 흐름도(삽화 21)에서처럼 거의 전국에 걸친 광범위한 옥수수 수출 지대뿐만 아니라 지역 무역 네트워크가 잘 발달되었다. 그러므로 남풀라로 옥수수를 공급하는 지역은 모잠비크 이외의 지역뿐만 아니라 시장의 북쪽과 남쪽까지 광범위하게 강조되어 표시되었으며, 이 분석에서 짐바브웨는 제외되었다. FEWS NET 지도에서 경미한 부족 지대로 표현한 카오라바사호(Lake Cahora Basa) 남쪽의 조밀한 군집을 포함하는 NDVI 화소와 관련된 위치는 쇼퀘(Chokwe)가 있는 국토의 남부와 동아프리카 지구대 호수 근처의 탄자니아 북부 지역이다. 이 지도는 FEWS NET 시스템에 포함된 NDVI 화소를 표현한 강수량과 식량 생산량이 부족할 때 무역량 변화를 이해하는 데 유용할 수 있다.

모델 예측의 비교

한 국가에서 농업 지역의 NDVI 편차가 주요 시장의 가격 예측을 개선하기 위한 모델에 유용하다는 것을 보여 주기 위하여, 2003–2008년 동안의 현지 옥수수 가격을 사용한 특정 모델로 예측 값을 비교하고, 2009–2012년간 가격 자료를 사용하여 결과를 평가하였다. 이 모델은 모든 자료에 대하여 적용되었지만, 표 7.1에는 아프리카 11개 식량 불안정 국가의 42개 시장에서 옥수수와 기장 가격 예측 결과만 제시하였다. 이 분석에서 전월(또는 마르코프) 기반 가격 예측만 포함하는 "단순(naïve)" 모델이 다른 3가지 모델과 비교되었다.

- 전월 또는 마르코프 모델 가격 단독 분석
- 전월과 계절성
- 전월과 계절성과 NDVI 추정치
- 전월과 계절성과 NDVI 추정치와 국제 가격

모델에 더 많은 변수를 추가하면, 가격 변동성을 더 잘 파악할 수 있고 이런 요소들이 중요한 시장에서 오차가 낮아질 것이라 예상된다. 표 7.1에서 2009–2012년 동안 각 모델과 실제 가격을 비교하여 가장 낮은 비율평균 제곱근 오차(RMSPE; Root Mean Square Percent Error)를 음영으로 강조하였다. 이것이 시장에서 관측된 변동성을 가장 잘 표현 할 수 있는 모델을 보여 준다(Kshirsagar, 2013).

42개 시장 중 7개 시장은 마르코프 모델 기반 예측만으로 가격 변동을 잘 표현할 수 있고 평균 제곱근 오차 값이 가장 작다. 21개 시장에서 마르코프 모델에 계절성 모델을 추가하여 예측을 개선할 수 있다. 일부 시장에서는 이와 같이 개선된 예측이 중요하지 않지만 그 외 지역에서 예측 가격과 실제 가격 간의 비율평균 제곱근 오차가 2~4% 감소하였다. 제6장에서 논의된 바와 같이, 계절성은 식량보장이 문제가 되고 현지 시장 기능이 발달하지 않은 대부분 지역에서 현지 식량 생산뿐만 아니라 식량가격 결정에 중요한 요소이다. 그러므로 이 분석에서 증명된 마르코프 모델에 계절 요소를 추가하는 것은 가격 모델링 접근법에서 계절성 정보가 중요하다는 것을 보여 준다.

NDVI 정보를 추가했을 때, 탄자니아 음베야(Mbeya)와 아루샤(Arusha), 케냐 가리사(Garissa)와 차드 은자메나 등 4개의 시장에서 가격 예측 결과가 개선되었다. 이런 지역은 국제 시장과 국제 시장가격이 영향을 미치는 지역 무역센터에서 멀리 떨어져 있다. NDVI와 국제 시장가격이 함께 포함될 경우, 추가된 10개의 시장에서 가격을 예측하는 것이 향상되었다. 이런 예측의 일부는 단순(naïve) 마르코프 모델에 비해 크게 개선되어 오차가 24%에서 16%로 감소하였다.

운영 프레임에 실제 예측 값을 제공하는 것에 초점을 맞춘 모델로 가격을 예측할 수 있는 해와 그렇지 않은 해에 대해서 또는 표본을 벗어난 가격에 대해서는 모델을 실행하지 않았으므로, 이 평가에서 설정된 기준은 매우 엄격하다. 이 결과는 시장에 유입되는 곡물 재배지역의 생육조건과 국제 가격 간의 중요한 상호작용에 대한 판단력을 높여 준다. 현지 생육조건과 무역업자가 국제시장에서 추가 곡물에 접근할 수 있는 능력이 현지 식량가격에 영향을 미친다. 그러므로 식량가격에 대한 현지 생육기간의 영향을 결정할 때, 비교할 수 있는 곡물의 국제 가격을 고려하는 것이 중요하다. 운송 가용성과 비용에 대한 정보가 없고 국제시장과 현지의 연결성이 알려져 있지 않은 지역에서는 특히 이런 판단이 중요하다(Kshirsagar, 2012).

충격에 대한 현지 시장의 반응

앞서 제시된 모델링 프레임을 바탕으로 가뭄과 기타 날씨충격이 식량가격에 미치는 영향 등을 고려하여 시장을 분류할 수 있다. 일부 시장은 다른 시장에서 조달된 식량보다 현지에서 생산된 식량을 더 많이 보유하고 있으며, 정량화하기 어려운 운송비와 거래비용이 모든 시장마다 다르다. 이런 특성은 식량보장을 감시하는 FEWS NET과 기타 기관에서 정기적으로 수행하는 식량보장에 미치는 식량가격 변동성의 영향에 관한 정성적 평가를 위해서 중요하다. 생산 감소를 유발하지 않는 현지 날씨도 식량가격에 영향을 미칠 수 있다. 무역량, 비공식 거래비용과 기타 관측되지 않는 시간에 따라 다양한 시장의 이질성과 같은 특정 시장 수준의 요인에 대한 자료가 부족할 경우, 충격에 의한 식량가격의 변화 가능성이나 영향을 평가하는 식량보장 분석가의 능력이 떨어지게 된다. 그러므로 정량적 모델에서 국제 식량가격과 더불어 관측 가능한 기상정보를 이용하면, 관련 기관들이 식량보장이 우려되는 지역의 식량가격 변화를 더욱 잘 추정할 수 있다.

한 국가나 한 지역에서 날씨충격이 미치는 영향은 무엇인가? 이 문제에 대해 알아보기 위해서 30년 동안 시량가격이 조사된 시장이 많은 니제르를 사례로 선정하였다. Essam(2013)의 연구에 의하면, 니제르에서 기장을 많이 생산하는 지역에 있는 기장시장이 비교적 생산량이 적은 주변 지역의 시장가격을 선도하는 경향이 있다. 그러나 이런 관계의 시계열 특성은 다양하며, 최근 니제르에서는 전반적으로 시장통합이 개선되는 추세이다. Essam이 수행한 상관분석에 따르면, 날씨와 관련된 생산충격이 발생한 후 수년 동안의 시장가격은 생산이 많았던 해보다 더 밀접하게 변동하는 경향이 있다. 실시간으로 사용하기 어려운 교역 네트워크와 거래비용에 대한 중요한 정보 없이는 시장 간 연결성 분석이 어려우며, 이런 결론은 시장 간 공간적 관계 분석을 통해서만 가능하다(Essam, 2013).

이 후자의 결론을 더 자세히 조사하기 위해 Essam은 NDVI에 의해 측정된 외부 날씨충격이 시장 간 가격 전파에 미치는 영향을 분석하는 가격분산 모델로 추정하였다. 이 가격분산 모델 결과에 의하면 음(양)의 NDVI 충격은 가격 분산을 감소(증가)시켰다. 음의 NDVI 충격인 시장의 비율로 NDVI 충격 범위가 확장됨에 따라, 절대 가격분산은 기장 1kg당 6~10 CFA 감소하였다(Essam, 2013). 이런 결과는 단면과 시간적 종속성의 일반적인 형태를 설명하기 위해 표준 오차를 조정하여, 표준 고정 효과 모델과 동적 조정 요인을 포함하는 모델 설계 모두에서 신뢰성을 높였다.

지역의 30년이 넘는 역사적 가격 자료에 대한 계량 경제적 분석에 의하면, 가격이 측정된 시장에서 풍년에는 인근 시장가격의 지체효과의 감소가 증명된 바와 같이, 양의 NDVI는 통합되지 않은 시장과 관련되어 있다. 모델 적합기준을 사용한 Essam의 연구에 따르면, 인근 시장으로부터 지체된 가격대와 상호작용하는 특정 레짐 변수를 포함시킴으로써, 기본 곡물시장 수행 모델의 적합성을 전반적으로 개선할 수 있다. 레짐 변수는 과거 모델에 사용할 수 없었던 정보를 제공하며, 그 지역에서 기장의 작황을 제공하는 NDVI 편차에 기반을 둔다.

또한 Essam은 자신의 기장 가격 예측 모델에 포함하여 미래 가격 레짐을 예측하기 위하여 NDVI 편차의 성능을 평가하는 확률 모델을 사용하였다. 그 결과, 5–7월의 NDVI 편차는 미래 가격 레짐을 정확하게 예측하는 능력이 떨어졌다. 그러나 생육기간이 시작되기 전의 기상조건과 노화된 식물의 양을 파악할 수 있는 이전 달(3월과 4월)의 NDVI 편차를 추가함으로써 가격 레짐을 예측하는 것이 크게 개선되었다. 이는 특정 해의 식량에 전년도 수분 조건이 중요하기 때문일 것이다. NDVI는 넓은 지역의 토양 수분의 차이뿐만 아니라 농작물 잔유물과 다른 노화한 초목의 바이오매스 변화를 나타낼 수 있다(McNally et al., 2013).

이 모델은 평균적으로 흉년에 시장이 잘 통합되고, 풍년에 시장이 통합되지 않은 것처럼 보이는데, 이때 통합은 인근 시장으로부터의 가격전이 정도로 측정된다. 시장통합은 현지 식량보장에 대한 국제가격뿐만 아니라 현지 날씨충격의 영향을 추정하는 데 중요한 척도이다(Essam, 2013). 서로 다른 충격에 대한 반응으로 시장 특성을 추론할 수 있다.

표 7.1 옥수수에 대한 가격-NDVI 모델 결과. 강조된 RMSPE는 최저 오차와 최적 모델을 나타낸다.

국가	지역	상품	마르코프 예측	마르코프 + 계절성	마르코프 + 계절성 + NDVI			마르코프 + 계절성 + 국제 가격 + NDVI[6]				
			RMSPE[1]	RMSPE	RMSPE	ndvi_p[2]	ndvi[3]	RMSPE	ndvi_p	ndvi	wprice_p[4]	Worldprice[5]
베냉	코토누	옥수수	18.2	18.4	–	–	–	–	–	–	–	–
세네갈	지긴쇼르	옥수수	14.9	13.4	–	–	–	–	–	–	–	–
가나	타말레	옥수수	20.4	14.9	–	–	–	–	–	–	–	–
니제르	디파	옥수수	11.1	10.0	9.4	0.00	−0.88	9.1	0.00	−0.97	0.27	0.22
니제르	가야	옥수수	20.4	15.0	–	–	–	–	–	–	–	–
니제르	마라디	옥수수	11.4	8.2	–	–	–	–	–	–	–	–
니제르	니아메	옥수수	8.0	–	–	–	–	–	–	–	–	–
니제르	툰파피	옥수수	12.2	8.6	–	–	–	–	–	–	–	–
니제르	아가데즈	기장	9.7	8.7	7.7	0.01	−0.68	7.7	0.01	−0.63	0.28	−0.16
니제르	디파	기장	13.5	13.1	12.4	0.02	−0.69	11.9	0.01	−0.77	0.39	0.16
니제르	마라디	기장	12.6	10.9	–	–	–	–	–	–	–	–
니제르	니아메	기장	7.8	6.9	6.5	0.01	−0.62	6.4	0.01	−0.56	0.16	−0.21
니제르	타우아	기장	16.0	12.7	–	–	–	13.1	0.11	−0.50	0.37	0.19
나이지리아	카노	옥수수	16.2	15.0	–	–	–	–	–	–	–	–
나이지리아	카노	기장	19.8	18.6	–	–	–	–	–	–	–	–
차드	아베셰	수크령[7]	13.5	14.9	11.7	0.02	−0.95	11.6	0.02	−0.85	0.35	−0.21
차드	문두	수크령	11.1	11.8	–	–	–	–	–	–	–	–
차드	무소로	수크령	10.8	11.9	–	–	–	10.5	0.15	−0.49	0.73	0.07
차드	은자메나	수크령	12.4	14.5	14.1	0.11	−0.56	14.1	0.06	−0.66	0.37	0.19
차드	사르	수크령	13.7	12.2	–	–	–	–	–	–	–	–
차드	볼	옥수수	18.6	16.2	–	–	–	–	–	–	–	–
차드	무소로	옥수수	14.6	12.8	–	–	–	–	–	–	–	–

차드	은자메나	옥수수	13.7	12.9	12.8	0.10	−0.46	12.9	0.07	−0.51	0.82	−0.05
케냐	엘도레트	옥수수	13.4	16.8	–	0.07	–	15.54	0.07	−0.45	0.89	0.03
케냐	몸바사	옥수수	12.4	13.4	–	–	–	–	–	–	–	–
케냐	나이로비	옥수수	13.7	13.9	–	0.04	–	13.5	0.04	−0.33	0.83	−0.04
케냐	가리사	옥수수	21.2	22.3	19.4	0.04	−1.01	–	–	–	–	–
말라위	방굴라	옥수수	18.6	18.0	–	0.10	–	17.3	0.10	−0.80	0.77	−0.08
모잠비크	쇼퀘	옥수수(흰색)	22.9	22.2	–	–	–	–	–	–	–	–
모잠비크	앙고니아	옥수수(흰색)	22.5	19.5	–	–	–	–	–	–	–	–
모잠비크	고롱고자	옥수수(흰색)	25.7	25.6	–	–	–	–	–	–	–	–
모잠비크	마니카	옥수수(흰색)	17.6	13.8	–	–	–	–	–	–	–	–
모잠비크	마푸투	옥수수(흰색)	12.9	13.3	–	–	–	–	–	–	–	–
모잠비크	마시스	옥수수(흰색)	15.3	15.8	–	0.08	–	14.3	0.08	−1.09	0.64	0.12
모잠비크	남풀라	옥수수(흰색)	17.3	15.7	–	–	–	–	–	–	–	–
모잠비크	남풀라	옥수수(흰색)	17.4	14.5	–	–	–	–	–	–	–	–
모잠비크	리바우에	옥수수(흰색)	23.8	19.3	–	–	–	–	–	–	–	–
르완다	키갈리	옥수수	21.0	20.1	–	–	–	–	–	–	–	–
탄자니아	아루샤	옥수수	16.6	11.9	11.7	0.02	−4.09	–	–	–	–	–
탄자니아	다르에스살람	옥수수	11.8	11.0	–	–	–	–	–	–	–	–
탄자니아	음베야	옥수수	11.9	–	9.8	0.09	−4.36	–	–	–	–	–
탄자니아	송게아	옥수수	24.3	18.7	16.5	0.01	−1.34	16.4	0.01	−1.57	0.85	−0.06

주: 1. 예측된 2009–2012년 가격과 실제가격의 RMSPE(비율 평균 제곱근 오차)
2. 모델에서 NDVI의 P값
3. 모델의 NDVI 계수
4. 모델에서 국제 가격의 P값
5. 모델의 국제 가격에 대한 계수
6. RMSPE가 단순(naïve) 모델 기준보다 높더라도 입력 요소가 유의한 p값을 가질 때 각 모델에 대한 결과가 보고되었다.
7. 기장의 경우, 모델에서 "국제 가격"으로 옥수수 국제 가격을 이용하였다.

날씨와 국제 식량가격 충격의 영향

앞에서 설명한 모델에서 평가된 현지 시장은 표 7.2에 제시된 것처럼 전형적인 유형분류 체계로 요약될 수 있는 다양한 특성을 가지고 있다. 유형분류 체계로 다양한 시장에서 날씨와 국제 가격 충격이 미치는 영향이 왜 상이하게 나타나는지를 설명할 수 있다. 유형분류 체계는 각 시장이 이런 충격의 영향을 받는 이유와 시간 흐름에 따라 이런 영향이 어떻게 변할지에 대해 판단할 수 있는 유용한 방법이다. 또한 다양한 변동성의 원인을 모두 파악하는 것이 아니라 복잡한 관계를 단순화하여 보다 쉽게 분석할 수 있도록 한다. 국제 가격이 매우 높거나 날씨충격으로 식량 생산량이 극히 낮은 경우와 같이 압박이 심한 기간에는 이런 관계가 동일하게 유지되지 않을 수 있지만, 시장이 어떻게 영향을 받는가를 분류하면 이런 충격에 대한 정보를 보다 쉽게 이용할 수 있다. 위에서 설명한 Essam의 연구와 같이 NDVI를 입력변수로 사용한 계량경제 모델은 가격 자료가 있는 지역뿐만 아니라 가격 시계열 기간에 따라 이런 문제를 자세히 조사할 수 있다.

국제 가격이나 날씨충격에 영향을 받지 않는 원자재 시장

식량가격을 적극적으로 통제하는 국가에서는 충격이 현지 가격에 미치는 영향이 적을 것이다. 케냐와 말라위, 잠비아, 짐바브웨는 정부가 시장보호위원회를 운영하여 식량가격을 안정화하려는 개입이 심한 국가로 분류할 수 있다(Minot, 2012). 이런 국가는 다른 국가보다 재고율이 높아서 통계적으로 유의한 수준의 세계적 또는 지역적인 날씨충격의 영향이 나타나지 않는다(Ihle et al., 2011; Minot, 2011). Minot(2012)은 식량가격 변동성에 대한 분석에서 개입 정도가 낮은 국가에 비해 이 4개국의 식량가격 변동성이 상대적으로 높다는 것을 발견하였다. 그는 정부가 옥수수 시장에 개입하면서 야기된 불확실성으로 민간 거래자가 시장에서 철수함으로써 일시적인 차익거래가 시간 흐름에 따라 가격 안정효과를 감소시킬 수 있다고 설명하였다. 다른 연구자들도 식량시장에서 정부의 능동적 개입이 가격 통제나 예측할 수 없는 구매 또는 판매와 관련되어 있을 경우, 민간 거래자의 주요 곡물 식량 저장과 국내 수송 또는 국제무역을 어렵게 한다고 밝혔다(Chapoto and Jayne, 2009; Byerlee et al., 2006). 그러나 각 국가마다 날씨와 국제 가격의 영향을 받는 시장이 있어서 시장과 기간에 따라 이 프로그램의 영향이 다양하다.

적극적으로 식량가격을 통제하지 않지만, 국제 가격이나 현지 환경 변동의 영향을 받지 않는 국가가 더 많다. 이런 지역은 공급 사슬의 하부에 있으면서 수입이 낮은 상품과 가공된 제품을 포함하는(예: 벨라루스 민스크 또는 아르메니아 예레반의 밀가루) 위치-원자재 조합으로 더 구분할 수 있다. 그러므

표 7.2 현지 곡물시장의 유형분류 체계: 시장 구조와 가격 형성

	현지 날씨충격 영향 없음	현지 날씨충격이 가격에 영향을 미침
국제 가격 충격의 영향 없음	• 낮은 곡류 재고율 • 식량 부족 지역/식량 부족 지역과 관련 • 다른 식량 잉여 지역의 날씨충격이 현지 가격에 영향을 미침 • 저소득 국가 • 가나, 남아프리카공화국, 스리랑카, 수단, 탄자니아	• 고립/내륙 국가 • 빈곤, 농촌, 부족한 기반시설 • 대규모 식량 잉여 지역과 거래하는 식량 잉여 지역 • 저소득 국가 • 방글라데시, 부룬디, 차드, 인도, 케냐, 말리, 모잠비크, 네팔, 니제르, 파키스탄, 파나마, 세네갈, 소말리아, 태국, 토고, 우간다, 잠비아
국제 가격 충격이 가격에 영향을 미침	• 식량 부족 지역 또는 식량 수입국 • 고립/내륙 국가가 아닌 곳 • 발전된 개발도상국의 식량 부족 지역 • 도시/수도 • 아프가니스탄, 베냉, 부르키나파소, 브룬디, 과테말라, 인도, 케냐, 말라위, 말리, 모잠비크, 파키스탄, 르완다, 세네갈, 소말리아, 토고	• 식량 수출국의 식량 잉여 지역 • 잉여 농업 지역과 날씨가 유사한 수출국의 도시 지역 • 아프가니스탄, 브라질, 과테말라, 케냐, 멕시코, 모잠비크, 파키스탄, 페루, 세네갈, 소말리아, 태국, 우간다, 잠비아

주: 시장과 상품은 독립적으로 취급되므로 국가는 국경 내 다양한 시장 특성에 따라 중복 표기됨.

로 여기서 모델링된 것보다 결정 요소가 더 복잡하다. 이는 보다 기본적인 상품가격을 결정하는 위치–원자재 조합과는 다르다.

원자재 가격이 날씨나 국제 가격 충격의 영향을 받지 않는 저수입 국가들은 다른 곳보다 시장 기능이 효율적이지 않을 수 있다(Kshirsagar, 2012). 예를 들어, Aker et al.(2010)은 상인 간의 민족 차이로 인한 무역 마찰로 국가 내에서조차 시장이 나뉜다고 하였다. Brown et al.(2012)은 지역 간에 상당한 가격 차이가 또 다른 무역 마찰이 많다는 것을 보여 주는 것이라고 하였다. 이런 사례에는 분쟁(예: 차드, 수단)이나 가뭄, 기타 자연재해(사헬지대 또는 아이티 주변 지역)의 영향을 받는 국가도 있다.

일반적으로 탄자니아의 시장은 다른 도시 지역과 상당히 잘 연결되어 있다. 최근 탄자니아에서는 심한 분쟁이 없었다. 비싼 운송비 때문에 대부분 시장이 국내 주요 옥수수 생산 지역과 격리되어 있고(송게아(Songea)와 음베야처럼), 아루샤는 정부의 적극적인 가격 통제를 받는 나이로비 시장으로 옥수수를 제공한다(Ihle et al., 2012). 다양한 가격과 원자재의 조합과 각 범주의 더 많은 사례를 포함하면, 현지 식량가격 변동에 대해 더 잘 이해할 수 있을 것이다.

국제 가격의 영향은 받지 않지만 현지 날씨충격의 영향을 받는 지역

일반적으로 고립된 식량 잉여 지역은 국제 가격의 영향은 받지 않지만 현지 기상이변의 영향을 받는다. 이런 지역은 다음 두 가지 중 적어도 하나의 특징을 갖고 있다. 일반적으로 식량 생산량은 주어진

인구가 소비하는 것보다 상당히 많고, 이런 지역은 고립되어 있어 수출 가격과 수입 가격의 격차가 매우 크다. 탄자니아의 송게아는 식량은 남지만 운송 제약이 있는 지역의 좋은 사례이다. 케냐의 가리사는 1인당 소비량이 적지만 운송 제약으로 국제 가격 충격의 영향이 아닌 현지 날씨충격의 영향을 받는 상당히 독립적인 현지 시장이 있는 사례 지역이다. 이런 지역에서는 재배기간에 가격이 상승하고 수확 후 잉여 기간에 급격히 하락하면서 상당한 가격의 계절성이 나타난다(Alderman and Shively, 1996).

또한 이런 자료는 예상치 않은 많은 수확량으로 현지 가격이 급락하는 상황이 발생할 수 있다는 것을 보여 준다. 잉여 수확은 수송비와 저장이 모두 비현실적일 때에만 문제가 된다. 큰 날씨충격과 관련된 위험은 (다양한 수집 정도에 따라) 저장 능력이 개선되고 운송제약 조건이 완화되면 부분적으로 개선될 수 있다.

현지 날씨충격의 영향을 받지 않지만 국제 가격의 영향을 받는 지역

날씨충격이 아니라 국제시장의 가격충격의 영향을 받는 여러 개의 위치-원자재 조합이 있지만, 3가지 사실은 별 의미가 없다. 쌀은 무게에 비해 가격이 상대적으로 높기 때문에 모든 상품을 평가할 때 국제 가격의 변화를 반영하는 주요 원자재이다. 결과적으로 쌀 수입은 수익성이 높은 반면, 조곡 거래를 위한 차익거래 이익이 현저히 낮다. 서아프리카의 많은 국가들은 쌀을 소비하고 국내 소비 수요를 충족시키기 위해서 쌀을 수입해야 한다(Moseley et al., 2010). 둘째, 국제 옥수수 가격이 라틴 아메리카에서 현지 가격의 형성에 영향을 미치므로 이들 국가의 옥수수 가격은 국제 가격 충격의 영향을 받는다. 이런 국가들은 사하라 사막 이남의 아프리카보다 개방적이고 교통 인프라가 뛰어나다. 마지막으로, 국제 밀 가격은 남아시아뿐만 아니라 동유럽과 중앙아시아의 국내 가격에도 영향을 미친다. 표 7.3은 아프리카 이외 국가의 국제 옥수수 가격을 사용한 모델 결과를 보여 주며, 이는 국제 옥수수 가격과 국내 NDVI 값의 상승 영향을 보여 준다.

국제 가격과 현지 날씨충격의 영향을 받는 지역

표 7.3에 제시된 옥수수 사례는 날씨충격과 가격충격이 종종 상호작용한다는 것을 보여 준다. 대부분 모델 결과에서 국제 가격을 포함할 경우 아프리카의 옥수수 시장 기능이 크게 개선되지는 않지만, 두 가지가 상당히 상호작용하는 시장이 몇 개 있다. 일반적으로 이런 위치는 국제무역을 하는 국가의 식량 잉여 지역과 연결이 잘되는 곳이다. 대부분의 원자재-시장 조합은 NDVI와 국제 가격 충격을 함께 사용할 때 약간 개선될 수 있다는 것을 보여 준다.

가능한 모든 자료를 사용하여 가격 변동성에 대한 날씨와 국제 가격 충격의 영향을 조사할 경우, 현

표 7.3. 모델의 오차와 옥수수 가격과 NDVI 값 상승율

국가	국제 가격 상승률(%)	이례적 NDVI 증가(%)	예측 RMSPE(%)
케냐	0.11 (0.27)	−1.29** (0.65)	6.3
우간다	0.36 (0.46)	−2.32* (1.21)	26.2
멕시코	0.33*** (0.12)	−0.45 (0.39)	10.4
카메룬	−0.09 (0.18)	0.05 (0.70)	4.7
과테말라	0.23** (0.1)	0.43(1.24)	6.6
차드	0.21 (0.27)	−3.2** (1.5)	28.9

주: 유의한 것은 ***로 표시하고, 백분율 변화는 괄호 안에 표시함.

지 식량가격과 충격의 관계가 국가와 지역 내에서 다를 수 있다는 것이 확인되었다. 삽화 22는 날씨와 국제 가격 충격의 영향을 받는 시장과 그렇지 않은 시장을 분류한 지도이다. 말리와 니제르, 부르키나파소와 같은 서아프리카 시장은 국제시장에서 상대적으로 고립되어 있어서 국제 가격의 영향을 받지 않는다(둘 다 영향을 받지 않는 것으로 표시됨). 반면, 동아프리카의 시장은 두 충격의 영향을 받으며, 특히 현지 기상 변동에 민감하다. 아프가니스탄과 파키스탄, 인도와 같은 남아시아 시장은 날씨와 국제 가격 충격에 민감하다. 현지 충격과 세계적 충격 간 상호작용이 동시에 발생할 때, 가구는 극심한 식량보장 압박을 받을 수 있다(Garg et al., 2013; Bradbear and Friel, 2013).

정책과 대응에 대한 시사점

이런 경제모델은 동시적인 충격에 대한 정책의 영향을 추정할 수 있다는 개선점을 갖고 있으며, 이런 지식은 사회복지 증진에 사용될 수 있다. 농촌경제는 여러 가지 압박 요인이 있는 역동적이고 복잡한 환경에서 운영된다. 취약한 농촌 생활에 영향을 미치는 다양한 부분이 관찰될 수 없으며 빠르게 변화한다. 식량가격 변동 자료는 농촌 생계 상태를 보다 정확하게 평가하기 위하여 기후 변동성에 관한 공간적으로 명시적인 원격탐사 정보와 유용하게 결합될 수 있다. 이런 정보는 FEWS NET과 같은 기구를 통해 식량 시스템에 곧 다가올 충격에 대한 조기경보를 개선하기 위하여 사용할 수 있다. 식량가격 변동 자료가 수개월 정도로 더 확장된다면, 이런 모델은 추가 정보를 제공하여 여러 국가 간에 정량적 비교가 가능할 것이다.

날씨와 식량가격 충격의 상호작용에 관한 모델 정보는 취약한 가구의 생계와 권리에 대한 기존의 질적 평가에 대한 분석을 보완할 수 있다. 현지 식량가격 변동이 비정상적이거나 예상치 못하게 반응하

는 지역에서는 민간 거래자가 식량이 부족한 시장에 공급할 수 있는 효율성(혹은 결핍)이 발생할 수 있다. 구호단체는 가뭄이나 기타 광범위한 식량 생산충격을 겪고 있는 지역의 시장을 알리기 위해 정량적으로 접근해야 한다. 높은 식량가격에 대응하기 위해 현지 민간 거래자들이 교역을 통하여 시장으로 식량을 가져온다면, 외부 도움이 긴급하게 필요하지 않다. 어떤 이유로든지 이런 일이 이루어지지 않는다면, 외부의 개입이 필요하다. 생산충격에 대한 시장과 더 넓은 지역의 반응에 대한 신속한 평가가 중요할 수 있다.

모델 분석으로 빈곤 상태를 평가하기 위한 개선된 기준을 제시할 수 있다. 전통적 방법으로 빈곤을 판단하는 것은 국가 차원의 소비 집계에 근거한 것이다. 여기에 제시된 분석은 각 시장이 다르다는 것을 보여 주며, 이런 시장이 보여 주는 충격에 대한 이질적 대응을 감안하면 지역과 수도의 시장이 그룹화된 국가 수준에서의 집계(총합)는 의미가 없다. (날씨와 기타 충격을 포함한) 현지 식량가격 변동에 대한 정보를 포함하는 빈곤분석은 빈곤 평가에 대한 상황을 보여 줄 수 있으며, 정부 프로그램이 농촌에 미치는 영향과 관련하여 보다 적절한 정책 결론을 이끌어 낼 수 있다(Deaton and Zaidi, 2002).

요약

이 장에서는 식량가격이 모델링 체제와 관련될 수 있는 다양한 방법을 설명하였으며, Harvey(1989)의 경제학 문헌으로 널리 알려진 현지 가격 변동을 나타내기 위한 국가 공간 접근방법을 사용한 모델을 제시하였다. 변화하는 수요와 공급의 경제적 영향과 현지 시장의 국제시장과의 상대적 연관성에 의해 어떻게 영향을 받는지 설명하였다. 현지 식량가격에 대한 국제 원자재 시장과 현지 기후 변동성의 영향을 나타낸 개념적 유형과 다양한 식량가격 형성 요인들의 영향에 대하여 논의하였다.

참고문헌

Aker, J., Klein, M. W., O'Connell, S. A. and Yang, M. (2010) Are borders barriers? The impact of international and internal ethnic borders on agricultural markets in West Africa. *CGD Working Paper 208*, Washington DC: Center for Global Development.

Alderman, H. and Shively, G. E. (1996) Economic reform and food prices: Evidence from markets in Ghana. *World Development*, 24, 521-534.

Barrett, C. (2008) Spatial market integration. *New Palgrave dictionary of economics, 2nd edition*, London, Palgrave Macmillan.

Barrett, C. B. and Santos, P. (2013) The impact of changing rainfall variability on resource-dependent wealth dynamics. Ithaca NY, Cornell University.

Baulch, B. (1997) Transfer costs, spatial arbitrage, and testing for food market integration. *American Journal of Agricultural Economics*, 79, 477-487.

Bradbear, C. and Friel, S. (2013) Integrating climate change, food prices and population health. *Food Policy*, 43, 56-66.

Brown, M. E., Higgins, N. and Hintermann, B. (2009) Model of West African millet prices in rural markets. *CEPE Working Paper No. 69*, Zurich, Switzerland.

Brown, M. E., Pinzon, J. E. and Prince, S. D. (2006) The sensitivity of millet prices to vegetation dynamics in the informal markets of Mali, Burkina Faso and Niger. *Climatic Change*, 78, 181-202.

Brown, M. E., Pinzon, J. E. and Prince, S. D. (2008) Using satellite remote sensing data in a spatially explicit price model. *Land Economics*, 84, 340-357.

Brown, M. E., Tondel, F., Essam, T., Thorne, J. A., Mann, B. F., Leonard, K., Stabler, B. and Eilerts, G. (2012) Country and regional staple food price indices for improved identification of food insecurity. *Global Environmental Change*, 22, 784-794.

Byerlee, D., Jayne, T. S. and Myers, R. J. (2006) Managing food price risks and instability in a liberalizing market environment: Overview and policy options. *Food Policy*, 31, 275-287.

Chamberlin, J. and Jayne, T. S. (2013) Unpacking the meaning of "market access": Evidence from rural Kenya. *World Development*, 41, 245-264.

Chapoto, A. and Jayne, T. S. (2009) The impacts of trade barriers and market interventions on maize price predictability: Evidence from eastern and southern Africa. *Food Security International Development Working Papers*, East Lansing MI, Michigan State University, Department of Agricultural, Food, and Resource Economics.

Cornia, G. A., Deotti, L. and Sassi, M. (2012) Food price volatility over the last decade in Niger and Malawi: Extent, sources and impact on child malnutrition. Rome, Italy, United Nations Development Programme.

De Janvry, A., Fafchamps, M. and Sadoulet, E. (1991) Peasant household behavior with missing markets: Some paradoxes explained. *Economic Journal*, 101, 1400-1417.

Deaton, A. and Laroque, G. (1992) On the behavior of commodity prices. *Review of Economic Studies*, 59, 1-23.

Deaton, A. and Zaidi, S. (2002) Guidelines for constructing consumption aggregates for welfare analysis. *World Bank Analysis Report 135*, Washington DC, World Bank.

Dorward, A., Kydd, J., Morrison, J. and Urey, I. (2004) A policy agenda for pro-poor agricultural growth. *World Development*, 32, 73-89.

Egbetokun, O. A. and Omonona, B. T. (2012) Determinants of farmers' participation in food market in Ogun state, Nigeria. *Global Journal of Science Frontier Research*, 12, 1-7.

Essam, T. (2013) Using satellite-based remote sensing data to assess millet price regimes and market performance in Niger. College Park MD, University of Maryland.

Friedl, M. A., McIver, D. K., Hodges, J. C. F., Zhang, X. Y., Muchoney, D., Strahler, A. H., Woodcock, C. E., Gopal, S., Schneider, A., Cooper, A., Baccini, A., Gao, F. and Schaaf, C. (2002) Global land cover mapping from MODIS: Algorithms and early results. *Remote Sensing of Environment*, 83, 287-302.

Garg, T., Barrett, C. B., Gómez, M. I., Lentz, E. C. and Violette, W. J. (2013) Market prices and food aid local and regional procurement and distribution: A multi-country analysis. *World Development*, 49, 19-29.

Goetz, S. J. (1992) A selectivity model of household food marketing behavior in sub-Saharan Africa. *American Journal of Agricultural Economics*, 74, 444-452.

Goletti, F. and Christina-Tsigas, E. (1995) Analyzing market integration. In Scott, G. (Ed.) *Prices, products and people: Analyzing agricultural markets*, Boulder CO, Lynne Rienner Publishers.

Harvey, A. C. (1989) *Forecasting, structural time series models and the Kalman filter*, London, Cambridge University Press.

Hayek, F. A. (1948) *Individualism and economic order*, Chicago IL, University of Chicago Press.

Huete, A., Didan, K., Miura, T., Rodriguez, E. P., Gao, X. and Ferreira, L. G. (2002) Overview of the radiometric and biophysical performance of the MODIS vegetation indices. *Remote Sensing of Environment*, 83, 195-213.

Ihle, R., Cramon-Taubadel, S. V. and Zorya, S. (2011) Measuring the integration of staple food markets in sub-Saharan Africa: Heterogeneous infrastructure and cross border trade in the east African community. *CESifo Working Paper No. 3413*, Göttingen, Münchener Gesellschaft zur Förderung der Wirtschaftswissenschaft - CESifo GmbH [Munich Society for the Promotion of Economic Research].

Jayne, T. S. and Rashid, S. (2010) The value of accurate crop production forecasts. Lilongwe, Malawi, Africa Agricultural Markets Program.

Jones, M., Alexander, C. and Lowenberg-Deboer, J. (2011) An initial investigation of the potential for hermetic purdue improved crop storage (pics) bags to improve incomes for maize producers in sub-Saharan Africa. Lafayette IN, Purdue University.

Kelly, V., Diagana, B., Reardon, T., Gaye, M. and Crawford, E. (1996) *Cash crop and foodgrain productivity in Senegal: Historical view, new survey evidence and policy implications*, Washington DC, US Agency for International Development.

Kshirsagar, V. (2012) An analysis of local food price dynamics in the developing world. Greenbelt MD, NASA Goddard Space Flight Center.

Lutz, C., Van Tilburg, A. and Van Der Kamp, B. (1995) The process of short- and long-term price integration in the Benin maize markets. *European Review of Agricultural Economics*, 22, 191-212.

McNally, A., Funk, C., Husak, G. J., Michaelsen, J., Cappelaere, B., Demarty, J., Pellarin, T., Young, T. P., Caylor, K. K., Riginos, C. and Veblen, K. E. (2013) Estimating Sahelian and east African soil moisture using the normalized difference vegetation index. *Hydrological and Earth System Science*, 10, 7963-7997.

McNew, K. and Fackler, P. L. (1997) Testing market equilibrium: Is cointegration informative. *Journal of Agriculture and Resource Economics*, 22, 191-207.

Masters, W. A., Djurfeldt, A. A., Haan, C. D., Hazell, P., Jayne, T., Jirström, M. and Reardon, T. (2013) Urbanization and farm size in Asia and Africa: Implications for food security and agricultural research. *Global Food Security*, 2, 156-165.

Minot, N. (2011) Transmission of world food price changes to markets in sub-Saharan Africa. *IFPRI Discussion Paper 01239*, Washington DC: International Food Policy Research Institute.

Minot, N. (2012) Food price volatility in Africa: Has it really increased? *IFPRI Discussion Paper 01239*, Washington DC, International Food Policy Research Institute.

Moseley, W. G., Carney, J. and Becker, L. (2010) Neoliberal policy, rural livelihoods, and urban food security in West Africa: A comparative study of the Gambia, Côte d'Ivoire, and Mali. *Proceedings of the National Academy of Sciences*, 107, 5774-5779.

Nicholson, S. E., Tucker, C. J. and Ba, M. B. (1998) Desertification, drought and surface vegetation: An example from the west African Sahel. *Bulletin of the American Meteorological Society*, 79, 815-829.

Rojas, O., Vrieling, A. and Rembold, F. (2011) Assessing drought probability for agricultural areas in Africa with coarse resolution remote sensing imagery. *Remote Sensing of Environment*, 115, 343-352.

Shami, M. (2012) The impact of connectivity on market interlinkages: Evidence from rural Punjab. *World Development*, 40, 999-1012.

Shepherd, A. W. (2012) Grain storage in Africa: Learning from past experiences. *Food Chain*, 2, 149-163.

Shumway, R. H. and Stoffer, D. S. (2010) *Time series analysis and its applications*, Heidelberg, New York, Springer.

Tschirley, D. and Jayne, T. S. (2010) Exploring the logic behind southern Africa's food crises. *World Development*, 38, 76-87.

Tschirley, D. and Weber, M. T. (1994) Food security strategies under extremely adverse conditions: The determinants of household income and consumption in rural Mozambique. *World Development*, 22, 159-173.

Turner, M. D. (1999) Conflict, environmental change and social institutions in dryland Africa: Limitations of the community resource management approach. *Society and Natural Resources*, 12, 643-657.

USAID (2012) Feed the future, the US government's global hunger and food security initiative: Boosting harvests, fighting poverty. Washington DC, US Agency for International Development.

Zant, W. (2013) How is the liberalization of food markets progressing? Market integration and transaction costs in subsistence economies. *World Bank Economic Review*, 27, 28-54.

제 8 장

환경과 영양

이 장의 목표

기후 변동성은 농업 생산에 지속적으로 영향을 미친다. 환경 변화는 어떤 경로로 개발도상국의 식량 보장과 영양에 영향을 미치는 것일까? 식량이 부족한 사회의 구성원은 질병과 극단적인 사건, 갈등, 신용, 교육, 건강 자원, 기타 유통 문제 등에도 취약하다. 영양실조는 면역체계를 변화시켜 설사와 의사소통, 매개체에 의한 감염 질병 등을 일으킬 가능성을 높인다. 장기간의 영양실조는 개인의 식량 효용성을 떨어뜨리고, 나중에 식량에 충분히 접근할 수 있고 이용이 가능하게 되더라도 식량보장의 개선을 어렵게 한다. 이 장에서는 영양실조의 원인과 환경 및 기후 변동성과의 연관성에 대한 내용을 파악하고자 한다. 기후 변동성과 가격 급등은 단순히 식량보장을 넘어 광범위한 사회적 영향을 미친다. 이와 같은 결과를 이해하는 것은 인류복지 향상을 위한 적절한 개입을 결정하는 데 중요하다.

자연계와 인류건강 간의 관계

기후 변동성은 농업과 식량 생산에 영향을 미치는 자연계 혼란의 요인이다. 생태계는 인류 활동의 확대로 악화될 수 있다. Myers et al.(2013)에 의하면,

인구가 70억 명을 넘어서면서 인구 1인당 식량 소비가 급격히 증가하고, 인류성장의 생태발자국은 지표면의 피복 상태와 강과 해양, 기후 시스템, 생지화학 순환, 생태계의 기능 등을 크게 변화시키고 있다.

이런 변화는 생태계가 기후 변동성에 반응하는 방법을 변화시켜 생태계 기능을 심각하고 광범위하게 교란시킨다. 자연계에 나타나는 다음과 같은 변화는 인류건강과 연관이 있다(Myers et al., 2013).

- 생물 다양성 감소
- 토지이용과 생태계 기능 변화
- 야생동물, 가축과 인간이 상호작용하는 방식 변경
- 기후변화

자연계의 변화는 인류의 욕구를 충족시키기 위해 이루어졌다. 1인당 먹을 수 있는 식량의 양이 엄청나게 증가하였고, 산업활동에 필요한 미네랄과 금속을 구할 수 있게 되었고, 에너지와 물자원의 이용 가능성도 향상되었으며, 나무와 다시마 숲, 조개류 등을 다양하게 저장할 수 있게 되었다(Kates et al., 1990). 이로 인하여 인구가 기하급수적으로 증가하면서 삶의 수준은 높아지고 빈곤율을 감소시킬 수 있었다(Myers and Patz, 2009).

새천년 생태계 평가(Millennium Ecosystem Assessment)는 전 세계 생태계에서 발생하는 모든 개발 피해에 주목하고 있다. 인류가 천연자원 이용 방법을 변화시키지 않았다면, 지난 세기 동안 인류복지의 진전이 불가능하였을 것이다(Reid et al., 2005). 천연자원과 생태계의 급격한 악화는 생태계의 변화로 발생하는 재해를 방지할 수 있는 시급한 정책 변경의 필요성을 야기하였다. 생태계가 변형되면서 기후 변동성에 더 취약해지고 탄력성과 생산성도 감소하였다. 이런 평가는 악화된 자원이 인류건강에 미친 영향에 관한 문헌을 수집하게 하였고, 이런 변화가 가장 빈곤하고 가장 취약한 집단에 미칠 영향에 초점을 맞추게 하였다. 연구자들은 환경 변화를 인류건강과 연결시키는 정량적 증거에 초점을 맞추기 시작했으며, 아직도 이런 노력이 진행 중이다.

환경 변화와 영양

전 세계에서 증가하는 인구에 적절한 양의 칼로리와 단백질을 공급해야 하므로 식량보장과 영양 간의 관련성이 크다. 전 세계에서 만성적인 절대 빈곤층에 해당하는 굶주리는 사람들이 10억 명이 넘는 상태여서 세계 식량 생산의 증가는 해결책의 일부일 뿐이다(Myers and Patz, 2009). 대부분의 식량 불안정 지역의 주민들은 너무 가난하여 세계 식량시장에 접근하기조차 힘들므로 현지 식량 생산에 의존해야 한다. 이런 현지 생태적 제약 때문에 세계 식량 생산이 총수요를 초과한다고 하더라도 빈곤한 지역 공동체에서는 기아와 질병, 사망 등이 발생할 수 있다(Myers and Patz, 2009). 영양은 신체의 식이요법 관점에서 고려되는 음식 섭취량이다. 질 좋은 영양과 규칙적인 신체활동이 결합된 적절하고 균형 잡힌 식단이 건강의 기초이다. 영양이 부족하면 면역력 감소와 질병에 대한 민감성 증가, 신체 및 정신 발달장애, 생산성 감소 등으로 이어질 수 있다(WHO, 2013).

비료를 적절하게 사용하지 못하는 지역에서는 척박한 토양이 생산성 감소의 주요인이며, 현지 식량 생산에 상당한 영향을 미칠 수 있다(Sanchez, 2002). 농업 지역의 토지 황폐화 비율은 잘 알려져 있지 않지만, 최근 침식률에 관한 연구에서 현대의 기계화된 경작 농업이 토양 발달을 초과하는 속도로 침식을 일으키는 것으로 밝혀졌다(Montgomery, 2007). 이런 변화에 의한 장기적 영향은 거의 파악되지 않았다.

예를 들어, 아프리카의 사바나에서는 대부분 비평형 시스템에서 토지의 과용으로 생산적인 상태에서 비생산적인 상태로 생태계가 전환될 가능성에 대해 거의 이해하지 못하고 있어서 오랫동안 토지 황폐화에 대한 개념적 접근이 어려웠다(Blaikie and Brookfield, 1987; Ellis, 1987). 최근 원격탐사를 이용한 남아프리카공화국 흑인 자치구역의 토지 황폐화 연구는 황폐화된 지역이 황폐화되지 않은 지역만큼 안정적이거나 탄력적이라고 하였다. 황폐화된 지역에서는 완전한 생태계보다 단위 강수량당 사료 생산량이 적어서 생산성이 적지만 과목에 의한 "사막화"나 생태계 기능의 치명적인 저하 경향은 나타나지 않았다(Wessels et al., 2004). 열대 생태계의 생산성에 대한 토양 황폐화 위험을 정량화할 수 없다는 점이 아프리카의 사바나와 아시아, 아메리카의 광범위한 지역에서 토양 황폐화로 인한 영향을 예측하기 어렵게 한다.

시장과 보건 서비스가 지역사회에서 생태계 파괴의 직접적인 영향을 완화시켜 준다. 시장은 다른 곳에서 에너지와 식량, 건축자재 등과 같은 천연자원을 구매할 수 있게 해 주므로, 현지 부족으로 발생하는 영향을 감소시켜 준다. 지구 환경 변화와 기후 변동성이 건강에 미치는 영향에 대한 인과관계는 복잡하여 바로 관찰되지 않을 수 있다. 토지이용과 기후변화는 생태계가 주는 깨끗한 물이나 쓰레기 처리와 같이 직간접적으로 인류건강에 영향을 미친다(Myers and Patz, 2009). 그림 8.1은 Myers와 Patz가 환경이나 날씨충격으로부터 지역사회를 보호하는 요소를 개념적으로 설명한 것이다.

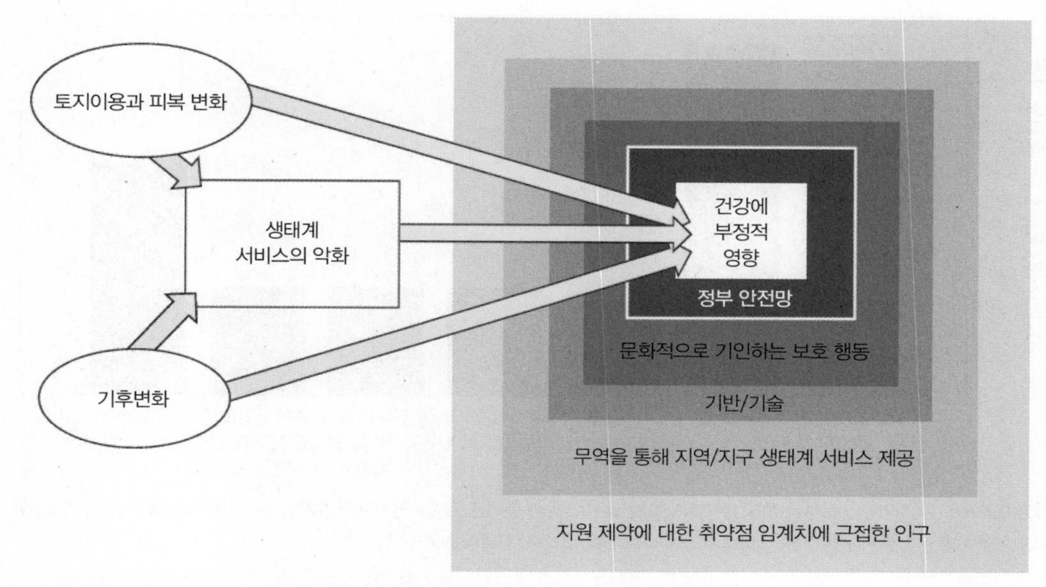

그림 8.1 환경 조건과 부정적인 건강 간의 도식화 및 문화와 사회의 단열효과(출처: Myers and Patz, 2009)

생물 다양성과 인류건강

호랑이나 북극곰과 같은 강력한 거대 동물에 초점을 맞춘다면 "부유한 선진국"의 관심사로 여겨질 수 있지만, 생물 다양성은 개발도상국의 빈곤한 사람들에게 매우 중요하다. 농촌의 식량 불안정 인구는 자신이 사냥한 야생고기로 생각보다 많은 양의 단백질과 영양분을 섭취한다. Golden et al.(2011)은 마다가스카르의 아동들이 야생동물 고기를 섭취하지 못하면, 철분 결핍으로 빈혈 위험이 30% 높아진다는 것을 확인하였다. 이 연구는 많은 지역 공동체에서 불안정한 상황을 입증하는 데 필요한 상세하고 장기적으로 주목받은 연구의 전형적 특징을 보여 준다. 빈혈은 전염병으로 인한 질병과 사망 위험을 증가시켜 지능과 학습을 감소시키며 평생 신체활동의 면역력을 감소시킨다(Lozoff et al., 2006). 아동의 헤모글로빈 수치와 야생동물 소비량에 대한 장기적 모니터링을 통하여 가장 소득 수준이 낮은 사람들이 야생동물에 대한 접근이 제한될 경우 빈혈을 겪게 될 가능성이 3배 이상임을 보여 주었다. 가난한 가구의 영양은 날씨와 관련된 식량 감소에 의해 크게 영향을 받을 수 있다. 인구 증가는 이런 지역의 동물종 다양성과 영양 수준을 낮추는 결과를 낳았다.

Golden et al.(2011)은 이런 지역 공동체에서 필요한 단백질 대체 공급원 조달의 어려움을 설명하였다. 마다가스카르 동북부와 같이 외딴 곳의 미개발 지역에서는 경제개발과 생물 다양성 보존, 인류건강, 지역 권리에 대한 필요성의 균형을 맞추기가 어렵다. 이런 목표는 서로 부합하지 않으며 인류의 이

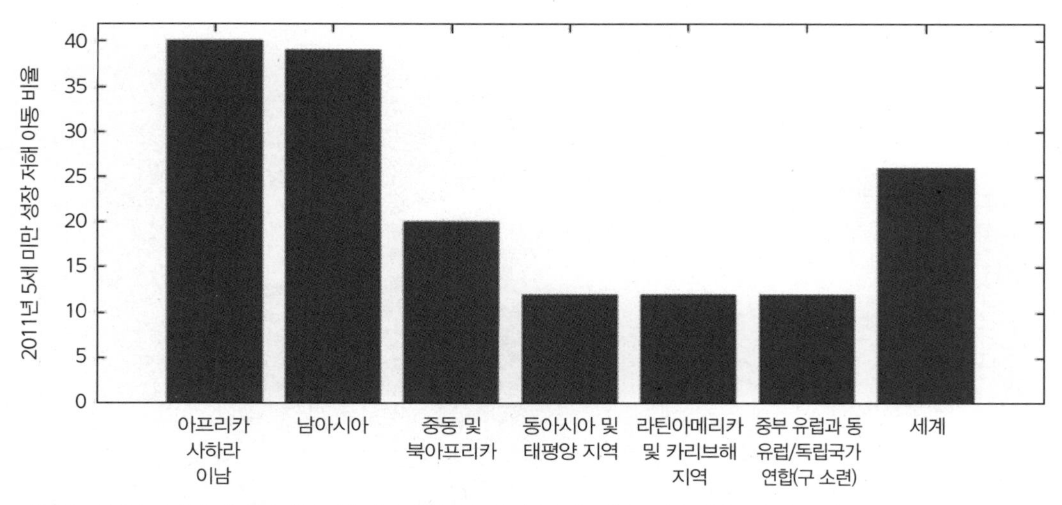

그림 8.2 2011년 지역별 5세 미만 성장 저해 아동 비율(출처: 유엔아동기금/세계보건기구/세계은행/유니세프-세계보건기구-세계은행 공동 아동 영양실조 예측에서 파생된 childinfo.org 모델 자료, 2011년 개정(2012년 7월 완료))

주 또는 인류 공동체가 의존하는 천연자원의 파괴를 초래한다. 유감스럽게도 자원이 제한된 지역에서 천연자원을 성공적으로 관리한 사례가 거의 없다. 위의 모든 목표를 충족시킬 수 있는 해결책은 비용 대비 효율적일 수 없지만, 각 지역 공동체는 지역에 맞는 해결책을 찾아야 한다(Golden et al., 2011).

빈혈이 영양부족으로 나타나는 유일한 영양 문제는 아니다. Alderman et al.(2006)은 3세 이전에 영양 충격을 겪었을 때, 교육의 성과와 신장에 대한 장기간 결과를 보여 주었다. 짐바브웨에서 시행된 연구에 의하면, 어릴 때 영양 상태의 충격을 겪은 사람은 신체 발달과 활력이 낮아 일생 동안 14%의 소득이 손실되었다(Alderman et al., 2006). 이런 질병과 빈곤을 퇴치하는 능력의 둔화와 감소 사이의 관련성은 오랫동안 식량 불안정과 기아를 감소시키거나 제거해야 한다는 필요성을 뒷받침해 왔다(그림 8.2).

만성적인 기아는 영양실조로 이어지며, 이는 생후 2년 동안 신체발달에 손상을 초래한다. 이 손상은 돌이킬 수 없는 것으로, Atinmo et al.(2009)은 "지능을 낮추고 물리적 능력을 감소시킴으로써 생산성을 감소시키고 경제성장을 지연시켜 빈곤을 지속시킨다."고 하였다. 그러므로 굶주림과 식량보장 위기를 경험한 지역 공동체는 경제발전이 취약하고 생산력이 감소하며, 대부분 육체노동과 관련된 일을 하는 지역에서 물리적 능력이 낮아 재발할 가능성이 크다. 유엔은 개발도상국의 미취학 아동 6명 중 1명, 5세 미만 아동 1억 명이 체중미달이라 추정하고 있다(WFP, 2013). 분쟁, 직업기회 부족, 건강 부족, 불평등한 무역 정책, 지속 불가능한 천연자원 관리, 성차별, 자연재해 및 인위적 비상사태와 같은 크고 복잡한 문제가 해결을 막고 있다(Atinmo et al., 2009).

식량접근과 영양

어떻게 식량 불안정을 측정할 수 있을까? 식량 불안정을 측정하는 두 가지 포괄적인 방법이 있다. 하나의 방법은 모집단 대표 사례의 신체 측정법이다(예: 인구통계와 건강조사). 다른 방법은 대표 사례의 총가구수(및/또는)의 개인 소비(1인당)를 측정하는 것이다(예: 세계은행의 생활 표준 측정조사). 그러나 이 두 가지 방법은 자원과 시간을 필요로 하므로, 해당 국가에서 10년 내에 여러 차례 수행하기 어렵다. 신체 측정치의 변화는 필수 영양소 섭취와 감염, 해발고도, 스트레스, 유전적 배경과 같은 여러 요소에 민감하기 때문에 아동 영양 상태를 평가하기 위해서는 신체 측정법을 사용하는 것이 중요하다.

이 설문조사는 장기간의 평가에는 중요하지만, 지역별로 식량 불안정 증가를 확인하기 위해 이용하기에는 너무 느리다. 결과적으로 식량 불안정 변화와 건강 및 가구 자산에 대한 부정적 영향을 이해하기 위해서는 설문조사가 필수적이지만, 식량보장 위기의 원인과 결과에 대한 보다 종합적인 분석이 필요하다(Barrett, 2010).

환경 변화를 측정하기 위해 원격탐사를 사용함으로써 대규모의 변화가 영양에 미치는 영향을 파악하는 데 집중할 수 있다. 식량 확보, 식량 이용 가능성과 같은 식량보장 평가가 중요하지만, 관찰 가능한 환경 변화가 영양에 직접적으로 미치는 영향을 파악하는 것이 유익하다. 예를 들어, 가뭄으로 인한 영양실조 위험이 증가하면 경제활동뿐만 아니라 다양한 영양지표에 광범위한 영향을 미친다. 어떤 방법을 이용하여 멀리 떨어진 곳이나 현지에서 지표를 측정할 수 있는지는 중요한 문제이다.

식량보장 위기에 대한 취약성 분석을 위한 규모와 지표

1980년대의 수많은 연구는 기근 및 식량보장 위기의 취약성 규모와 지표를 기술하는 취약성 평가를 내용으로 하였다(Downing, 1991). Downing(1991)이 제시한 표 8.1은 이런 지표를 사용하여 위기를 평가하고 적절하게 대응할 수 있는 식별방법을 나타내었다. 대부분 식량보장 평가가 가구와 지역 공동체 규모에서 이루어지지만 기근은 지역과 국가 차원에서 발생한다. 수십 년 동안 국가 식량 수급표는 생산과 수입 능력의 적자가 임박한 식량보장 위기를 진단할 수 있다고 여겨져 이용된 주요 수단이었다. 식량 수급표는 특정 기준 기간 동안 국가 식량공급 패턴을 포괄적으로 보여 준다. 식량 수급표는 각 식량 품목 또는 1차 필수품과 사람이 섭취할 수 있는 잠재적으로 가공된 다수의 물품에 대한 공급원과 그 활용도를 보여 준다.

Amartya Sen은 식량 이용 가능성이나 공급에 대한 이해가 식량 접근성이나 필요시 식량 구입 능력과 결합되어야 한다는 획기적인 연구 결과를 보여 주었다(Sen, 1981). 가구의 식량 생산과 교환, 수급권, 선물, 대출, 구매 또는 기타 수단을 통한 안정적 접근성이 충분한 식량을 구할 수 있는 능력을 키워 준다. 이들은 서로 독립적일 수 있지만 광역과 국가 규모에서 식량 공급과 관련성이 크다(Frankenberger, 1992). 각 가구는 충격에 대해 고유의 취약성을 갖는다. 지역 공동체 또는 지역 내 모든 가구의 총합이 지역의 식량보장 상황을 보여 준다(표 8.1).

이런 취약성 요인은 영양과 건강이 빈약한 식량보장 상황에 영향을 미친다는 결과로서 환경과 시장 상태를 연결하는 지표 개발에 이용될 수 있다. 식량보장의 개념모델은 암묵적으로 또는 명시적으로 가구의 식량보장 지표를 결정한다. 식량 위기 유발 과정을 이해하는 것은 특별한 충격이 식량보장에 미치는 영향을 진단하고 정량화하는 데 중요하다. FEWS NET과 GIEWS는 서로 다른 인구와 경제 집단에 다양하게 미칠 수 있는 영향과 충격을 다루는 광범위한 보고서를 발표하였다.

식량보장 평가의 가구 경제 접근법은 지리학과 농업 생태학, 생산적 자산의 소유권, 가구 간 관계를 포함한 자원에 대한 이해를 제시할 수 있다. 한 지역의 농업 생태학이 생산하거나 키울 수 있는 것을 결정하며, 생산적 자산에 대한 접근성과 가구 간의 관계는 사람들이 식량과 현금 요구를 충족시킬 수 있는 정도를 결정한다. 가구가 접근성을 유지할 수 있는 정도는 식량과 소득에 대한 정기적 접근을 방해하는 위험을 견디고 회복할 수 있는 능력에 달려 있다(FEWS NET, 2012).

2011년 FEWS NET과 UN 세계식량계획은 통합식량보장단계분류(IPC; the Integrated Food Se-

표 8.1 가구 취약성 평가표

위험 유발 현상	대처 능력			
충격/경향	**가구 특성**	**자원 접근성**	**생산/소득 기회**	**지원 구조**
현재 취약성 작물과 가축 생산 (가뭄, 토양 상태, 해충) 시장 위기 (시장 하부구조, 가격 변동, 식량 부족) 정치 위기 (분쟁, 전쟁)	제조 교육 건강 상태 인구 유출	토지로의 접근성 노동으로의 접근성 유동 자산(현금 또는 소득) 생산적 자산(트랙터, 우물, 씨앗 등) 공유 자산자원(야생 식량, 장작) 식품점	작물/가축 생산 임금노동 다른 소득원 계절별 이주	지역사회 지원 메커니즘 비정부 기구 정부 지원 건강 관리 및 사회 서비스로의 접근
미래 취약성 (환경 황폐화, 토지 악화로 인한 이주)	인구구조 변화	토지 거주권 변화	고용 경향 경제 성장	지원 구조 변화 정부 지출

출처: Frankenberger(1991)

curity Phase Classification)의 일부인 식량 불안정성 척도를 채택하였다. IPC는 식량보장 분석과 의사결정 지원을 위한 도구로서 여러 지역과 인구에 대해 표준화된 검토와 비교 분석에 도움을 준다. IPC는 식량보장, 영양, 생활 정보를 급성 식량 불안정의 심각성에 대한 공통 분류로 통합하고, 식량보장 분석을 기초로 확인된 비상 대응이 필요한 우선순위 지역과 인구를 강조하기 위해 이용할 수 있다(IPC, 2012).

IPC는 식량보장의 심각성을 분류하고 의사결정을 지원하기 위하여 실행할 수 있는 지식을 제공하는 일련의 프로토콜(도구 및 절차)이다. IPC(2012)는 식량이 불안정한 사람들에 대한 광범위한 증거를 통합하여 다음 질문에 핵심적 답변을 제공하였다.

- 상황이 얼마나 심각한가?

표 8.2 IPC의 소모성 질환과 성장 저해, 영양실조에 관한 정의와 한계

용어	중요 사항	의미	심각 수준
소모성 질환	신장 대비 몸무게 지수(무게/키)	소모성 질환은 영양 및 건강 상태의 직접적 결과이지만 이용과 해석에서 다음과 같은 한계가 있다. (1) 소모성 질환은 위험의 지표가 되기에 늦게 나타난다. 소모성 질환을 기본으로 한 대응 메커니즘은 의미 있는 행동을 하기에 너무 늦을 수 있다. (2) 급성 영양실조의 수준이 급성 위기 발생시간 외에서 크게 발생한 인구 집단에서는 위기 기간 동안의 수준을 해석하기 어려울 수 있다.	인도주의적 비상사태 발생의 주요 기준치는 소모성 질환이 5세 미만 아동의 15% 이상일 경우이다. IPC 단계에 맞게 조정하면 기근/인도주의 재난에 대한 기준 임계치가 30% 이상이다(Howe and Devereux, 2004).
성장 저해	나이 대비 신장 발육 부진	"부적절한 영양과/또는 반복된 감염으로 서서히 누적된 과정을 통하여 발생하는 아동 성장 저해"(IPC, 2012). 이와 같이 성장 저해는 전반적인 빈곤과 만성적인 영양실조를 나타낸다. 이 중 식량 불안정이 기여요인이 될 수 있다. IPC는 식량보장 상태의 장기적인 영향 척도로서 성장 저해를 포함하는 반면 소모성 질환은 급격하고 매우 역동적인 상황 척도로 더 유리하다.	표준 임계치가 20% 이상인 경우는 만성적으로 식품 불안정에 포함되는 지역이다. 연령<-2Z인 경우 신장 비율: 낮음(20% 미만), 중간(20-29%), 높음(30-39%), 매우 높음(40%이상)(Delpeuch, 2005; Young and Jaspers, 2009)
영양 실조	중증 급성 영양실조는 신장에 비해 매우 적은 체중(WHO 성장 기준 중앙값의 -3Z 점수 이하)과 눈에 띄는 심각한 소모성 질환 또는 영양장애성 부종 여부에 의해 정의된다.	급성 영양실조는 최근 영양 상태의 변화에 대한 직접적인 지표이다. 급성 영양실조가 높거나 증가하는 것은 개인 또는 가구 수준에서 현재 또는 최근의 스트레스를 표현한다.	"5-8%는 걱정스러운 영양 상태; 10%는 심각한 영양 상태에 해당" WHO는 낮음(5% 미만), 중간(5-9%), 높음(10-14%), 매우 높음(15% 이상) 기준을 제공 Howe and Devereux(2005)의 연구에서 "기근상태"는 20-40%, "심각한 기근상태"는 40% 이상으로 기준 제공

출처: IPC(2012)

- 식량이 불안정한 곳은 어디인가?
- 이 지역에 식량이 불안정한 사람들이 얼마나 많이 살고 있는가?
- 사회-경제적 측면에서 식량이 불안정한 사람들은 누구인가?
- 사람들의 식량이 왜 불안정한가?

IPC는 기술적 합의 도출, 심각성과 원인 분류, 행동의 심각성 전달, 품질보증 제공 등 4가지 기능이 있다. IPC는 1990년대 초 Frankenberger와 Downing이 개발한 식량보장 지표에서 파생되었지만, 이전에 사용된 과정 지향적 지표보다 결과에 더 중점을 두고 있다. 또한 IPC는 널리 사용되는 4가지 개념적 체계에 의해서 제작되었다. 즉, 위험도= f(위험, 취약성)로 f는 재난위험 감소 체계, 지속가능한 생계수단 방법, 영양 개념모델, 식량보장의 4가지 차원(가용성, 접근성, 이용성, 안정성)으로 구축되었다.

영양 상태와 사망률 지표가 무엇인지 파악하고 식량 접근뿐만 아니라 환경 변동과 영양 상태와 사망률 지표를 연관시킬 수 있는지가 업무의 중요한 부분이다. 표 8.3은 영양 상태의 간접 측정과 조직이 어느 곳에서 자료를 수집하는지에 대한 설명을 제시하고 있다. 대부분 지표는 수유 프로그램 가입이나 요오드 첨가 식염 소비와 같은 정부가 수집하는 통계의 변화를 기반으로 한다. 이는 각 아동을 대상으로 하는 실제 영양실조와 밀접한 관련이 없을 수 있다. 거의 모든 식량 위기는 가구가 직접 구입할 수 있는 무료 식량 형태의 직접적인 식량 지원 또는 금전 지원과 관련 있다. 만약 영양 문제가 가용성(공

표 8.3 통합식량보장단계분류 편람의 영양 상태지표

변수	간접 지표	자료
영양 상태	저체중	복수 지표 군집 조사(MICS; Multiple Indicator Cluster Survey) 인구와 보건조사(DHS: Demographic and Health Survey) 영양 연구(예: 재난역학연구소 복합 응급상황 자료(Centre for Research on the Epidemiology of Disasters, Complex Emergency Database (CRED CEDAT database))
	수유 프로그램 가입	건강정보 시스템 자료(Health Information System Data Sentinel site data)
	야맹증 만연(5세 미만 아동/임산부)	인구와 보건조사(임산부)
	저체중아 만연	복수 지표 군집 조사
	가정용 요오드화 소금 소비량	복수 지표 군집 조사
	임산부에 대한 철분 및 엽산 보충 프로그램	복수 지표 군집 조사와 인구와 보건조사
	5세 미만 아동 및/또는 모유 수유 중인 여성에게 비타민 A 보충 프로그램	복수 지표 군집 조사

급) 또는 접근(비용)과 관련이 없는 경우, 여분의 식량만 제공하는 식량보장 프로그램은 영양실조와 발육 부진을 감소시키는 데 매우 비효과적이며, 빈곤과 부족한 영양 순환을 차단하고자 하는 목표를 이루지 못할 것이다.

영양실조와 성장 저해의 원인

2011년에 발표된 남수단의 사례연구는 영양실조의 원인에 대한 통찰력을 보여 주었다. 2008-2011년 동안 남수단의 영양부족 상황의 원인을 파악하기 위해 영양 인과관계 분석이 이용되었다. 영양 인과관계 분석은 특정 지역 공동체의 영양 상태에 영향을 미치는 요소에 대한 다양한 내용을 제시하며, 다음과 같은 목적으로 분석되었다(Woldetsadik, 2011).

- 6-59개월 아동의 급성 영양실조 정도 평가
- 영양실조와 맥락적 변수 간 연관성 설정
- 영양 상태에 영향을 미치는 여러 요인의 상대적 중요성 결정
- 로지스틱 회귀분석을 수행하고 아동의 영양 상태와 관련된 근본적 원인(사회-경제와 소비, 위생, 환경, 건강) 사이의 통계적 연관성을 기반으로 인과관계 경로 설정

이 연구는 2008년과 2011년에 무작위로 가구를 추출하였으며, 각 사례는 2008년과 2011년의 극심한 전 세계 급성 영양실조에 대한 높은 신뢰구간을 고려한 후속 조사를 위하여 비율함수를 사용하여 실시되었다. 가구 선정은 규모에 비례하는 확률로 2단계 군집을 기본으로 하였다. 신체 측정과 전후 맥락적 자료는 연구 진행 중인 48개 군집에서 동시에 수집되었다. 전체 각 군집별로 동일한 수의 가구에서 572명의 아동 자료가 수집되었다. 단변량, 이변량 및 다변량 분석이 빈도 분포표와 카이-스퀘어 요인분석, 군집분석, 로지스틱 회귀분석이 수행되었다(Woldetsadik, 2011). 연구방법과 표본에 관한 자세한 내용은 보고서에서 확인할 수 있으며, 전 세계 식량보장 클러스터(Global Food Security Cluster) 웹사이트와 기타 온라인 사이트에서 받을 수 있다.

이 분석의 연평균 급성 영양실조의 기준치는 19%로 세계보건기구가 정한 비상사태 임계치인 15%보다 높은 값이다. 이 연구는 다음의 변수들이 남수단의 급성 영양실조와 유의미하게 관련되어 있음을 보여 주었다.

- 보호자 교육 상태
- 어머니 직업
- 가정용 물 처리 습관
- 손씻기 행동
- 설문 조사 전 15일 내 아동 질병(특히, 설사와 말라리아 발병)
- 분만 시간과 분만 장소 지원
- 산전 관리 가능성
- 배설물 및 가정용 쓰레기 처리

이 모델에는 가구의 식량 불안정에 대한 정보가 포함되었지만, 식량 공급 자료나 생산, 날씨와 같은 환경변수는 회귀분석에 포함되지 않았다. 이 변수들은 가구의 식량 소비점수를 이용하여 기술한 식량 불안정 척도에 포함되었다(Deitchler et al., 2011). 소비점수는 식량에 대한 부적절한 접근성을 상기시키는 질문에 대한 반응으로 (1) 가정용 식량 공급에 대한 불안, (2) 다양성과 선호도, 사회적 수용성에 대한 품질 부족, (3) 부족한 식량의 양과 섭취 및 식량 결핍으로 인한 신체 결과 등을 나타내는 데 중점을 두었다(Deitchler et al., 2011).

이 연구는 다양한 식이요법이 이루어지지 않은 아동 사이에서 높은 빈도의 급성 영양실조를 발견하였지만, 영양실조와 가구 내 기근 척도 및 식량 소비점수 간에는 유의한 상관관계를 찾지 못하였다. 이는 식량보장이 빈약하거나 극도로 저조한 가구와 적절하거나 허용 가능한 수준의 식량보장이 보장된 가구에서 급성 영양실조 비율이 동일하다는 것을 의미한다. 식량에 대한 접근도 급성 영양실조에 영향을 미치지 않았으며, 이 연구에서는 건강과 관련된 식생활과 위생 조사 결과가 전적으로 이 지역 영양실조의 원인으로 확인되었다.

Woldetsadik은 영양실조의 계절변화와 시간에 따른 변화에 대해서도 보고하였다. 우기 전과 우기에는 수확 후보다 영양실조 비율이 매우 높았고, 매년 강수가 있었던 달 이전 기간은 지역의 주요 식단인 물고기와 우유 생산량이 저조하였다. 소의 방목지가 멀리 떨어진 저지대에 있고 강과 웅덩이가 말라서 물고기를 더 이상 식단에 보충하지 못하였다. 따라서 저장해 놓은 작물을 계속 섭취해야 하므로 인구는 점점 식량 부족에 취약하게 된다(그림 8.3). 이런 계절적 증가는 제6장에 설명된 계절적 가격 인상을 반영하며 다양성과 식량뿐만 아니라 여러 요인으로 인해 발생할 가능성이 크다.

이 분석의 결론은 시장에서 더 많은 식량을 제공하거나 더 많은 식량을 구입할 수 있는 소득을 지원해 주는 것이 가구의 영양실조를 낮추지 못하는 이유이다. 실제로 2005년부터 2008년까지 수단에 대

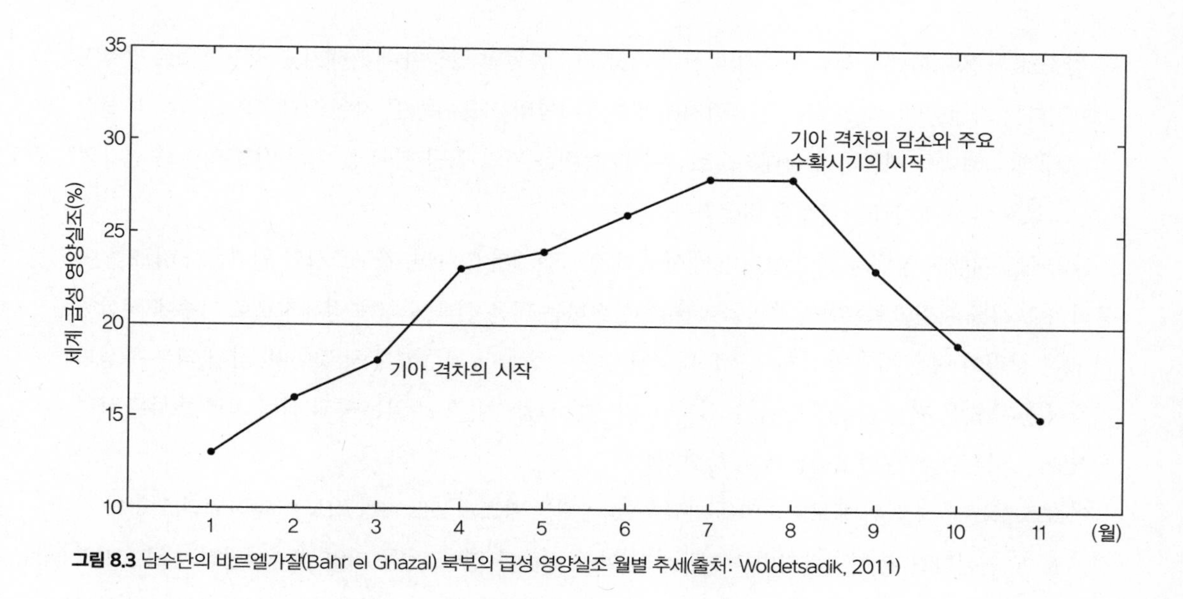

그림 8.3 남수단의 바르엘가잘(Bahr el Ghazal) 북부의 급성 영양실조 월별 추세(출처: Woldetsadik, 2011)

한 지원금이 크게 증가하고(FAIS, 2012) 내전 이후 2011년 독립한 남수단으로 상당한 액수의 지원금이 직접 제공되었지만, 지난 10년간 남수단의 급성 영양실조 비율은 거의 또는 전혀 변화가 없었다. 시장 기능과 환경 변동에 관한 더 많은 정보가 사용될지라도 남수단과 같은 매우 빈곤하고 식량이 부족한 지역의 수요를 해결하기 위해서는 단순 정보보다 훨씬 더 많은 정보가 필요할 것이다.

환경과 영양

특정 지역의 영양실조 원인 이외에 장기간의 환경 변화와 영양 간의 연관성에 대해서는 문헌에서 잘 설명되지 않는다. 더 큰 차원에서 인류의 생존과 복지는 기본적으로 식량과 의약, 수분(受粉), 연료 및 공기정화를 위한 깨끗한 물과 식물종 및 동물종을 포함하는 생태계에 의존한다. 이런 자연의 혜택을 기술 기반으로 대체하려면 인프라와 강력한 기관의 투자 필요성이 커진다. 날씨로 인한 식량 생산 변동을 조절하면서 환경 변화에 대한 정보를 명시적으로 포함하는 영양과 식이 다양성을 조사한 연구가 흥미롭다. 그러나 개인의 역사와 소득, 소수 민족, 교육, 성격, 정치적 고립 등을 포함하여 어느 한 개인의 건강 악화에 대한 원인은 다양하므로 이러한 연관성을 확인하는 것은 어려울 것이다.

Johnson et al.(2013)의 연구는 말라위의 아동 식이 다양성과 영양 상태, 질병(설사)과 원격탐사에 의한 삼림 변화에 관한 자료를 제공하였다. 이 연구에서 검증된 가설은 말라위의 삼림 벌채와 삼림 피복 감소로 환경이 황폐화되고 생태계의 질이 저하되어 아동의 영양이 부족해지고 결과적으로 건강이 악화된다는 가설이다. 즉, 보고서는 삼림지대와 보호지역의 비율이 높은 자연 그대로의 환경은 본질적인 생태계의 혜택을 제공하며 상대적으로 우수한 능력을 가지게 될 것이고, 이는 인류 영양과 건강의 향상으로 이어질 것이라는 가설을 뒷받침하였다.

만약 삼림지대의 상태와 건강 상태의 개선 간에 인과관계가 있다면, 가구조사와 원격탐사 자료를 이용하여 관계를 시험할 수 있다. 사람들이 살기 시작하는 곳은 선택에 의해 정해지므로 거주에 적합하지 않은 삼림이 적은 지역에 경제적으로 넉넉지 않은 사람들이 거주하게 될 것이다. 삼림 피복 특성과 건강이 좋지 않은 것은 관련이 없을 수 있지만, 가난한 사람들이 살고 있는 곳과 삼림 피복 특성은 관련이 있어서 이런 관계를 탐구하는 것이 중요하다.

이 보고서는 분석을 위해 보호지역에 가까운 곳의 위성 자료와 GIS 기반 정보를 말라위의 인구와 건강 자료에 연결하였다. 다변량기법을 이용하여 아동 건강과 영양, 생물 다양성(삼림면적과 보호지역 인접도(PA) 대비) 및 생물 다양성 변화(10년 삼림 보호 또는 손실) 간의 연관성을 평가하였다. 이 연구에서 자료가 수집된 시기의 정규식생지수(NDVI)를 기반으로 더미변수를 사용하여 날씨와 계절성 영향을 제거하였다.

인구와 보건조사(DHS) 정보

인구와 보건조사는 개발도상국의 인구와 건강, 영양지표에 대한 정량 자료의 금본위제도적인 원천이다. 이는 각 표본가구의 자격을 갖춘 응답자(15-49세 여성 및 15-59세 남성)를 설문하여 이런 주제에 대한 상세한 정보를 제공하는 표본 크기가 큰 전국 및 하위 단위의 가구조사이다. 이 자료는 가구와 기타 사회경제 특성에 대한 정보도 포함하고 있다. 인구와 보건조사 자료는 계층화된 2단계 군집 설계를 이용하여 선택된 확률표본으로 수집된다. 인구와 보건조사 측정은 국가 차원에서 도시/농촌 거주지와 주 정부 수준(부서, 주)에 따라 가중치가 부여되었다. 미국 국제개발처(USAID)가 자금 지원 프로젝트를 시작한 1984년 이래로 90개국 이상에서 300개 이상의 인구와 보건조사에 관한 설문조사가 실시되었다.

1990년대 중반 이후 인구와 보건조사 프로젝트는 군집 수준에서 조사국 대부분의 지리정보를 수집하였다. 각 가구 군집의 위·경도 좌표값이 설문 결과에 환경 정보를 연결한다. 인구와 보건조사를 수행하기 위한 현장조사 활동 중에 조사된 거주 지역의 대략적인 중심(군집 중심)을 위한 위성항법장치(GPS; Global Positioning system) 좌표가 휴대용 GPS 장치로 수집된다. 응답자의 비밀보장을 위하여 자료처리 과정에서 GPS 좌표가 대치되었다. 변위는 무작위로 적용되어 농촌에서는 최소 0km와 최대 5km, 도시에서는 최소 0km와 최대 2km의 위치 오류가 발생하였다. 농촌 표본지점의 1%는 최소 0km와 최대 10km의 위치 오류가 상쇄되었다. 이런 무작위 이동은 군집으로부터 다른 관심 위치까지의 정확한 거리를 계산하기 어렵게 하고, 인구와 보건조사와 경관/지구 물리 자료를 연결할 때 특정 유형의 버퍼를 사용하게 한다(Brown et al., 2013).

말라위와 생태계 서비스

말라위는 삼림 벌채와 아동 영양부족, 아동 사망률이 매우 높으며, 생태계에 대한 의존도도 높다. 말라위는 연간 3.4%의 높은 삼림 벌채 비율로 1990년에서 2005년 사이에 원시림 60만 ha 정도가 소실되었다(Berry et al., 2009). 말라위 인구의 80% 이상이 농촌에 거주하며 식량과 연료, 생계유지를 위한 천연자원 의존도가 높다(United Nations, 2011). 총아동의 47%가 성장이 저해되었고, 5세 이하 사망률이 출생 1,000명당 112명이다(DHS, 2011).

이 분석은 독립변수(삼림 피복 또는 10년간 삼림 피복 변화)와 선정된 종속변수(심각한 성장 저해, 식이 다양성, 비타민 A가 풍부한 식량 섭취 또는 설사 경험) 간의 상관관계를 파악하기 위하여 다변량 비가중치 이항 회귀분석을 이용하였다. 또한 아동의 나이와 수자원, 화장실 시설, 어머니 교육 정도, 자산 5분위 수, NDVI, 가족이 외부로 이주했는지 여부와 같은 자료를 활용하여 교란변수를 제한하였다. 수분 상태에 의한 날씨와 식량 생산 변동성은 가구가 조사된 시기의 월별 NDVI를 이용하여 조절하였다. 관심 있는 독립변수는 각 인구와 보건조사의 표본집단과 관련된 삼림 피복률을 대표하는 범주형 변수(삼림 피복률 0-9%, 10-19%, 20-29%, 30-39%, 40-49%, 50-59%)와 2000년에서 2010년까지 10년간 삼림 피복 변화를 반영하는 또 다른 범주형 변수(변화 없음, 순 삼림감소, 순 삼림 벌채)를 포함하였다. 삼림 피복 자료는 250m 해상도의 MODIS 식생 연속 장에서 도출되었다(DiMiceli et al., 2011). 결과는 인과관계를 제외한 독립변수와 종속변수 간의 연관성을 나타내는 교차비로 표현되었다(Johnson et al., 2013).

연구에 의하면, 지난 10년 동안 삼림의 순 손실로 특징지어지는 인구와 보건조사 집단의 아동들에 대하여 기준 범주와 비교하여(삼림 피복의 순 변화 없음) 다양한 식이요법을 시행할 확률이 19% 감소하였으며, 비타민 A가 풍부한 음식을 섭취할 확률이 29% 감소하였다(그림 8.4). 반대로 삼림면적 비율이 높은 지역사회에 거주하는 아동은 비타민 A가 풍부한 식량을 섭취할 확률이 높았고 설사 발생확률은 낮았다. 2000년에서 2010년까지 삼림 보호지역에서 순 이득을 얻은 집단에 사는 아동은 설사 확률이 34% 감소하였다. 환경변수와 아동 성장 저해 간의 관계는 통계적으로 유의하지 않았다.

이런 결과는 식량 가용성이 주요인이 아니더라도 환경 변동 및 변화와 다양한 영양 간의 관계가 있

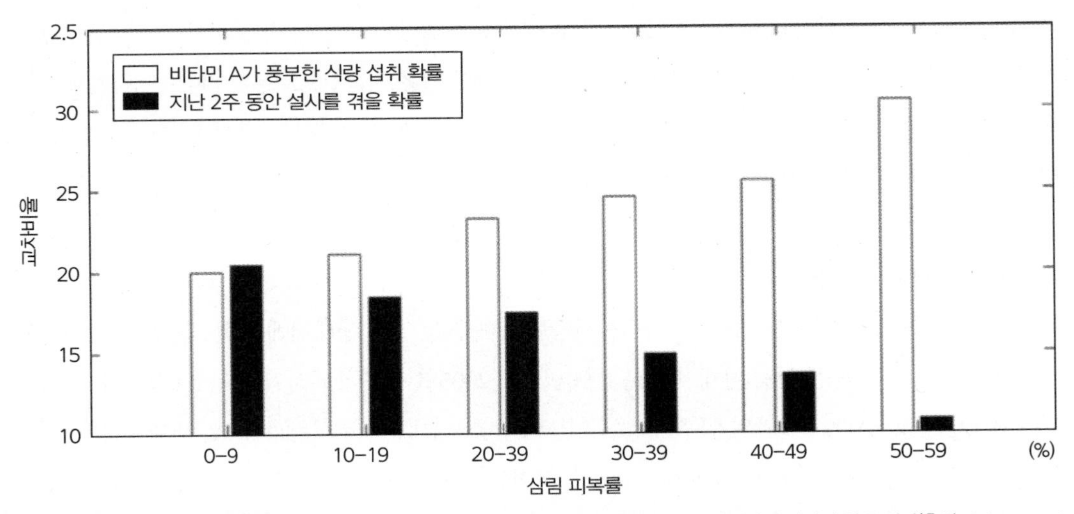

그림 8.4 비타민 A가 풍부한 식량을 섭취하고 지난 2주 동안 설사를 겪을 확률을 보여 주는 말라위 지역의 연구 결과(출처: Johnson et al., 2013)

다는 것을 보여 주었다. 환경과 건강 사이에는 다양한 경로로 관계가 있다. 말라위 대상의 연구는 완전한 생태계와 건강 사이의 관계를 결정적으로 증명하지 못하였으나, 이후 이런 분석 지역이 네팔, 우간다, 케냐, 말리 등으로 확대되었다. 연구 지역이 다른 곳으로 확대됨에 따라 식량 가용성, 식량 생산, 영양 간의 연관성이 강화될 것이다.

식량 가용성과 영양: 서아프리카

환경충격의 중요성을 이해하는 것에 초점을 둔 연구에서는 영양을 추정하기 위한 다양한 자료를 이용할 수 있다. 지속적인 식량원조 프로그램과 어린 시절의 식량지원, 건강, 기타 영양 캠페인, 그 외 활동 등이 5세 미만 아동의 영양 상태에 영향을 미친다(Johnson and Brown, 2013). 이런 전반적인 식량 불안정을 줄이려는 노력은 강수량이 증가하면서 식생 생산성이 좋아지고, 뚜렷한 경제성장이 이루어지는 기간에 행해졌다(USAID, 2012; USDA, 2012). NDVI와 인구와 보건조사 정보를 연관 지은 연구가 기후 변동성이 아동 사망률과 영양에 미치는 영향을 이해하는 데 도움을 준다. 이런 결과는 인구군의 각 아동을 직접 표본화하여 측정하며 광범위한 프로그램 및 정부 개입 노력에도 불구하고 광범위한 사회경제 조건에 의해 영양이 결정된다는 것을 보여 준다. 이는 FAO의 영양부족 통계와 다른 시나리오로 국가 수준의 인구와 식량 생산 통계분석을 통하여 간접적으로 측정되며, 여기에는 오류와 불확실성이 있다.

날씨와 농업 성장조건이 영양에 미치는 영향을 제거하기 위해 NDVI를 회귀분석의 변수로 이용할 수 있다. NDVI와 4개 국가(베냉, 부르키나파소, 기니, 말리)의 인구와 보건조사 변수와 아동 생존 자료에서 아동 영양 상태(성장 저해 및 소모성 질환)에 대한 기준 아동의 생년월일을 연계시켰다. 식생 성장으로 대신할 수 있는 환경 상태와 아동 생존 및 영양 간의 연관성은 다변량기법을 이용하여 평가하였다(Johnson and Brown, 2013). 생육시기의 활력에 관한 위성 자료를 이용한 초기 연구와 후속 연구들이 영양 상태와 생존에 영향을 미칠 것이라 기대되는 기후변화(온난화 추세와 이상기상 패턴)가 생육조건에 어떻게 영향을 미치는지에 관하여 의미 있는 논의를 제공할 것이다.

영양 상태와 생존 자료, 기타 개인 수준의 특징은 베냉(2001), 부르키나파소(2003), 기니(2005), 말리(2001; 2006)를 대상으로 한 인구와 보건조사(미국 국제개발처의 자금지원 프로그램) 자료를 이용하였다. 인구와 보건조사는 계층적 이항군집 설계를 이용하여 선택된 전국 규모를 대표하는 확률표본에서 수집되었다. 각 조사에 대한 상세한 정보는 각 최종 보고서(베냉: Institut National de la Statistique et de l'Analyse Économique(INSAE) et OR C Macro 2002; 부르키나파소: Institut National de la Statistique et de la Démographie et OR C Macro 2004; 기니: Direction Nationale de la Statistique (DNS) (Guinée) et OR C Macro 2006; 말리: Cellule de Planification et de Statistique du Ministère de la Santé et al., 2002 and 2007)에서 확인할 수 있다(Johnson et al., 2013). 서아프리카는 천수농업이 주된 생계 수단이므로, 특히 기후변화의 영향과 변화하는 조건에 적응할 수 없는 능력 때문에 타격을 입을 수 있다. 4개 국가는 다양한 생태계가 분포하며 경제 능력에 차이가 있고 강수량 분포 차이가 크다.

말라위 연구에서와 같이, 인구와 보건조사와 GPS 데이터는 7월, 8월 및 9월의 평균 AVHRR NDVI 데이터로 중첩되어 각 인구와 보건조사 군집 중심에서 NDVI 값을 추출하였다. 교란변수를 조절하기 위하여 추가 변수와 함께 NDVI와 관심 있는 변수 사이의 관계에 대한 이변량 분석을 이용한 일원분산분석기법이 사용되었다(표 8.4). 말라위 연구처럼, 결과는 독립변수와 종속변수 간의 연관성을 인과관계 없이 교차비로 표현하였다.

그림 8.5는 분석 결과를 요약한 것이다. 이 모델에서 일관되게 중요한 변수는 대부분의 국가에서 성장 저해 위험을 줄이는 어머니의 교육 정도이다. 막내 아이들은 모유 수유로 어느 정도 영양부족을 막을 수 있어서 아동의 나이가 영양 퇴보 측면에서 중요하다. 아이들이 성장하면서 에너지 대부분을 다른 식량 공급원에 의존해야 하므로 식량 부족과 불안정, 가용 식량의 영양 불량, 감염 위험 증가 등의 영향이 분명해진다.

표 8.4 분석에 이용된 인구와 보건조사 표본의 세부 정보(2001년 베냉, 2003년 부르키나파소, 2005년 기니, 2001년과 2006년 말리)

조사	농촌 가구 응답률(%)	농촌 개인 여성응답률 (%)	15-49세 농촌 여성 설문 조사 사례 수	생존분석을 위한 사례 수[1]	신체 계측을 위한 사례 수[2]	헤모글로빈 분석을 위한 사례 수[3]
베냉(2001년)	97.1	96.9	3,835	2,001	1,647	838
부르키나파소(2003년)	99.7	96.8	9,463	4,803	3,893	1,465
기니(2005년)	99.6	98.2	5,599	2,756	1,180	1,145
말리(2001년)	98.5	95.8	9,340	5,363	4,192	1,296
말리(2006년)	99.0	97.1	9,440	5,199	4,252	1,463

주: 1. 조사 기준 설문조사 대상인 농촌 여성의 가장 최근 출산이 36개월 미만인 경우
2. 조사 기준 설문조사 대상인 농촌 여성의 가장 최근 출산이 36개월 미만이며 유효한 신체 계측 조사 실시한 경우
3. 조사 기준 설문조사 대상인 농촌 여성의 가장 최근 출산이 6-35개월 사이이며 유효한 헤모글로빈 조사를 실시한 경우로 모든 조사의 빈혈 검사를 위한 대표적인 보조 표본으로 선정됨.

이 분석에 의하면 NDVI는 가뭄이 가장 심한 부르키나파소와 말리에서 사망 위험 증가와 통계적으로 유의한 관계가 있다. NDVI 증가가 2001년 부르키나파소에서의 사망률 13% 감소와 2001년 말리에서의 사망률 7% 감소를 설명할 수 있다. 그러나 말리 조사에서 NDVI 변수는 2001년에만 통계적으로 유의하고 2006년에는 유의하지 않았다. 이들 국가에서 사망률과 가장 연관이 있는 변수는 출생 간격이었다. 첫 출생과 비교하여 출생 간격이 긴 아동의 사망률 감소가 통계적으로 유의하다. 그러므로 작물 수확량의 대체 지수인 NDVI와 아동 사망률 관계는 국가와 시간에 따라 다른 양상을 보인다.

NDVI는 성장 저해와의 관계에서도 일관성이 없다. 이런 다양한 관계는 다른 연구에서도 관찰되었다(Curtis and Hossain, 1998). 베냉에서 NDVI가 증가하면 성장 저해는 40% 증가하였다. 2006년 말리를 대상으로 한 연구에서 NDVI의 증가에 따라 성장 저해가 12% 감소하였다. 일부 다른 국가에서도 NDVI와 성장 저해의 관계가 통계적으로 유의하지 않았다. 베냉에서 NDVI 편차와 성장 저해 간의 양의 관계에 대한 요인은 다양할 수 있다. NDVI 값은 증가한 생산성 때문이 아니라 적은 운량 때문에 더 높을 수 있다. 기후변화로 아동 섭취에 중요한 채소와 같은 일부 작물 생산이 감소할 수 있다. 대안으로 분석할 수 있는 연구는 질병과의 관계나 앞의 분석에서 밝힐 수 없는 식량 공급의 균류 오염 증가에 관한 분석이다.

말리 조사에서 NDVI와 소모성 질환 감소의 관계가 통계적으로 유의하였다(2001년 11% 감소, 2006년 7% 감소). 2001년 말리 모델에서 나이를 제외하면 NDVI가 가장 중요한 변수이다. 2006년의 말리 자료에서 어머니가 비농업 분야에 종사한 아동이 농업 분야에 종사한 아동보다 소모성 질환에 걸릴 확률이 더 낮았다. 가장 부유한 5분위 가정에서 살고 있는 아동들도 2006년 말리 자료 분석에서 소모성 질환 발생 경향이 뚜렷하게 감소하였다. 그 외 모든 국가에서 나이가 심각한 소모성 질환의 가장 중요

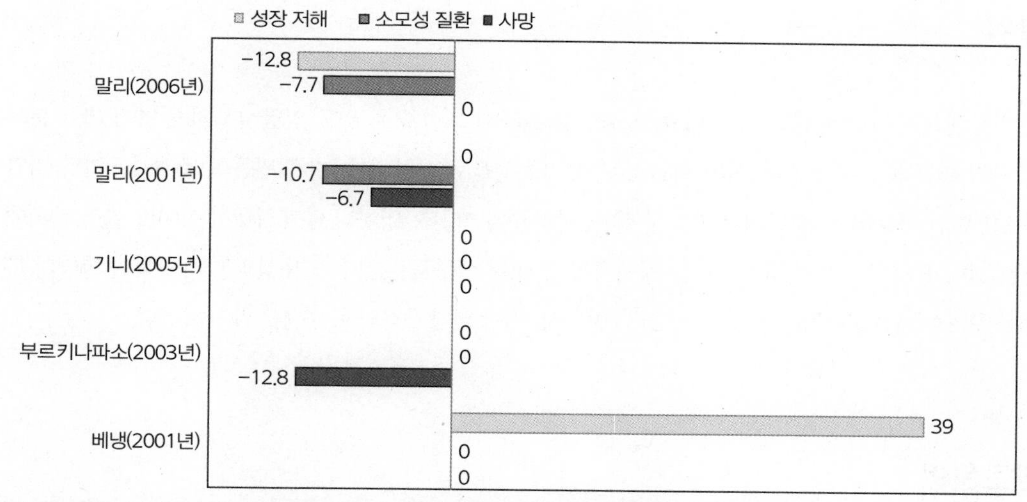

그림 8.5 NDVI의 증가와 5세 미만 아동의 성장 저해, 소모성 질환, 사망률의 변화율($p < 0.05$에서 유의함.)

한 발생 요인이었다(Johnson and Brown, 2013)

환경 다양성의 영향은 국가와 지역의 대응에 따라 달라질 것이다. 이 분석에서 매우 건조한 부르키나파소와 말리는 NDVI의 변화에 가장 강한 반응을 보였다. 2001년 부르키나파소와 말리는 NDVI가 증가할 경우 사망률이 감소하였고, 말리에서는 NDVI가 증가할 경우 소모성 질환의 발생 확률이 뚜렷하게 감소하였다. 그러나 부르키나파소는 NDVI와 소모성 질환 발생 간의 어떤 관계도 나타나지 않았다. 이런 차이는 양국의 사회, 정치, 경제 상황의 차이점을 부각시킨다(Johnson and Brown, 2013).

이런 결과는 시간이 지남에 따라 지역사회에 영향을 미치는 다른 프로그램과 프로젝트 활동의 순 효과를 보여 준다. 그러므로 2001년 말리에서 나타난 결과는 가정 복지에 뚜렷하게 기여할 수 있는 아동 영양 또는 식량가격 하락, 성장하는 지역경제를 위한 자원에 대한 접근성 향상에 의한 것일 수 있다. 이 중 정확히 어떤 것이 시간이 지남에 따라 감소했는지 또는 결과가 잘못된 것인지 여부는 불분명하다.

이 분석에서 NDVI와 종속변수 간의 연관성에 대한 국가별 다양성은 농산물과 같은 NDVI와 아동 영양 및 생존 결과 간의 경로에 대한 추가 조사를 필요로 한다. 추가 분석에서 고려할 수 있는 관심 분야는 수년 동안의 NDVI와 여성 신체 계측 간의 관계를 살펴보는 것이다. 또한 인구와 보건조사 자료는 도시의 아동기 영양과 지방의 영향, 지역 및 전구 규모의 환경 변동의 영향, 시장의 식량가격 조사에 유용할 것이다(Johnson and Brown, 2013).

요약

이 장에서는 영양에 대한 가구 내 식량 불안정 결과에 초점을 두었다. 영양실조의 원인에 대한 분석과 환경 변동과 인류 건강 사이의 개념적 관계 가능성을 조사하였다. 기후 변동성이 서아프리카 지역의 5세 미만 아동의 성장 저해와 소모성 질환, 사망률에 미치는 영향과 말라위에서 식이와 설사 질환에 대한 생태계 서비스의 변화 가능성을 제시하였다. 이런 연구들은 기후 변동성과 다차원적인 영향의 복잡성을 보여 주지만 식량보장 측정과 기후 변동성, 지방 식량가격의 중요성을 제기하였다.

참고문헌

Alderman, H., Hoddinott, J. and Kinsey, B. (2006) Long term consequences of early childhood malnutrition. *Oxford Economic Papers*, 58, 450-474.

Atinmo, T., Mirmiran, P., Oyewole, O. E., Belahsen, R. and Serra- Majem, L. (2009) Breaking the poverty/malnutrition cycle in Africa and the Middle East. *Nutrition Reviews*, 67, S40-S46.

Barrett, C. (2010) Measuring food insecurity. *Science*, 327, 825-828.

Berry, N., Utila, H., Clunas, C., Viergever, K. and Tipper, R. A. (2009) Avoiding unplanned mosaic degradation and deforestation in Malawi. Blantyre, Malawi, PLANVIVO.

Blaikie, P. and Brookfield, H. C. (1987) *Land degradation and society*, London, Methuen.

Brown, M. E., Grace, K., Shively, G., Johnson, K. and Carroll, M. (2014). Using satellite remote sensing and household survey data to assess human health and nutrition response to environmental change. *Population and Environment*, DOI 10.1007/s11111-013-0201-0.

Curtis, S. and Hossain, M. (1998) The effect of aridity zone on child nutritional status: West Africa spatial analysis prototype exploratory analysis. Calverton MD, Macro International Inc.

Deitchler, M., Ballard, T., Swindale, A. and Coates, J. (2011) Introducing a simple measure of household hunger for cross- cultural use. Washington DC, USAID Food and Nutrition Technical Assistance (FANTA).

Delpeuch, M. F. (2005) Nutrition indicators for development: Reference guide. Rome, Italy, Food and Agriculture Organization.

DHS (2011) Malawi demographic and health survey 2010. Zomba, Malawi, Malawi National Statistical Office (NSO), and Calverton MD, ICF Macro International.

Dimiceli, C. M., Carroll, M. L., Sohlberg, R. A., Huang, C., Hansen, M. C. and Townshend, J. R. G. (2011) Annual global automated MODIS vegetation continuous fields (mod44b) at 250 m spatial resolution for data years beginning day 65, 2000-2010, collection 5 percent tree cover. College Park MD, University of Maryland.

Downing, T. E. (1991) Assessing socioeconomic vulnerability to famine: Frameworks, concepts, and applications. Washington DC, US Agency for International Development Famine Early Warning System.

Ellis, W. S. (1987) Africa's Sahel: The stricken land. *National Geographic*, 172, 140-179.

FAIS (2012) World food aid flows. Rome. Italy, UN World Food Programme.

FEWS NET (2012) Famine early warning system network home page. Washington DC, USAID FEWS NET.

Frankenberger, T. R. (1992) Indicators and data collection methods for assessing household food security. In Maxwell, S. and Frankenberger, T. R. (Eds.) *Household food security: Concepts, indicators, measurements*, New York, United Nations Children's Fund - International Fund for Agricultural Development.

Golden, C. D., Fernald, L. C. H., Brashares, J. S., Rasolofoniaina, B. J. R. and Kremen, C. (2011) Benefits of wildlife consumption to child nutrition in a biodiversity hotspot. *Proceedings of the National Academy of Sciences*, 108, 19653-19656.

Howe, P. and Devereux, S. (2004) Famine intensity and magnitude scales: A proposal for an instrumental definition of famine. *Disasters*, 28, 353-372.

IPC (2012) Integrated food security phase classification technical manual version 2.0: Evidence and standards for better food security decisions. Rome, Italy, Food and Agriculture Organization.

Johnson, K. B. and Brown, M. E. (2013) Environmental risk factors and child nutritional status and survival in a context of climate variability and change. *Journal of Applied Remote Sensing*. In press.

Johnson, K. B., Jacob, A. and Brown, M. E. (2013) Forest cover associated with improved child health and nutrition: Evidence from the Malawi demographic and health survey and satellite data. *Global Health: Science and Practice*, 1, 237-248.

Kates, R. W., Turner, B. L. and Clark, W. C. (1990) The great transformation. In Turner, B. L. (Ed.) *The Earth as transformed by human action*, Cambridge, Cambridge University Press.

Lozoff, B., Beard, J., Connor, J., Barbara, F., Georgieff, M. and Schallert, T. (2006) Long- lasting neural and behavioral effects of iron deficiency in infancy. *Nutrition Reviews*, 64, S34-43, S72-91.

Montgomery, D. R. (2007) Soil erosion and agricultural sustainability. *Proceedings of the National Academy of Sciences*, 104, 13268-13272.

Myers, S. and Patz, J. (2009) Emerging threats to human health from global environmental change. *Annual Review of Environmental Resources*, 34, 223-252.

Myers, S. S., Golden, C. D., Ricketts, T., Turner, W. R., Redford, K. H., Gaffikin, L. and Osofsky, S. A. (2013) Human health and ecosystem alteration: A critical review. *Proceedings of the National Academy of Sciences*, 110, 18753-18760.

Reid, W. V., Mooney, H. A., Cropper, A., Capistrano, D., Carptenter, S. R., Chopra, K., Dasgupta, P., Dietz, T., Kuraiappah, A. K., Hassan, R., Kasperson, R. E., Leemans, R., May, R. M., Mcmichael, A. J., Pingali, P., Samper, C., Scholes, R. J., Watson, R. T., Zakri, A. H., Shidong, Z., Ash, N. J., Bennett, E., Kumar, P., Lee, M. J., Raudsepp-Hearne, C., Simons, H., Thonell, J. and Zurek, M. B. (2005) *Millennium ecosystem assessment synthesis report*, London, Island Press.

Sanchez, P. (2002) Soil fertility and hunger in Africa. *Science*, 295, 2019-2020.

Sen, A. K. (1981) *Poverty and famines: An essay on entitlements and deprivation*, Oxford, Clarendon Press.

United Nations (2011) World urbanization prospects, the 2011 revision: Country profile: Malawi. Rome, Italy, United Nations Department of Economic and Social Affairs.

USAID (2012) Feed the future, the US government's global hunger and food security initiative: Boosting harvests, fighting poverty. Washington DC, US Agency for International Development.

USDA (2012) Global food security science white paper. Washington DC, US Department of Agriculture Research, Education and Economics, Office of the Chief Scientist.

Wessels, K. J., Prince, S. D., Frost, P. E. and Van Zyl, D. (2004) Assessing the effects of human-induced land degradation in the former homelands of northern South Africa with a 1km AVHRR NDVI time-series. *Remote Sensing of Environment*, 91, 47-67.

WFP (2013) Hunger facts. Rome, Italy, United Nations World Food Programme.

WHO (2013) World health organization nutrition information. Rome, Italy, World Health Organization.

Woldetsadik, T. (2011) ACF nutrition causal analysis: Aweil East county, northern Bahir el Ghazal state, South Sudan. Washington DC, Action Against Hunger USA.

Young, H. and Jaspers, S. (2009) Review of nutrition and mortality indicators for the integrated food security phase classification (IPC) reference levels and decision-making. Rome, Italy, UN Standing Committee on Nutrition.

제 9 장

가격 변동의 정책적 함의와 향후 과제

이 장의 목표

이 장에서는 미래를 내다보며 세계 식량보장을 향상시켜야 하는 의사 결정자들을 위한 권고와 정책 제안을 제시하였다. 먼저, 모든 사람의 식량보장 달성과 관련하여 지구촌이 직면한 문제를 살펴보고, 경제 모델링과 정보로 식량가격 급변과 관련하여 가장 많이 사용되는 3가지의 정부정책 대응, 즉 무역 정책, 곡물저장 프로그램, 사회 안전망을 설명하였다. 그다음 기후 변동성과 가격 정보를 통합하는 모델로 정책 실행을 향상시킬 수 있는 방법을 살펴보았다. 마지막으로 변동이 심한 높은 식량가격과 기상이변이 식량보장에 미치는 영향을 줄이는 데 도움이 되는 기술적 해법, 개발과 이니셔티브, 시장, 가격, 환경 정보 결과물을 기술하였다.

분배와 거버넌스, 제도

이 책의 가설은 높은 식량가격과 전례 없는 가격 변동이 식량보장에 큰 악영향을 미치며, 가격 변동은 기후 변동성과 그것이 현지 식량 생산에 미치는 영향의 결과라는 것이다. 지난 10년 동안 쌀과 밀, 옥수수의 국제 가격은 거의 두 배로 뛰었다. 식량가격 급등은 의료비와 영양 상태, 소년·소녀의 학교 교육, 아동 노동, 저축 등 사회복지에 큰 영향을 미칠 수 있으며 이런 영향은 되돌리는 것이 불가능할 수 있다(Grosh et al., 2008). 식량가격이 급등하는 가운데 충분히 식량을 소비하고 핵심 생계 수단을 지키는 일은 최상위층을 제외한 모든 이에게 상당히 힘들 수 있으며, 소득 절반 이상을 식비로 지출하는 국가에서는 더욱 그럴 것이다.

무역과 식량 판매는 모든 사람에게 식량을 충분히 공급하는 것과 식량을 재배하는 농부에게 소득을 제공하는 일의 핵심이다. 무역은 현지 생산이 불충분할 때 식량을 수입할 수 있도록 하여 공급을 안정시킬 수 있다. 무역이 제대로 작동하려면 정부와 공조직이 평화, 법치, 농업 생산성 증대를 위한 공적 연구, 깨끗한 물, 전기, 농촌 교통 인프라와 같은 필수 공공 서비스를 반드시 제공해야 한다. 많은 사람이 식량 불안정 상태에 있는 개발도상국에서는 정부와 시민사회가 현지와 국가 시장과 식량 거버넌스 구조에 미치는 영향이 약하다(Paarlberg, 2002). 이 문제에 대처하는 일은 농부가 교통비, 시장비용, 뇌물 등의 비용 때문에 이윤이 잠식되는 일 없이 자신의 잉여 농산물을 내다팔 수 있어야 하므로 현지 시장 기능 향상이 매우 중요하다. 판매비용 절감과 관련된 정부/비정부 기구의 능력을 향상시키는 일은 식량이 부족한 현지 농부의 생산 확대 능력을 크게 향상시켜 늘어나는 인구의 수요를 충족시킨다는 목표에 매우 중요하다(Ihle et al., 2011).

빈곤층과 농촌 주민의 정치적 주변화(marginalization)는 농촌의 교통 인프라 확충을 지연시키고 농부와 소비자를 분리시켜 식량 불안정을 악화시킨다(Harding and Wantchekon, 2012). 농촌 인프라가 개선되면 농부와 현지, 국가, 국제 시장이 연결되어 농부가 생산한 상품을 판매할 수 있으며, 가장 저렴한 가격으로 식량을 구할 수 있다. 아프리카 대부분 지역은 농촌 인프라가 낙후되어 있다. 일부 지역에서 40년 동안 도로와 철도 인프라의 발전이 전혀 없었다. 광역 수준의 통합과 무역을 잘 활용하면 생산에서 규모의 경제를 창출할 수 있으며, 농부를 위한 시장을 확대하고 소비자가 이용할 수 있는 식량의 다양성도 늘릴 수 있다. 세계 경제 통합이 증진됨에 따라 아프리카 생산자들의 상품 판매시장도 확대될 것이며, 도시 소비자가 원하는 새로운 식품을 생산하기 위한 투자도 할 수 있을 것이다(UNDP, 2012). 통합은 지역 공동체에 위험도 가져오지만, 식량가격이 낮아지면 편익이 그런 위험을 상쇄할 가능성이 크다(Barrett and Bellemare, 2011; Moseley et al., 2010).

정부와 의사 결정자는 앞에서 언급한 정책 도구를 사용하여 높은 식량가격의 영향을 완화할 수 있지만, 기후 변동성과 높은 식량가격이 빈곤층에 미치는 직접적인 영향을 줄일 수 있는 다음과 같은 방법도 있다.

- 식량 생산 증대를 위한 농촌 현장지도와 연구 개발(Nin-Pratt et al., 2011), 관개시설과 농업용수 가용성 증대(You et al., 2010), 재산권과 토지 보유권 개선(Kepe and Tessaro, 2012), 농촌의 교통

인프라 향상, 새롭고 효율적인 식량 저장법과 유통기한 연장(Sharma, 2013)에 대한 투자를 통해 식량 가용성과 식량 생산을 늘린다.

- 농촌 지역과 도시 지역의 소득을 늘리고(Headey, 2013), 식량 생산과 기타 임금 노동에 대한 새로운 접근법과 기술로 노동 생산성을 늘리며, 극빈층 대상의 식량원조를 포함한 신뢰성 있는 사회안전망과 사회 보호망을 제공하는(MacLean, 2002; Garg et al., 2013) 광범위한 경제성장을 통해 식량 접근성을 향상시킨다.
- 식수, 예방접종 프로그램, 모유 수유를 통한 아동보육 향상, 전염병 감소에 초점을 맞춘 기타 의료 프로그램(Dangour et al., 2012), 영양 교육 향상에 대한 투자와 손씻기 위생 설비와 같은 다른 개입(Casanovas et al., 2013)을 통해 식량 사용을 향상시킨다.
- 갈등을 해소시켜 무역 흐름을 향상시키며(Wu and Guclu, 2013), 거래비용을 낮추고 농부와 광역·국제시장 간의 연결성을 향상시켜 안정적인 시장 접근과 식량 가용성 및 이용을 보장한다(Nelson et al., 2010).

이 목표들을 달성하면 환경 충격과 경제 충격이 있더라도 식량보장을 향상시킬 수 있다. 이런 목표를 달성하는 것은 매우 힘든 일이며, 기본적으로 향후 10년을 위한 발전 의제이다.

식량가격 급변에 대한 정책 대응

각 국가는 발전 가능한 정책을 추진하기 위해 노력하면서 동시에 식량가격 급변이 자국민에게 미치는 영향을 줄이기 위해 애쓰고 있다. 이는 인도, 아이티와 같이 식량 불안정 상태에 있는 많은 국가의 지도층이 정치적으로 생존하는 데 매우 중요하다(Timmer, 2010). 단기간에 식량가격이 두 배로 뛰었는데도 정부가 아무 일도 하지 않는 것처럼 보여서는 안 된다(Poulton et al., 2006). 식량가격 급등과 급변에 대처하기 위해 정부가 취할 수 있는 정책 대응은 많으며, 그 예로 다음과 같은 것이 있다.

- 국내 식량가격 안정화에 초점을 맞춘 무역 정책: 식량 수입국은 국제 가격이 오르면 수입 보조금을 지불하고 국제 가격이 내려가면 수입에 세금을 부과하며, 식량 수출국은 국제 가격이 오르면 수출을 제한하고 수입 보조금을 지불함("경기 대응적(countercyclical)" 무역 정책*이라 불림)(Gouel, 2013).

- 식량 비축: 식량이 부족할 때 비축 물량을 방출하고 식량이 과잉일 때 비축 물량을 구입하는 것을 통하여 식량 생산량 변화가 가격에 미치는 영향을 줄일 수 있다(Gilbert, 2011).
- 식량가격이 높을 때는 극빈층 지원을 늘리고 가격이 낮을 때 지원을 줄이는 가변적 사회 안전망을 실행하여 빈곤층의 식량 소비를 보호한다(Do et al., 2013).

이들 정책에 대한 자세한 소개는 Christophe Gouel이 2013년에 발표한 국내 안정화 정책에 관한 세계은행 보고서에 있다. 여기서 관심은 기후 변동성과 현지 가격 동향의 영향에 관한 관찰을 이용해서 식량가격 동향 예측을 향상시키는 방법이다. 날씨와 관련된 생산 충격과 그것이 현지 식량가격에 미칠 영향에 관한 정보를 이용하여 정책 실행을 향상시키는 방법과 지금까지 발견하지 못한 통찰력을 얻을 수 있는 방법 측면에서 각각의 정책 대응을 살펴본다.

경기 대응적 무역 정책

Gouel(2013)은 현지 식량가격 변화에 대한 대응으로 수입, 수출 관세를 이용해서 식량 공급을 바꾸는 무역 정책을 설명하였다. 이런 정책이 취하는 방법에는 수입 보조금과 관세, 수출 통제, 식량 수입 제한, 마케팅보드(marketing board)**, 생산자 보조금과 그 외 여러 경제학자와 무역 정책 전문가들이 추천하지 않는 다양한 방법이 포함된다. 이런 정책은 무역 파트너에게 해를 끼치거나 다른 곳에서 식량을 수입해야 하는 국가에 위험을 떠넘기는 방식으로 작동한다. 이런 정책을 정당화하는 논리에는 국제 원자재 시장의 신뢰성 부족과 현지 가격 급변을 최소화하기 위한 민간 비축분의 부족, 가격 급등이 극빈층 웰빙에 미치는 부정적 영향 등이 있다.

위에서 기술한 전략을 사용하는 국가 무역 정책은 한 국가 내 식량가격을 상승시킬 수 있다. 그런 정책의 편익은 소비자나 소농이 아닌 대규모 생산자에게 돌아가는 경우가 많다. Barrett and Bellemare (2011)은 가격 급변보다 높은 가격이 식량 불안정에 더 중요한 역할을 한다고 주장한다. 식량가격을 빠르게 상승시키는 가격 급등은 갈등과 불확실성, 식량 접근성의 부족을 초래할 수 있다. 가격이 상승한 후 내려가지 않으면, 장기 발전에 매우 부정적인 영향을 미친다. 높은 식량가격은 교육과 다양하고 영양이 충분한 식량 소비, 개인 의료비와 같은 빈곤층 가구가 수행해야 하는 사회적으로 중요한 장기 투자에 해를 끼친다(Barrett and Bellemare, 2011). 무역 제한을 통해 식량가격을 상승시키는 무역 정책

---

* 옮긴이: 가격 신호(가격이 오르면 수요를 줄이고 공급을 늘리며, 가격이 내리면 수요를 늘리고 공급을 늘림)와 반대로 움직이는 정책을 말한다. 경기가 활황일 때(세입이 늘 때) 재정지출을 줄이고 불황일 때(세입이 줄 때) 늘리는 경기 대응적 재정정책에서 유래된 용어로 보인다.

** 옮긴이: 특정 상품의 생산과 유통에 대해 광범위한 지배력을 부여받은 유통 관련 기관을 말한다.

은 부를 극빈층에서 더 부유한 계층으로 이전시키는 퇴행적 효과를 내는 경우가 있다(Gouel, 2013).

불행히도 어떤 무역 정책으로 식량의 가격 급등을 줄이는 데 성공하더라도, 그것이 특정 국가의 식량가격에 미치는 영향을 입증하기는 어렵다. 불완전한 실행과 여러 스트레스 요인(시장 공급에 영향을 미치지만 정부가 통제하기는 어려운 외부의 대형 가격 변화 요인과 변화 등) 때문에 특정 시기, 특정 장소에서 식량가격이 높은 이유를 설명하기 어렵다(Gouel, 2013). 이런 점에서 경기 대응적 무역 정책이 줄어들기는커녕 더욱 늘어나고 있다. 이런 무역 정책은 경제학자와 정책 전문가들이 권장하지 않는 것으로, 장기적으로 세계 식량보장에 부정적인 영향을 초래할 수 있다(Rashid et al., 2008; Anderson and Nelgen, 2012; Do et al., 2013).

무역 정책에서 거래 가능한 잉여를 생산하는 농업 지역의 재배조건에 관한 개선된 정보를 사용할 수 있다면, 현지 생산 변화에 잘 대응할 수 있다. 한 국가 내에 생산 부족이나 과잉이 임박했음을 파악할 수 있다면, 역동적인 정책 대응을 구상하고 계획하는 데 도움이 될 수 있다. 수입 식량의 원산지와 날씨와 관련된 생산 이상이 외국에 미칠 영향을 파악하는 일도 중요하다. 무역 정책이 가격 급등이 현지 식량가격에 미치는 영향과 국제 가격 변동을 상쇄하는 데 효과적이기는 하지만, 국제 가격 압박과 현지 공급 붕괴가 동시에 일어나면 정책효과가 줄어들 수 있다(Rashid et al., 2008).

식량가격의 현지 변동성이 시장별로 크게 다르다는 사실은 무역 정책이 국가 수준에서 적용되어야 함에도 불구하고 현지 날씨의 영향과 국제 가격 신호에 대한 접근성이 한 국가 내에서도 각기 다르다는 것을 뜻한다. 제7장에서 기술한 바와 같이 현지 생산과 국제 가격 신호 변화에 대한 시장의 반응은 매우 이질적이다. 잉여 식량을 생산하는 시장에서는 가격의 계절 변동이 나타날 가능성과 현지 날씨 충격에 영향을 받을 가능성이 높다. 특히 아프리카 국가들은 국경이 매우 느슨하고 정부의 힘이 약하여 가격 급등이 국가 전체로 확산되는 것을 줄이는 효과적인 정책 실행이 어렵다(Tschirley and Jayne, 2010). 날씨와 수확량, 광역 무역 파트너들의 식량가격이 국내 식량시장에 미칠 수 있는 영향에 관한 정보를 늘리면, 이들 국가가 현지에서 식량 공급과 수요 변화를 예측하는 데 도움이 될 것이다(Gouel, 2013).

식량가격 급등이 식량보장에 미치는 영향을 줄이려면 시장 내 다른 행위자들이 보기에 투명한 방식으로 신속하게 무역 정책을 실행해야 한다. 평균해에 곡물을 비축하고 이동시키는 민간 거래상들이 이들 정책의 의사결정과 실행에 참여하여 그것이 잘 작동할 수 있게 해야 한다(Porteous, 2012). 남아프리카에서는 정부 행위자들과 민간 행위자들 간의 신뢰 부족으로 공급에 상당한 스트레스가 유발되었던 기간에 민간 거래상의 활동이 제한되었으며, 그 결과 2000-2008년 동안 잠비아가 3번의 심각한 식량가격 급등을 겪었다(Tschirley and Jayne, 2010). 정책 실행 시기를 제대로 맞추지 못하면 거래비용이 늘어나고 비공식 무역 흐름에 변화가 생길 수 있지만 무역이 제한되지는 않으며, 이런 점에서 행위자들이 식량이 부족한 시기에 식량을 수입할 수 있는 외국의 공급 상황을 알고 있는 것이 중요하다(Anderson and Nelgen, 2012). 생산 이상과 그것이 현지 식량가격에 미치는 영향에 관하여 행동할 수 있는 정보를 조기에 얻으면 무역 정책에 대한 의사결정을 시기적절하게 하는 데 도움이 될 수 있다.

한 국가가 가격 변동을 줄이기 위해 무역 도구를 이용할 경우, 예상 식량 공급에 관한 정보가 몇 달 전에 있으면 무역 정책을 개발하고 공포하는 데 도움이 될 수 있다. 이 정보는 광역 식량 가용성과 광역 무역 파트너들로부터 수입하는 식량의 예상 비용을 추정하는 데 유용할 수 있다. 또한 식량을 확보하기 위해 국제시장에 접근해야 할 필요성을 더 정량적으로 평가하는 데에도 도움이 된다. 날씨로 인한 가격 변동이 공급과 수요에 미치는 영향을 통합하면 기존의 농업 모니터링 정보에서 더 많은 가치를 추출할 수 있는 강력한 도구가 될 수 있다.

각 연도별로 식량을 어디에서 수입했는지에 관한 정보를 이용하면 통합된 가격–생산 정보를 더 잘 활용할 수 있다. 식량이 풍족할 때 한 국가가 이웃 국가들과 맺는 무역 관계는 식량이 부족할 때와 다를 수 있다. 이 책에서 제시한 연구는 날씨로 인한 생산 충격과 기타 외부 충격으로 인해 복잡한 시장 네트워크 전반에 걸쳐 무역 흐름이 극적으로 바뀔 수 있다는 것을 보여 주었다(Brown et al., 2012; Essam, 2013). 식량 이동을 파악할 수 있는 향상된 무역정보가 있으면, 무역 정책의 실행과 영향을 향상할 수 있는 전략 정보를 개발할 수 있다.

식량 비축 정책

수확량이 많은 해에 곡물을 구입하고 비축했다가 흉년에 방출하는 것은 식량의 안정적 공급 보장에 효과적인 전략이 될 수 있지만, 비용이 많이 든다는 단점이 있다. 정부가 실행하는 곡물 비축 시스템의 비용과 물류 복잡성에 관해서 많은 논의가 이루어졌으며, 그 결과 국가가 가격 급변을 줄이기 위한 다른 수단을 사용하라는 정책 지침을 받고 있다(Miranda and Helmberger, 2012; World Bank, 2012; Williams and Wright, 1991). 비축은 높은 식량가격이 빈곤층에 미치는 영향을 줄여서 이들의 복지를 향상시키는 데 효과적일 수 있지만, 영리를 목적으로 식량을 비축하는 민간 식량 거래상들을 몰아내는 역할을 하여 이미 다른 이유로 얄팍한 원자재 시장 기능에 악영향을 미칠 수 있다(Gouel, 2013). 그럼에도 불구하고 여러 국가에서 최소한 부분적으로 식량 비축 시스템을 보유하면서 공공 복지 증진을 위해 이용해 왔다. 인도는 지난 40년간 큰 식량 위기 예방에 성공하기는 했지만, 방출 규정을 더 명확히 하고 수확량이 적은 해에 빈곤층을 보호하기 위한 대응을 더 강력하게 추진한다면 인도의 비축 정책을 개선할 수 있을 것이다(Busu, 2010).

어떤 식량이 어디에서 생산되는지에 관한 명시적인 정보와 의미 있는 식량가격의 편차에 미치는 영향에 관한 정보를 비축 정책과 통합할 수 있다. 이 책에서 확인한 것은 한 국가 내에서도 현지 식량 생산과 현지 식량가격이 달라서 그것들이 식량보장에 미치는 영향이 특정 지역에서 더 강하게 나타날 수 있다는 점이다. 수요충격과 기상이변 때문에 역동적으로 변하는 구매력은 농업 성과에 관한 관찰과 연결될 수 있으며, 한 국가 내에서도 지역별로 크게 다를 수 있다(Sen, 1981; Alderman and Haque, 2006). 국가 무역 정책으로는 불가능한 방식으로 정부가 운영하는 비축 시스템을 변화시켜 이런 지역별 차이에 대응할 수 있다. 하지만 이렇게 변화시키더라도 비축 시스템은 기본적으로 비용이 많이 들고 물류상의 어려움도 여전할 것이다.

공공 사회 안전망

Grosh et al.(2008)은 식량가격 상승이 공공복지와 발전에 빈곤 증대와 교육 결과 악화, 교육·의료 서비스 이용 감소, 빈곤층의 생산자산 고갈과 같은 4가지 방식의 해를 입힌다고 하였다. 대부분 정부의 식량 정책의 궁극적 목표가 식량가격 급변 자체를 무조건 줄이려는 것보다 빈곤층에 미치는 영향을 줄이거나 없애는 것이므로 사회 안전망이 국가 규모의 무역 정책이나 대규모 비축 프로그램의 효과적인 대안이 될 수 있다. 안전망 프로그램의 초점은 식량가격 급변에 대처하는 사람들의 능력을 향상시키는 것이지 실제 식량가격을 직접 바꾸는 것이 아니다. 이 프로그램은 시장기반 정책을 보완할 수 있으며, 복지에 크게 기여하고 식량 불안정도 직접 줄이는 광범위한 개입의 일부가 될 수 있다.

불행하게도 안전망 프로그램은 상황이 나쁜 해에는 지출을 늘리고 상황이 좋은 해에는 줄여야 하므로 실행하기 어렵다. 이런 프로그램으로 식량가격 급등 때 식량 소비를 보호하려면, 가격이 높을 때 새롭게 빈곤 상태에 빠지는 가구로 수혜 대상을 확대했다가 가격이 내리면 수혜 대상에서 제외해야 한다. 이런 프로그램은 생산 감소로 인한 소득 감소 충격과 식량가격 상승으로 인한 지출 증가에 대해 사람들을 보호할 수 있다. 하지만 대부분 안전망 프로그램은 흔히 발전을 촉진하고 항구적으로 극빈층의 소득을 늘리기 위한 목적으로 사용되기 때문에 이런 보험 기능을 수행하도록 설계되어 있지 않다. 그러므로 대부분 안전망 프로그램은 아주 느리게 움직이는 반면, 식량가격은 몇 달 사이에 두 배로 뛸 수 있다. 이들 프로그램은 확대된 규모를 다시 줄이기도 어렵다.

대응성 보장과 관련된 행정적 어려움과 더불어 가격이 높은 시기에 원조를 대폭 늘리는 비용을 충당하려면 정부와 기관들이 예산을 유연하게 제공해야 한다(Alderman and Haque, 2006). Grosh et al.(2008)은 식량 (및 연료) 보조 때문에 정부들이 상당한 재정 위험에 빠지게 되었다고 한다. 2005-2008년 사이 모로코, 튀니지, 이집트의 식량 보조금 지출액이 국내 총생산(GDP)의 0.5-1.5%였다. 효과적인 대상 선정이 없으면, 사회 안전망 프로그램이 국가 예산에서 차지하는 비중은 계속 늘어나면서 식량 부족 시기의 현지 식량 수요도 계속 늘어나는 상황이 발생할 수 있다(Do et al., 2013). 공급이 증가하지 않으면 이런 수요 증가로 현지 식량가격이 상승할 수 있다.

이 책에서 제시한 모델과 개념들은 생계와 취약성에 관한 정보와 결합될 경우, 원조를 필요로 하는 수혜 대상을 잘 선정할 수 있도록 하는 데 유용할 수 있다. 위기 때 국경 폐쇄, 비축분 축적, 수출 금지 등을 통해 가격 급등에 과잉대응하는 경향을 보이는 무역 정책과 달리, 유연한 사회 안전망은 높은 식량가격에 대한 효과적인 정책 대응으로 간주된다. 기후충격으로 인한 현지 생산 이상과 높은 식량가격 간 상호작용에 관한 고품질 정보가 이 시스템의 수혜 대상 선정을 향상시킬 수 있다.

식량보장 문제에 대한 기술적 대응

이 절에서는 식량가격과 기후 변동성 모델링을 정부 프로그램과 식량보장 분석에 통합하는 실천적 방법에 초점을 맞추었다. 여기에는 향상된 식량가격 정보, 소농 대상 보험 프로그램, 고수확 품종에 대한 공적투자가 포함된다.

개선된 분석을 위한 식량가격 데이터베이스 시스템

개발도상국 농촌시장과 도시 시장의 식량가격에 관한 더 많은 정보가 필요하지만, 신속하게 개선되고 자주 발표되는(매달, 매주) 식량 가격 정보 시스템은 아직 걸음마 단계에 불과하다. 기존 시스템에서 수집하는 자료는 아주 드물고, 자료기간이 10년이 채 안 된다. 수도 외 지역과 광역권 도시 밖 지역에 대한 적절한 관찰 자료가 있는 식량정보 시스템은 거의 없다. 소도시와 소읍들은 연도별 가격 변동과 식량 생산량 변화가 초래하는 영향에 대해서 취약하지만, 분석을 위한 자료가 적다(Brown et al., 2009).

국제사회는 국제적으로 거래되는 원자재를 잘 파악하고 있다. 거래되는 원자재의 여러 속성(수확면적, 생산량, 소비량, 수출/수입 물량, 거래가격 등)을 모니터링하지만, 이런 시스템은 현지에서 생산되는 작물과 광역 수준 가격 변동에 대한 정보는 거의 혹은 전혀 제공하지 못한다. FAO의 식량과 농업에 관한 전구 정보 및 조기경보 시스템(GIEWS; Global Information and Early Warning System on Food and Agri-culture)은 USAID 및 기타 국제기구와 협력하여 기초 식량가격에 대한 데이터베이스를 만들었다. 2009년 3월에 GIEWS 식량가격 자료와 분석 도구(Food Price Data and Analysis Tool)

가 발표되었으며, FAO ISFP(Initiative on Soaring Food Prices)가 이를 지원하였다. 이 식량가격 도구는 개선된 식량 가격 정보를 지속적으로 통합하여 누구나 접근할 수 있게 공개하고 있다. 식량가격과 무역 관련 작업을 진행하고 있는 또 다른 조직이 G20과 중앙은행 총재 모임(Group of Twenty Finance Ministers and Central Bank Governors)의 요청으로 설립된 농업시장 정보 시스템(AMIS; Agricultural Market Information System)*이다. AMIS는 식량 시장의 투명성을 증진하고 시장 불확실성에 대응하는 정책행동을 조율하는 데 초점을 맞추고 있다. AMIS는 밀, 옥수수, 쌀, 대두에만 초점을 맞추었지만, 이들 농산물의 전 세계 생산량, 소비량, 무역량 중 상당 부분을 포함하고 있다(보통 80–90% 포함). 이 시스템을 통해 국제적으로 거래되는 원자재를 잘 파악할 수 있지만, 개발도상국의 식량 불안정 상태에 있는 빈곤층이 보통 소비하는 가공되지 않은 조곡에 관한 정보는 거의 없다. 아프리카 15개 내륙국에서는 현지에서 수집한 가격 정보의 필요성이 훨씬 더 크다. 국제적으로 거래되지 않는 이런 상품의 가격 변동에 관한 정보 없이는 아프리카 농촌 지역의 식량보장과 시장 작동 상황을 제대로 평가할 수 없다.

현재 사용되는 데이터를 수집하는 일과 방법은 비용이 매우 많이 들어서 농촌 지역을 거의 다루지 않는다. 시장 정보 시스템을 확대해서 현지에서 생산되고 소비되는 원자재도 다루고 여러 원자재에 대한 관찰 결과도 수집해야 한다. 현재 세계 인구의 약 75%가 모바일 장치를 직접 소유하고 있거나 소유한 가족이 있다. 이를 고려하여 기관들이 가격 정보 수집방법을 근본적으로 바꿀 필요가 있다. 지역의 참여가 이 방법의 전체적인 성공에 매우 중요하며, 이는 관련자 모두에게 득이 된다. 휴대전화를 이용해서 젊은이, 여성, 기타 취약계층에게 일자리를 제공하는 시장 조건을 조성할 수 있으면, 현지에서 소비되는 농산물을 취급하는 다양한 시장에 관한 가격 정보를 훨씬 많이 수집할 수 있다. 기관들이 여러 옵션(휴대전화 월 사용료 보상, 휴대전화 선불카드 등)을 이용해서 자금을 지원할 수 있으면, 개인에게 직접 돈을 지불하는 것보다 훨씬 더 비용효과적인 방식으로 자료를 수집할 수 있을 것이다. 각 국가별 관찰 자료가 많아지면, 이런 기관이 수많은 농촌 주민의 식량 접근성을 통제하는 현지 가격 변동을 규명할 수 있다.

현재 이 방법은 EU 집행위원회 프로젝트로 에티오피아, 케냐, 잠비아에서 사용되고 있다. 2013년 봄 이래로 자료를 수집해 왔으며, 휴대전화를 이용하여 자료를 수집함으로써 영향력을 크게 확대할 수 있다. 이렇게 수집된 가격 지표의 추가 분석은 농업과 식량보장 이외의 영역에도 매우 중요할 수 있다. 아프리카에서 여러 건의 분쟁이 진행되고 있어서 분쟁 전–중–후의 식량 가격 변동을 이해하는 일도 매

* 옮긴이: 다음을 참조하라. https://en.wikipedia.org/wiki/Agricultural_Market_Information_System

우 중요하다. 식량가격 정보 수집 노력을 통해 아프리카 19개 취약국가의 전체적인 식량보장에 관한 통찰력을 키워야 한다. 시범사업 형태로 이 자료 수집방법을 아프리카 내 안정된 일부 국가와 취약한 일부 국가에 출범시켜야 한다.

기후 변동성의 영향을 예측하는 가뭄 모니터링 시스템

생육기의 날씨 정보가 매우 중요하지만, 기후 변동성이 농업에 미치는 영향을 줄이는 데 거의 활용되지 못하였다. 제3장에서 설명한 바와 같이 기후 변동성은 기후의 단기적(하루, 계절, 연별, 경년별, 몇 년간) 변화를 가리킨다. 날씨충격이 식량 생산에 미치는 영향이 점점 더 커짐에 따라 신뢰성 있고 일관된 식량 공급을 보장하는 데 극한 기상을 모니터링하고 효과적으로 대응하는 것이 더욱 중요해질 것이다. 다른 시장에 대한 접근이 제한된 외딴 곳에서는 식량 접근성에 미치는 기후 변동성의 영향이 점점 더 커질 것이다.

Iizumi et al.(2013)은 앙상블 계절 기후 예보와 작물 통계모델을 연결시켜 전 세계를 대상으로 두 개의 선행시기*에 주요 작물의 흉작을 예측 하는 것이 얼마나 믿을 만한지를 평가하였다. 시즌 전 수확량 예측에는 기후 예보를 사용했으며, 선행시기는 약 3–5달로 잡아 다음 시즌 수확량 변동에 관한 정보를 얻었다. 시즌 중 수확량 예측에는 기후 예보를 사용했으며, 선행시기는 1–3달이었다. 시즌 전 예측은 중앙정부와 사업자들에게 제공할 수 있으며, 시즌 중 예측에서 얻은 추가적인 개선으로 보완할 수 있다. 그런 후에 기상 관측망과 다가오는 번식 성장기에 대한 위성 자료에서 얻은 정보를 통합하는 것이다(Iizumi et al., 2013).

기후 예측이 거의 완벽하면, 이들 작물의 수확면적 중 상당 비율(26–33%)에서 중간 정도 수준에서 심각한 수확량 감소를 신뢰할 수 있을 정도로 예측할 수 있다. 하지만 쌀과 밀 생산량의 경우에만 재배기간 중 예보를 이용해서 수확 3개월 전에 예측하는 것이 가능하였다. 추정치의 신뢰성은 작물별로 크게 달라서 쌀과 밀 수확량 예측이 가장 정확하였고, 대두와 옥수수는 그보다 못하였다. 이와 같이 추정치의 신뢰성에 차이가 있는 것은 기후와 작물 생산 지역에서 사용하는 기술에 대한 작물의 민감도가 다르기 때문이다(Iizumi et al., 2013). 이런 발견은 흉작 예측에 계절 기후 예보를 사용하는 것이 전구 식량 생산을 모니터링하는 데 유용할 수 있으며 그럴 경우 식량 시스템이 기후적 극한에 적응하는 데

* 옮긴이: 작물 수확 전 시기를 말한다. 이 논문에서는 수확 3–5달 전(시즌 전)과, 1–3달 전(시즌 중)이 사용되었다.

도움이 될 것임을 시사한다.

Hansen et al.(2011)은 일부 지역에서는 계절 예보로 다음 계절을 정확히 예측할 수 있음을 입증할 수 있다고 주장하였다. 기후 위기를 효과적으로 관리하려면 극한 기상에 대응하는 능력과 메커니즘에 대한 정보가 필요하다. 기후 변동성과 그것이 농업에 미칠 영향을 몇 달 전에 예측할 수 있다면, 이론적으로 위기를 관리할 수 있는 몇 가지 기회가 생긴다. Hansen et al.(2011)은 이런 기회를 활용할 수 있지만, 농부에게 다음 기회를 제공하여 역량을 증진시키는 환경에서만 가능하다고 지적하였다. 즉, 농부가 향상된 기술을 채택하고 생산을 집약화하며, 토양 영양분을 재충전하고, 여건이 좋을 때 더 수익성 높은 사업에 투자하며, 불리한 날씨가 장기간 이어지는 영향에서 가족과 농장을 효과적으로 보호할 수 있는 기회가 그것이다(Hansen et al., 2011).

가뭄과 비정상적인 수분과 같은 극한 기상을 조기에 식별하는 일은 대규모 식량 생산 부족을 조기에 탐지하는 데 중요하다. 계절 초에 누적 강우량의 부족을 식별할 수 있으며, 이는 최종 수확량이 눈에 띄게 감소할 가능성을 나타내는 중요한 중간 지표가 될 수 있다(Hansen et al., 2011). 좀 더 일찍 식량 생산 문제에 대한 조기경보가 이루어진다면 WFP, FEWS NET과 같은 기구들이 이런 부족이 초래할 수 있는 식량보장 문제와 식량 접근성 문제를 모니터링하고 식별할 수 있다. 향후 수년 동안 강우량과 기온 기반의 수분 자료를 개선하면 흉작을 초래하는 열악한 재배조건을 원거리에서 추정할 수 있는 능력이 향상될 것이다.

비교적 짧은 역사를 가진 위성에 의한 강우량 추정치도 현재의 가뭄에 대한 이해가 기상이변 적응에 필요한 수준에 미치지 못하고 있다는 것을 보여 준다. 가뭄이 광역 식량 생산에 미치는 영향이 건조도의 심각성과 공간 범위에 따라 결정된다는 점을 고려한다면, 건조가 발생할 확률을 보다 잘 이해하여 특정 장소의 가뭄 가능성뿐만 아니라 광역 수준에서 건조하게 될 확률까지 나타낼 수 있어야 한다. Husak et al.(2013)은 기존의 위성에 의한 강우 추정치에서 계절 강우 시나리오를 만들어 내는 것을 통해 극한 현상 발생 가능성에 대한 이해를 향상시킬 수 있는 방법을 설명하였다. 위성 자료의 기간이 짧아서 충분한 예측이 불가능한 지역의 재배조건이 어떻게 될지(시나리오, 확률)를 예상하는 것은 강우량으로 시뮬레이션하는 것이 더 적합할 수 있다. 이 접근법은 과거 자료와 올 시즌 현재까지 강우량을 바탕으로 달력상의 기간이 아닌 작물 재배기간 전체의 강우량을 시뮬레이션함으로써 나머지 계절의 강우량을 예측하는 것이다. 이 정보를 의사 결정자에게 제공하면 강우량 부족에 따른 식량 부족 완화에 필요한 원조의 시기와 양을 정하는 데 도움이 될 수 있다(Husak et al., 2013).

불행하게도 정당성, 현저성(salience), 접근성, 이해와 대응 능력 측면에서 날씨 예보를 사용하는 데 제약이 있다(Husak et al., 2013). 자원이 훨씬 풍부한 선진국 농업 시스템에서도 물류 제약 때문에 최적의 재식시기가 시즌 초반 불과 며칠로 한정된다. 경제적 가치와 필요한 재배조건, 장비, 비용, 종자 가용성 면에서 두 작물의 차이가 크기 때문에 날씨예보에 의해서 옥수수에서 기장으로 작물을 바꾸는 결정을 내릴 수 있는 농부는 거의 없다. 일단 작물을 심고 나면, 재배 조건에 작물이 대응하는 양상을 바꿀 수 있는 방법이 거의 없다.

무엇이 좋은 예보인지, 예보를 어떻게 사용해야 할지, 관찰을 예보에 통합시켜 특정 장소 기후가 잠재적으로 농업에 미칠 영향을 종합적으로 기술하려면 어떻게 해야 할지에 관하여 이해를 높이려는 연구가 진행 중이다. 이런 장소 기반 확률은 수확량을 감소시킬 가뭄 발생 가능성에 따라 예산과 규모가 결정되는 위험관리 도구를 개발하는 데 사용할 수 있다.

날씨충격이 소득에 미치는 영향을 줄이기 위한 지수보험

날씨와 기후에 관한 정보가 있으면 넓은 지역에서 농업 보험을 실행하여 날씨충격으로 식량 불안정에 취약하게 된 농부에게 기본적인 날씨 위기에 대한 재정을 지원할 수 있다(Helmuth et al., 2009). 수위(홍수 시)나 연속 무강수 일수(가뭄 시)와 같은 변수가 임계치를 초과하는 정도에 따라 배상금을 지급하는 지수보험(index insurance) 혹은 매개변수 보험(parametric insurance)으로 이 공백을 메울 수 있다. 이런 프로그램은 소득 하락에 대하여 보험을 제공하지만, 소비 보호에는 도움이 되지 않는다. 많은 보험회사와 비영리 개발 기구가 개발도상국의 소농을 위한 지수보험을 개발하기 위해 노력하고 있다. 지수보험은 신용을 높이고 비료와 향상된 종자 사용을 확대시킬 수 있다.

지수보험의 수요가 크지 않다는 우려에도 불구하고, 최근 저소득 개발도상국 대상의 지수보험 프로젝트 몇 개가 발전하고 있다(Banerjee and Duflo, 2011; Cole et al., 2009; Hazell et al., 2010; Giné and Yang, 2009). 이런 프로그램을 이용할 수 있는 지역에서도 기관과 정부에 대한 불신 때문에 공동체의 참여가 저조하다. 그 성장세를 고려할 때, 의도치 않은 부정적 결과가 발생할 가능성이 있으며, 불과 2-3년 사이에 보험 고객수가 수백 명에서 수만 명으로 폭증하였다(Syngenta, 2011; Oxfam, 2011). 인도의 경우, 10년이 채 안 되는 기간에 수많은 농부가 정부의 보조를 받는 지수보험에 가입하였다(Clarke et al., 2012). 이런 프로젝트가 빠르게 성장하고 있어서 정비가 필요하다.

지수보험은 선물이나 보조금이 아니며, 어떤 사람이나 농부가 상황이 좋은 해에 적은 금액을 지불한 후 상황이 나쁜 해에 보호받는 방식이다. 기존의 시범 프로젝트에서는 통상적으로 보험료가 1년치 보험 보장을 목적으로 설계되었고 누적되지 않는다. 농부들은 다음 시즌(작물 재배기간)을 위해 보험을 다시 구입할지를 매년 결정해야 한다. 가입하기로 결정하면, 보험료를 내고 그 해에 한하여 보장받는다. 개발도상국에서 전통적인 손해배상 기반 농업 보험의 자생력을 줄이려는 도덕적 해이, 부정행위

유인, 높은 거래비용과 같은 경제적 제약을 줄이거나 없애기 때문에 개발도상국 입장에서 매개변수 촉발자나 지수 사용은 적절하다(Brown et al., 2011). 하지만 지수보험의 단점 중 하나는 "베이시스 위기(basis risk)"* 문제이다. 베이시스 위기는 어떤 지수와 실제 작물 생산량 간의 상관관계가 불완전하여 농부의 실제 작물 감소량이 지수에 제대로 반영되지 못할 가능성을 의미한다. 특정 지수와 실제 작물 생산량 간의 상관관계가 낮을수록 베이시스 위기가 커지고, 개별 농부가 상황이 나쁜 해에 보험금을 받지 못할 가능성도 커진다.

베이시스 위기를 줄이는 것이 책임 있는 지수 설계의 핵심이자, 지수보험 프로그램의 규모를 효과적으로 확대하는 데 핵심적 제약 요인이다. 이런 프로젝트는 아프리카의 장기간 가뭄 재현에 관한 여러 정보원의 효과를 평가하고, 이 정보와 실제 작물 손실 간의 관계를 개선함으로써 지수보험 상품의 베이시스 위기를 줄일 수 있는 보다 개선된 원격탐사 기반 자료와 가뭄 기록을 개발하는 데 도움이 될 것이다. 또한 현재 진행 중인 시범 프로젝트와 미래 프로젝트들의 더 효과적이고 신속하며 책임 있는 규모 확대에 기여할 것이다. 이렇게 향상된 원격탐사 자료는 프로젝트 인력이 계약설계 전에 작물 손실에 대한 지수 확인과 현장검증을 위해서 많은 비용과 시간을 써야 하는 현장 방문을 줄여서 더 신속하게 규모를 확대할 수 있게 한다. 효과적으로 보험금을 지불하기 위해서는 다음과 같은 기준이 있어야 한다.

- 정확성: 보험 대상 원자재와 농업 수확물과의 관계를 입증해야 함.
- 시기성: 보험 가입 직후에 지체 없이(몇 시간-며칠이어야 하며, 몇 달-몇 주는 안 됨) 정보를 제공할 수 있어야 함.
- 공동체 내 모든 사람이 원하는 자료에 접근할 수 있어야 함.
- 자료 획득과 처리, 제공 비용
- 자료 결과물의 지속 가능성: 대체 수단을 미리 계획해 두지 않은 채 실험 자료에 의지해서는 안 됨.
- 종합성: 여러 분야 사람들과 보험 상품 소비자에게 지수를 설명할 수 있어야 함.
- 적합성: 결과물의 운영 능력과 자료를 공동체 전체에 배포할 수 있는 입증된 능력

한 지역에서 가뭄 확률을 예측하고 여러 지역과 농업 생태계 전반에 보험금을 지불하는 데 사용할 수 있는 정확한 날씨와 관련된 지수가 없다면, 지수보험이 막대한 수확량 증대를 가져올 수는 없으며, 궁

* 옮긴이: 일반적으로는, 현물가격과 선물가격의 차인 베이시스가 변동하는 위기를 말한다.

극적으로 식량 생산도 지속시킬 수 없다. 현재 날씨보험 프로그램은 NOAA의 강우량 추정과 같은 단일 원격탐사 자료에 기초하고 있으며, 이런 자료는 해당 농업 지역에 사용할 목적으로 검증된 것이 아니다(Helmuth et al., 2009). 신뢰할 수 있는 정확한 원격탐사 자료가 있으면, 자료에 기초하여 지수보험을 확장할 수 있고 기상 관측소가 없는 광대한 지역에서도 지수보험을 운영할 수 있다. 수분 가용성에 관한 위성 정보를 이용할 수 있으면, 이런 프로그램이 개발된 에티오피아와 케냐 외의 지역으로 지수보험을 확대할 수 있다(Helmuth et al., 2009).

수분 조건에 대한 추정치를 제공함으로써 지수보험 가격을 검증하고 지원할 수 있다. 각 공동체별 강수량 정보와 증발산량 정보를 이용해서 가뭄 확률을 추정하고, 이 정보가 지수보험의 시범사업에 통합될 것이다. 현재 약 40개 시범 프로젝트를 통해서 12개 이상의 개발도상국에 지수보험이 도입되었다(Hazell et al., 2010). 컬럼비아대학교 국제기후사회연구소(IRI, International Research Institute for Climate and Society)의 경제학자들은 이 시범 프로젝트 중 일부의 규모를 확대하여 훨씬 더 많은 수의 공동체에서 동시에 지수보험을 실행할 수 있도록 노력해 왔다(Oxfam, 2011 등 참조). 세네갈에서 복제할 수 있는 방법론을 개발하는 데 도움이 될 새로운 시범 프로젝트가 진행 중이다. 이것은 다른 시범 프로젝트보다 새로운 지역으로 훨씬 더 빠르고 효율적으로 확대할 수 있는 잠재력을 가진 과거의 지속가능한 성공 프로젝트를 이용하고 있다.

원격탐사 자료는 아프리카에서 가뭄 재현 성격과 강도, 확률에 대한 기술을 향상시키고 가뭄발생 추세를 판단할 수 있게 하여 더 믿을 수 있고 향상된 정량적인 지수보험 가격의 근거가 될 수 있다(Brown et al., 2011). 일반적으로 한 지수보험 상품의 최종 가격(보험료)은 기후 위기에 대한 보험 보호와 기후 위기와 관련된 정보 불확실성에 대한 비용을 반영한다. 보험 제공자들에게 신뢰할 만한 충분한 기후 자료가 없으면, 보험 상품 가격을 정확히 설정할 수 없으므로 보험금 지급불능을 막기 위해 보험계약 가격을 보수적으로 할 수밖에 없다(보험료를 높게 설정한다는 의미). 기후 자료가 장기간이고 가뭄 재현에 대한 기술이 개선되면 지수보험 가격이 더 정확하고, 그 결과 가난한 농부의 기후 보험 접근성과 기후 보험의 지속가능성도 개선될 수 있다.

지수보험을 위한 기후 자료

기후 자료가 지수보험에 유용하려면 농부의 실제 수확량과 상관관계가 높아야 한다. 특정한 환경이나 위성 자료 지수로 생산량을 정확히 나타낼 수 있는지 확인하려면, 해상도 높은 정확한 작물별 수확정보가 있어야 한다. 수확 정보는 수집하기 어려우며, 작물 유형과 판매시장의 차이 때문에 국가 간 비교나 광역 간에 비교하기 어려운 경우가 많다. 이런 종류의 정보는 특정 장소와 GIS로 연결되어야 하며, 생산되는 지역에 관한 명시적 정보를 포함해야 한다. 식량이 불안정한 상태에 있는 대부분 국가에서는 소규모 생산자가 많고 그중 다수가 시장에 농산물을 내다 팔지 않아서 수확량을 계산하는 것은 물론 과일과 야채의 총생산량을 추적하는 일조차 어렵다. 그들은 재배한 식량을 스스로 소비하거나 이웃에게만 판매하고 시장에는 전혀 팔지 않는다. 이렇게 기록되지도 않고 세금이 부과되지 않은 현지 농산물의 추적은 어렵다.

삽화 23에는 에티오피아 티그라이주 아디하(Adi Ha)의 현지 곡물인 테프의 상업적 재배지역이 표시되어 있다. 이 경작지는 면적이 넓고 불규칙한 건초색이어서 그보다 훨씬 더 푸르고 눈에 잘 띄는 관개형 과수원 및 채소밭과 대조적이다. 이 지역을 경지로 판별하고 테프 생산량 변동성을 재배조건과 연결시키는 것이 보험계약에 적합한 지수 개발에서 해결해야 할 과제이다. 매년 모델링된 생산량과 실제 관찰된 생산성을 비교해야 하므로 여러 해에 걸친 관찰이 필요하다.

그림 9.1에는 지수보험 프로젝트에서 정보 흐름과 보험계약 개발 및 실행에 필요한 여러 자료가 제시되어 있다. 가뭄 확률에 관한 정보를 계약 설계에 통합하고, 보험 계약서에 기입할 보험금 지급 기준 설정에도 사용하였다. 대상 가구가 기상 관측소 근처에 있어야 할 필요성이 없어지면 지수보험 프로그램에 참여할 수 있는 가구수가 크게 늘 것이다. 기온, 강수량, 식생, 실제 생산량 간의 관계를 더 잘 평가할 수 있으면, 계약 때의 위험이 줄어들 뿐만 아니라 장기적으로 이 프로그램의 비용을 낮출 수 있을 것이다.

상황이 좋은 해의 생산 향상을 위한 개량된 작물 품종과 비료

미래 재배조건을 예측할 수 있는 개선된 모델을 활용하려면, 농부가 재배에 익숙한 작물 품종을 개량해야 하며 생산품을 내다 팔 현지 시장이 있어야 한다. 농업개발 프로그램은 재배조건이 좋은 해에 훨씬 더 많이 수확할 수 있는 신품종과 교잡품종을 제공하기 위해 노력하고 있으며, 다음 3종류의 씨앗 품종이 있다.

- 광범위한 자연 수분 작물종은 교잡품종과 달리 자연적으로 수분하고 번식(자가 수분 또는 타가 수분을 통해)하여 종자를 보존한다.
- 정규 식물 육종 없이 농부들이 개발하여 재배하는 현지 품종
- 교잡품종은 2개 이상의 근교 계통을 교차 수분시켜 만든 품종으로 교잡종은 보통 첫해 수확량이 많지만, 거기서 나온 종자를 다시 심으면 수확량이 감소한다. 이런 종자는 상업적으로 판매되며, 몬산토(Monsanto), 바이엘(Bayer)과 같은 기업이 매년 새로운 고수확 종자를 출시한다.

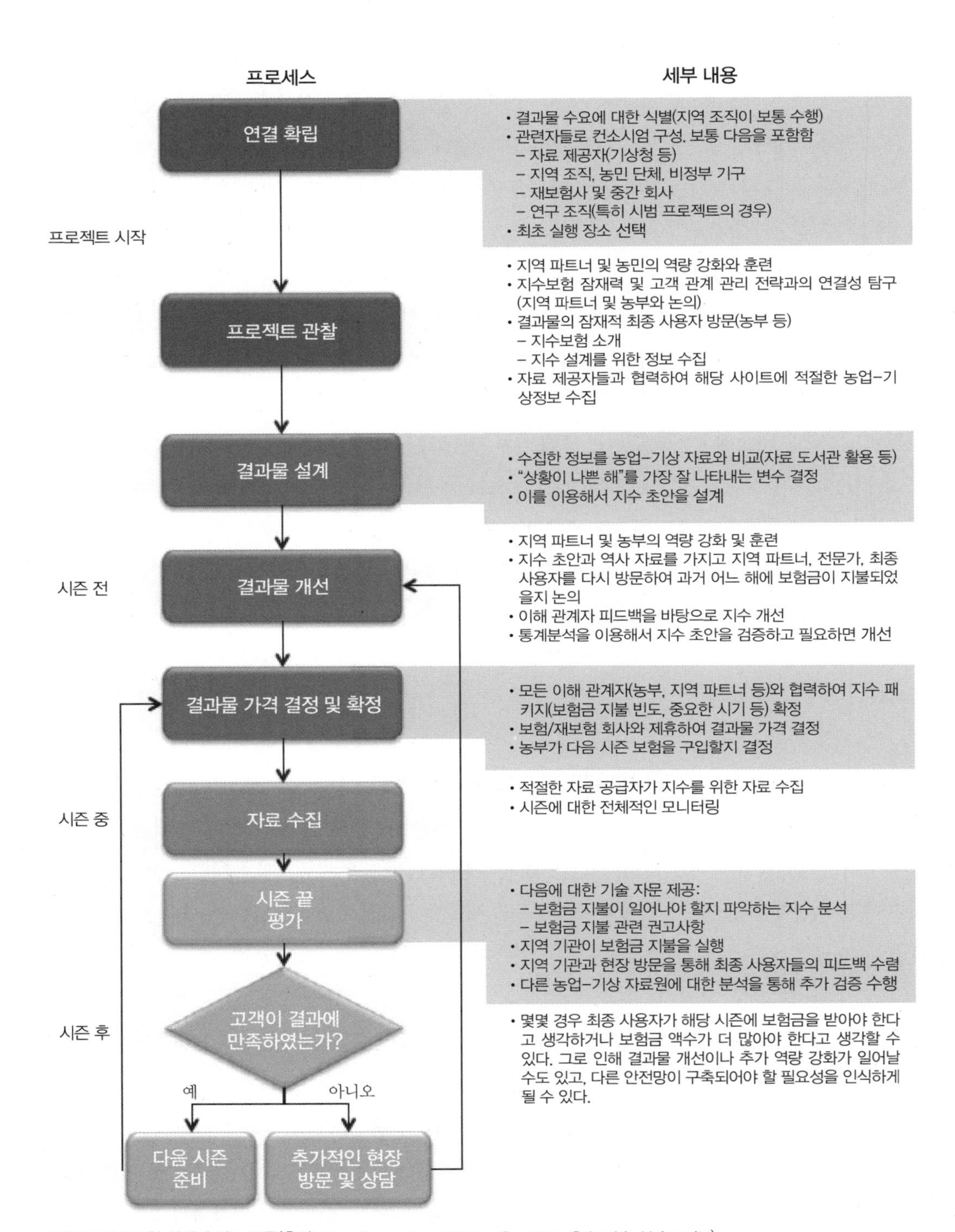

그림 9.1 지수보험 설계의 정보 흐름(출처: Dan Osgood and Helen Greatrex, Columbia University).

식물 육종 덕분에 곡물의 수확 비율이 1960년대 30%에서 현대 교잡종 작물에서 약 50%로 증가하였다(Bindraban and Rabbinge, 2012). 이런 개량효과가 총수확량 증가분의 거의 절반을 차지한다. USAID는 오크라, 옥수수, 대두, 무지개콩, 토마토, 밭벼, 두류, 기장, 가지, 고추 등과 같이 상업적으로 재배되는 열대 작물의 교잡종 신품종 개발을 위한 자금을 지원하고 있다. 일단 이런 품종이 개발되면, 외딴 곳에 사는 농부가 그것에 접근할 수 있게 다양한 농촌지도 서비스와 마케팅 활동을 해야 한다. 이런 품종을 선보이고 예상대로 현장에서 재배되게 하려면, 농부의 참여와 "실험농장"의 이용이 필요하다. 새로운 품종의 효과적인 유통과 관리를 촉진하기 위해서는 광범위한 제도 지원이 있어야 하지만 제대로 작동하는 것은 매우 어렵다.

개발도상국에서 개량종자를 보급하려면 연구자들이 고품질 종자를 지속가능하게 생산해야 하며, 이를 위해서는 주로 자급형 농업에 의지하는 식량 불안정 지역에서 실질적인 상업적 농업 환경이 조성되어야 한다. 하지만 이런 지역에서조차도 전통적인 자급형 작물의 소득 창출을 증진시키려는 농업 노동자, 연구자, 기관들이 적지 않다. 이런 활동의 초점은 생산자의 요구를 충족시키고 생산 효율을 크게 향상시키는 지속가능하고 효과적인 종자산업의 발전 가능성을 높이는 것이다.

동아프리카 카사바에 초점을 맞추고 있는 국제농업연구자문단(Consultative Group on International Agricultural Research)이 농업 발전 프로젝트의 대표적 사례이다. 이 조직은 가치사슬 접근법을 이용해서 카사바의 생산성과 상업적 가치를 높이고 있다. 이는 실제로 카사바로 만든 제품(상업적으로 판매되는 칩, 고품질 카사바 가루, 전분 등)을 개발·홍보하고, 이들 제품의 마케팅과 시장효율을 높이며, 주요 병충해 문제를 해결하기 위해 노력하고 있다. 국제농업연구자문단은 바이러스가 없고 수확량이 많은 새로운 품종을 확고히 하는 동시에 소규모 카사바 기업가들과 협력하여 종자를 생산하고 유통하는 사업체도 설립하였다. 카사바 작물과 카사바 가공품으로 농부의 상업 기회가 늘어나는 것에 발맞추어 농부가 개량된 종자(및 기타 투입물)에 접근하고 구입할 수 있는 가능성도 커져야 한다. 향후 10여 년 동안, 이 분야에서 유전자 조작을 이용해서 작물을 변화시키지 않고 생산성, 가뭄 저항성, 병충해 내성을 향상시키는 성공적인 결과물을 계속 제공할 수 있는 통상적인 전통 육종만으로도 큰 발전을 기대할 수 있다.

Hamukwala et al.(2010)의 연구에서 지난 20년 동안 동아프리카에서 수확량이 ha당 약 0.5톤 수준에 정체되어 있다는 것이 밝혀졌다. 연구에 따르면, 잠비아의 평균 종자 대체 속도는 13.7년이었지만, 이 지역에서 권장 속도는 3년이다. 종자 대체 속도는 농가에서 갈무리한 씨앗 대신 인증된 양질의 종자를 사용해서 시즌 중에 작물을 재식한 면적이 총작물 재식면적에서 차지하는 비율이다. 이는 잠비아 농부가 상업적으로 생산된 고수확 교잡종을 마지막으로 구입한 것이 1990년대 후반임을 뜻한다. 생산성이 낮은 지역에서 수확량을 획기적으로 늘리려면 새로운 품종과 적절한 수준의 비료(특히 인산)를 사용해야 한다.

비료는 식물이 최대한 빠른 속도로 성장하고 열매를 맺기 위해 필요로 하는 다량 영양소와 미량 영양소를 포함하고 있다. 비유기질 비료는 작물이 자라는 토양형에 따라 각기 다른 비율로 다음 영양소를 제공하는 것이 일반적이다.

- 6대 다량 영양소: 질소, 인산, 칼륨, 칼슘, 마그네슘, 황
- 8대 미량 영양소: 붕소, 염소, 구리, 철, 망간, 몰리브덴, 아연, 니켈

Stewart et al.(2005)에 따르면 미국과 영국의 수확량 중 40–60%가 비료효과이며, 토양의 유기물 함량이 상대적으로 낮은 열대 지방에서는 이 비율이 훨씬 높다. 질소, 인산, 칼륨의 영양소 수지를 계산해 보면, 미국 내 수확량을 유지하는 데 필요한 영양소 대부분이 상업적 비료에 의한 것이다(Stewart et al., 2005). 열대 토양이 고농도 질소에 매우 민감하기는 하지만, 시비량을 늘리면 농업 부문의 근본적 변화 없이도 생산성을 크게 늘릴 수 있다는 점이 분명하다.

낮은 수준의 시비와 제초제, 살충제와 같은 기타 투입물이 개발도상국의 자급형 농업 부문의 특징이다. 자연 수분 품종과 더불어 아주 낮은 수준의 영양소로 인하여 지난 50년 동안 보아 왔던 낮은 수확량조차 실제로 감소하는 추세이다. 아프리카 사하라 이남의 토양에서는 질소가 연간 22kg/ha의 속도로 고갈되고 있으며, 인산과 칼륨은 각각 연간 2.5kg/ha와 15kg/ha로 고갈되고 있다(Smaling et al., 1997). 이런 토양의 비옥도 저하 속도 때문에 1인당 식량 생산량이 줄고 있으며, 인구 증가와 주요 농업 지역의 강수량 감소와 같은 다른 추세도 여기에 일조하였다(Nelson et al., 2010). 그러므로 식량 생산 증대의 핵심은 고수확 작물 품종에 대한 접근성 향상과 소농들이 날씨가 좋은 해에는 식량 생산을 늘리고 날씨가 나쁜 해에는 흉작 취약성을 줄이는 데 도움이 되는 비료와 기타 농업 투입물을 사용할 수 있게 하는 일이다.

기후 회복력이 높은 작물을 위한 마케팅과 식량 시스템에 대한 투자

식량 시스템은 개발도상국의 가난하고 외딴 지역 농부에게 농업 투입물을 마케팅하고 판매할 수 있는 더 나은 식량시장과 교통 인프라가 있어야 한다. 재식할 작물을 선택할 때 기후변화와 기후 변동성을 고려해야 한다는 것을 말하기는 쉽지만, 한 작물에서 다른 작물로 전환하는 데 필요한 적절한 제도와 마케팅, 수요 인프라를 구축하는 것은 훨씬 어렵다(Brown and Funk, 2008). 이 문제와 관련하여

다음 몇 가지 측면에서 날씨충격과 식량 접근성 감소에 대한 취약성을 줄이는 소농들의 능력을 향상시킬 수 있다.

- 교통 인프라를 향상시켜 농부와 시장 간 연결성을 강화한다.
- 소농의 제품 차별화를 강화하여 도시 시장에서 효과적으로 경쟁할 수 있게 하고, 가치사슬에서 더 높은 위치를 차지하게 한다.
- 각 경작지와 농민 사업체의 생산성을 늘려서 인구 성장률이 높고 소득이 낮은 지역에서 더 많은 식량과 소득을 올릴 수 있게 한다.

잠비아와 같은 국가에서는 점진적으로 농업개발이 축소되어 수확량이 정체되고 1인당 식량 생산량이 감소하였다(Funk and Brown, 2009). 이런 문제는 농업 투입물을 외딴 지역에 보급하고, 교통망을 강화하여 운송비를 줄이며, 새로운 농산품에 대한 강력하고 일관된 수요를 개발하는 포괄적인 새로운 방법을 함께 제공하지 않은 채, 신품종과 같은 단일 부문의 미봉책으로 농업을 탈바꿈시키는 것의 어려움을 잘 보여 준다. 더 생산적인 농장이 성공할 수 있게 하고 참여자들의 생활 수준을 높이려면, 가치사슬 전체를 탈바꿈해야 한다.

일반적으로 대부분의 저소득 국가에서는 농업이 고용의 주 원천이기 때문에 1인당 농업 생산을 늘리면 빈곤율이 줄고 식량보장도 향상될 것이라 생각하지만, 한 지역 내에서 식량 불안정에 시달리는 대부분의 사람들은 농업 부문에서도 가장 가난한 계층이다. 이들의 자원 접근성은 최악이며, 기회가 있을 때조차 시장에 접근해서 수익을 늘릴 수 있는 능력이 가장 낮다. 소농의 생산성을 크게 늘리면, 전체적인 식량 불안정을 줄이지 못한 채 많은 자원을 가진 계층의 생활 수준만 높일 수 있다. 농업 시스템 혁신에서 이익을 얻기에 충분한 수준의 전문성, 인맥, 자원을 축적할 수 있는 소농은 거의 없다. 가장 가난한 소농들이 파산해서 다른 생계 전략을 취하기 위해 도시 한계 지역으로 대거 이주할 가능성이 훨씬 더 크다. 이런 추세는 중국처럼 급속히 발전하는 많은 국가에서 이미 목격되고 있다(Qin, 2010).

농업개발과 경제개발

개발과 현대화에는 농촌 경제의 변신과 산업화를 통한 농업 부문의 생산성 증대가 포함된다. 이런 산업화에는 농장 집합체가 거대화되어 국제 원자재 시장에서 경쟁할 수 있는 더 효율적인 사업체가 되는 과정에서 소농장들이 용도가 변경되거나 방치되는 것도 포함될 수 있다. 거버넌스, 인구밀도, 교육, 교통, 막대한 자본 투자 필요성과 관련된 어려움 등을 고려할 때, 이런 변신이 일어날지는 물론이고, 현재 식량보장에 문제가 있는 외딴 지역에서 이런 일은 일어나야만 할지조차 매우 불확실하다.

일반적으로 농업개발의 비전에 관해서는 논란이 많다. 일부는 아프리카와 남아시아 농촌 빈곤층의 일자리를 창출하고 농업 생산성을 증대시킬 목적으로만 투자를 늘려야 한다고 생각한다. 새천년 마을프로젝트(Millennium Villages Project) 창립자인 색스(Jeffery Sachs)는 빈곤의 원인을 거버넌스, 역사, 문화에 대한 고려없이 지리(입지, 기후, 환경조건)에 초점을 맞추는 것이라 주장하였다(Rosen, 2013). 색스는 국제 의제에 개발이 지속적으로 올라 있게 하는 데 많은 공헌을 했지만, 제도나 정치적 변화에는 초점을 맞추지 않았으며, 이런 변화는 농촌 주민과 도시 주민의 빈곤을 줄이고 생활 조건을 개선하는 데 필요한 지속적인 투자가 이루어지도록 하는 것이 필수적이다. 경제개발과 관련된 더 광범위하고 극히 복잡한 문제들을 제쳐두면, 신기술과 새로운 정보가 농업 생산성 향상과 식량 접근성 문제에 대한 빈곤층의 취약성 감소와 나쁜 상황에 대응할 수 있는 정부의 능력 개선 등에 영향을 미칠 수 있다는 것을 보여 주는 몇 가지 사례가 있다.

문헌에서 언급된, 시장 기능 개선을 위한 접근법은 다음과 같은 것을 포함한다.

- 정부의 직접적인 식량시장 개입을 줄인다. 정부가 직접 개입하면, 시장이 예측 불가능한 행동을 더 많이 하게 되며, 한 시장에서 다른 시장으로 물건을 판매하여 이득을 볼 수 있는 기회에 상인들이 잘 반응하지 않게 된다(Minot, 2012).
- 개량 종자와 비료, 농약과 같은 농업 투입물에 대한 신용을 늘리고, 일관된 신용 시장을 제공하는 금융기관을 강화한다(Kherallah et al., 2000a).
- 시장 거래를 위한 법적 구조를 개발한다. 실행을 위해서 엄청난 비용이 소요되지만 장기적으로 볼 때 재산권의 투명성과 계약 집행력을 향상하고 시장 행위를 보장하고 시장 행위 규칙을 확립하면, 시장 참여자 모두의 위험이 줄어든다(Fafchamps, 2004).
- 교통 인프라와 유지보수에 대한 투자를 늘려서 생산적인 농촌 지역이 도시 시장에서 격리되는 현상을 줄인다(Garg et al., 2013; Dillon and Barrett, 2013).
- 농업기관에 대한 투자를 늘려서 과학 진보에 대한 적절한 농촌지도가 이루어지게 하고, 향상된 영농 관행이 현지 시장 기회와 농업 생태계에 적용되게 한다(Lofchie, 1987).
- 국가의 시장발전 모니터링 능력에 대한 효과적인 거버넌스를 촉진하여, 가격 전이(price transmission)와 시장 기능에 대한 이해를 증진한다(Brown et al., 2012).

- 소농들의 환금작물 투자를 장려하여 팽창하는 도시 지역의 수요를 충족한다(Woodward, 1995; Moseley, 2010; Moseley et al., 2010).
- 식량 불안정이 심한 가난한 공동체에 원조와 농촌지도 서비스를 집중하여 그들의 생계 접근법이 더 많은 회복력을 가지게 한다(Reardon and Taylor, 1996).
- 환율의 부정적 영향을 줄이는 지속가능하고 적절한 거시경제 정책과 농업 부문을 보호하는 산업 정책을 확립한다(Kherallah et al., 2000b).

식량 접근성 향상을 위한 개발 전략

10년 이상에 걸쳐서 식량보장이 식량 생산에 관한 것이 아니라는 점이 분명해졌다. 농업이 지배적인 생계 수단인 경제에서는 농가 소득을 늘려서 생산이 줄어들 때 가족이 식량을 구매할 수 있는 경제력을 가지게 하는 것은 중요한 목표이다. 또한 농부들은 빠른 속도로 팽창하는 근처 도시 지역에 잉여 식량을 공급하는 역할도 해야 한다. 소득을 늘리려면 교통, 법규, 시장 효율성, 농업기술, 제도적 지원 등 많은 부분이 발전해야 한다. 그러므로 식량보장을 달성하려면 다음이 필수적이다.

- 현지에서 접근 가능한 식량 생산이 충분히 이루어지게 한다.
- 현지 생계 옵션을 향상시켜 소득을 늘린다.
- 제도적 역량을 강화하여 농업으로의 기술 이전이 더 효율적으로 이루어지게 한다.
- 잉여 식량을 판매하고 생산량이 적을 때 필요한 식량을 구입할 수 있는 세계 시장에 접근할 수 있게 한다.

궁극적으로, 외부 개발 기금은 얻기 힘들며 지역 공동체의 요구에 초점을 맞추기도 어렵기 때문에 농업 공동체의 요구를 충족시키는 일은 민간 부문에 달려 있다(Brown, 2006). 식량 불안정에 시달리는 사람들의 소득을 향상시키기에 충분한 경제성장을 이루는 것은 궁극적으로 그들 자신의 몫이다. 지난 30년 동안의 교훈은 무섭다. 민간 부문의 참여와 기관의 참여 수준 및 정직성 향상, 개선된 개발, 그리고 그 결과로 나타나는 식량보장의 진전이 보장되어야 발전할 수 있다.

참고문헌

Alderman, H. and Haque, T. (2006) Countercyclical safety nets for the poor and vulnerable. *Food Policy*, 31, 372-383.

Anderson, K. and Nelgen, S. (2012) Trade barrier volatility and agricultural price stabilization. *World Development*, 40, 36-48.

Banerjee, A. V. and Duflo, E. (2011) *Poor economics: A radical rethinking of the way to fight global poverty*, Philadelphia, PA, PublicAffairs.

Barrett, C. B. and Bellemare, M. F. (2011, July 12) Why food price volatility doesn't matter: Policy makers should focus on bringing costs down. *Foreign Affairs*.

Bindraban, P. S. and Rabbinge, R. (2012) Megatrends in agriculture: Views for discontinuities in past and future developments. *Global Food Security*, 1, 99-105.

Brown, M. E. (2006) Assessing natural resource management challenges in Senegal using data from participatory rural appraisals and remote sensing. *World Development*, 34, 751-767.

Brown, M. E. and Funk, C. C. (2008) Food security under climate change. *Science*, 319, 580-581.

Brown, M. E., Hinterman, B. and Higgins, N. (2009) Markets, climate change, and food security in West Africa. *Environmental Science and Technology*, 43, 8016-8020.

Brown, M. E., Osgood, D. E. and Carriquiry, M. A. (2011) Science-based insurance. *Nature Geoscience*, 4, 213-214.

Brown, M. E., Tondel, F., Essam, T., Thorne, J. A., Mann, B. F., Leonard, K., Stabler, B. and Eilerts, G. (2012) Country and regional staple food price indices for improved identification of food insecurity. *Global Environmental Change*, 22, 784-794.

Busu, K. (2010) The economics of food grain management in India. *Working Paper 2/2010*, Ministry of Finance, Government of India.

Casanovas, M. D. C., Lutter, C. K., Mangasaryan, N., Mwadime, R., Hajeebhoy, N., Aguilar, A. M., Kopp, C., Rico, L., Ibiett, G., Andia, D. and Onyango, A. W. (2013) Multi-sectoral interventions for healthy growth. *Maternal and Child Nutrition*, 9, 46-57.

Clarke, D. J., Mahul, O., Rao, K. N. and Verma, N. (2012) Weather based crop insurance in India. *Policy Research Working Paper*, Washington DC, World Bank.

Cole, S., Giné, X., Tobacman, J., Topalova, P., Townsend, R. and Vickery, J. (2009) Barriers to household risk management: Evidence from India. New York, Federal Reserve Bank of New York.

Dangour, A. D., Green, R., Häsler, B. H., Rushton, J., Shankar, B. and Waage, J. (2012) Symposium 1: Food chain and health linking agriculture and health in low- and middle-income countries: An interdisciplinary research agenda. *Proceedings of the Nutrition Society*, 71, 222-228.

Dillon, B. M. and Barrett, C. B. (2013) Global crude to local food: An empirical study of global oil price pass-through to maize prices in East Africa. Ithaca NY, Cornell University.

Do, Q.-T., Levchenko, A. A. and Ravallion, M. (2013) Trade insulation as social protection. Washington DC,

World Bank.

Essam, T. (2013) Using satellite-based remote sensing data to assess millet price regimes and market performance in Niger. College Park MD, University of Maryland.

Fafchamps, M. (2004) *Market institutions in sub-saharan Africa: Theory and evidence*, Cambridge MA, MIT Press.

Funk, C. and Brown, M. E. (2009) Declining global per capital agricultural capacity and warming oceans threaten food security. *Food Security Journal*, 1, 271-289.

Garg, T., Barrett, C. B., Gómez, M. I., Lentz, E. C. and Violette, W. J. (2013) Market prices and food aid local and regional procurement and distribution: A multi-country analysis. *World Development*, 49, 19-29.

Gilbert, C. L. (2011) International commodity agreements and their current relevance for grains prices stabilization. *Safeguarding food security in volatile global markets.* Rome, Italy, Food and Agriculture Organization.

Giné, X. and Yang, D. (2009) Insurance, credit, and technology adoption: Field experimental evidence from Malawi. *Journal of Development Economics*, 89, 1-11.

Gouel, C. (2013) Food price volatility and domestic stabilization policies in developing countries. *WP6393.* Washington DC, World Bank.

Grosh, M., Ninno, C. D., Tesliuc, E. and Ouerghi, A. (2008) For protection and promotion: The design and implementation of effective safety nets. Washington DC, World Bank.

Hamukwala, P. T., Tembo, G., Larson, D. and Erbaugh, M. (2010) Sorghum and pearl millet improved seed value chains in Zambia: Challenges and opportunities for smallholder farmers. Lusaka, Zambia, University of Zambia and International Sorghum and Millet Collaborative Research Support Program (INTSORMIL/CRSP).

Hansen, J. W., Mason, S. J., Sun, L. and Tall, A. (2011) Review of seasonal climate forecasting for agriculture in sub-Saharan Africa. *Experimental Agriculture*, 47, 205-240.

Harding, R. and Wantchekon, L. (2012) Food security and public investment in rural infrastructure: Some political economy considerations. *Working Paper 2012-017*, New York, United Nations Development Programme, Regional Bureau for Africa.

Hazell, P., Anderson, J., Balzer, N., Hastrup Clemmensen, A., Hess, U. and Rispoli, F. (2010) Potential for scale and sustainability in weather index insurance for agriculture and rural livelihoods. Rome, Italy, International Fund for Agricultural Development and World Food Programme.

Headey, D. D. (2013) The impact of the global food crisis on self-assessed food security. *World Bank Economic Review*, 27, 1-27.

Helmuth, M. E., Osgood, D., Hess, U., Moorhead, A. and Bhojwani, H. (2009) Index insurance and climate risk: Prospects for development and disaster management. *Climate and Society No. 2*, New York, International Research Institute for Climate and Society, Columbia University.

Husak, G. J., Funk, C. C., Michaelsen, J., Magadzire, T. and Goldsberry, K. P. (2013) Developing seasonal rainfall scenarios for food security early warning. *Theoretical and Applied Climatology*, 111, 1-12.

Ihle, R., Cramon-Taubadel, S. V. and Zorya, S. (2011) Measuring the integration of staple food markets in subsaharan Africa: Heterogeneous infrastructure and cross border trade in the east African community. *CESifo*

Working Paper No. 3413, Göttingen, Münchener Gesellschaft zur Förderung der Wirtschaftswissenschaft - CESifo GmbH [Munich Society for the Promotion of Economic Research].

Iizumi, T., Sakuma, H., Yokozawa, M., Luo, J.-J., Challinor, A. J., Brown, M. E., Sakurai, G. and Yamagata, T. (2013) Prediction of seasonal climate-induced variations in global food production. *Nature Climate Change*, 3, 904-908.

Kepe, T. and Tessaro, D. (2012) Integrating food security with land reform: A more effective policy for South Africa. *CIGI-Africa Initiative Policy Brief*, Waterloo, Canada, Centre for International Governance Innovation (CIGI).

Kherallah, M., Delgado, C., Gabre-Madhin, E., Minot, N. and Johnson, M. (2000a) Agricultural market reforms in sub-saharan Africa: A synthesis of research findings. Washington DC, International Food Policy Research Institute.

Kherallah, M., Delgado, C., Gabre-Madhin, E., Minot, N. and Johnson, M. (2000b) The road half traveled: Agricultural market reform in sub-saharan Africa. Washington DC, IFPRI.

Lofchie, M. F. (1987) The decline of African agriculture: An internalist perspective. In Glantz, M. H. (Ed.) *Drought and hunger in Africa: Denying famine a future*, Cambridge, Cambridge University Press.

MacLean, L. M. (2002) Constructing a social safety net in Africa: An institutionalist analysis of colonial rule and state social policies in Ghana and Côte d'Ivoire. *Studies in Comparative International Development*, 37, 64-90.

Minot, N. (2012) Food price volatility in Africa: Has it really increased? *IFPRI Discussion Paper 01239*, Washington DC, International Food Policy Research Institute.

Miranda, M. J. and Helmberger, P. G. (2012) Export restrictions and price insulations during commodity price booms. *American Journal of Agricultural Economics*, 94, 422-427.

Moseley, W. G. (2010) Neoliberal policy, rural livelihoods and urban food security in West Africa: A comparative study of the Gambia, Côte d'Ivoire and Mali. *Proceedings of the National Academy of Sciences*, 107, 5774-5779.

Moseley, W. G., Carney, J. and Becker, L. (2010) Neoliberal policy, rural livelihoods, and urban food security in West Africa: A comparative study of the Gambia, Côte d'Ivoire, and Mali. *Proceedings of the National Academy of Sciences*, 107, 5774-5779.

Nelson, G. C., Rosegrant, M. W., Palazzo, A., Gray, I., Ingersoll, C., Robertson, R., Tokgoz, S., Zhu, T., Sulser, T. B., Ringler, C., Msangi, S. and You, L. (2010) Food security, farming, and climate change to 2050: Scenarios, results, policy options. Washington DC, International Food Policy Research Institute.

Nin-Pratt, A., Johnson, M., Magalhaes, E., You, L., Diao, X. and Chamberlin, J. (2011) Yield gaps and potential agricultural growth in west and central Africa. *Research Monograph 170*, Washington DC, International Food Policy Research Institute.

Oxfam (2011) Horn of Africa risk transfer for adaptation. Washington DC, Oxfam America.

Paarlberg, R. L. (2002) Governance and food security in an age of globalization. *Food, agriculture and the environment Discussion Paper 36*, Washington DC, International Food Policy Research Institute.

Porteous, O. C. (2012) Empirical effects of short-term export bans: The case of African maize. *Draft Working Paper*, Berkeley, CA, University of California.

Poulton, C., Kydd, J., Wiggins, S. and Dorward, A. (2006) State intervention for food price stabilization in Africa: Can it work? *Food Policy*, 31, 342-356.

Qin, H. (2010) Rural-to-urban labor migration, household livelihoods, and the rural environment in Chongqing municipality, southwest China. *Human Ecology*, 38, 675-690.

Rashid, S., Gulati, A. and Cummings Jr., R. (2008) From parastatals to private trade. *IFPRI Issue Brief 50*, Washington DC, International Food Policy Research Institute.

Reardon, T. and Taylor, J. E. (1996) Agroclimatic shock, income inequality, and poverty: Evidence from Burkina Faso. *World Development*, 24, 901-914.

Rosen, A. (2013, January 10) It's the politics, stupid: What Jeffrey Sachs' development work is missing. *Atlantic*.

Sen, A. K. (1981) *Poverty and famines: An essay on entitlements and deprivation*, Oxford, Clarendon Press.

Sharma, D. (2013) Paradox of plenty: India's problem is how to manage food surplus. And ensure millions don't go to bed hungry. *Ground Reality: Understanding the politics of food, agriculture and hunger*. Blogspot.com.

Smaling, E. M., Nandwa, S. M. and Janssen, B. H. (1997) Soil fertility in Africa is at stake. In Buresh, R. J., Sanchez, P. A., and Calhoun, F. G. (Eds.) *Replenishing soil fertility in Africa*, Madison WI, Amercan Society of Agronomy and the Soil Science Society of America.

Stewart, W. M., Dibb, D. W., Johnston, A. E. and Smyth, T. J. (2005) The contribution of commercial fertilizer nutrients to food production. *Agronomy Journal*, 97, 1-6.

Syngenta (2011) Agricultural index insurance initiative. Basel, Switzerland, Syngenta Foundation for Sustainable Agriculture.

Timmer, C. P. (2010) Reflections on food crises past. *Food Policy*, 35, 1-11.

Tschirley, D. and Jayne, T. S. (2010) Exploring the logic behind southern Africa's food crises. *World Development*, 38, 76-87.

UNDP (2012) Africa human development report 2012: Towards a food secure future. Rome, Italy, United Nations Development Programme.

Williams, J. C. and Wright, B. D. (1991) *Storage and commodity markets*, New York, Cambridge University Press.

Woodward, D. (1995) Structural adjustment, cash crops, and food security. *International Technology*, 12-15.

World Bank (2012) Using public food grain stocks to enhance food security. *Agricultural and rural development, economic and sector work*. Washington DC, World Bank.

Wu, F. and Guclu, H. (2013) Global maize trade and food security: Implications from a social network mode. *Risk Analysis*, 33, 2168-2178.

You, L., Ringler, C., Nelson, G., Wood-Sichra, U., Robertson, R., Wood, S., Guo, Z., Zhu, T. and Sun, Y. (2010) What is the irrigation potential for Africa? A combined biophysical and socioeconomic approach. Washington DC, International Food Policy Research Institute.

삽화

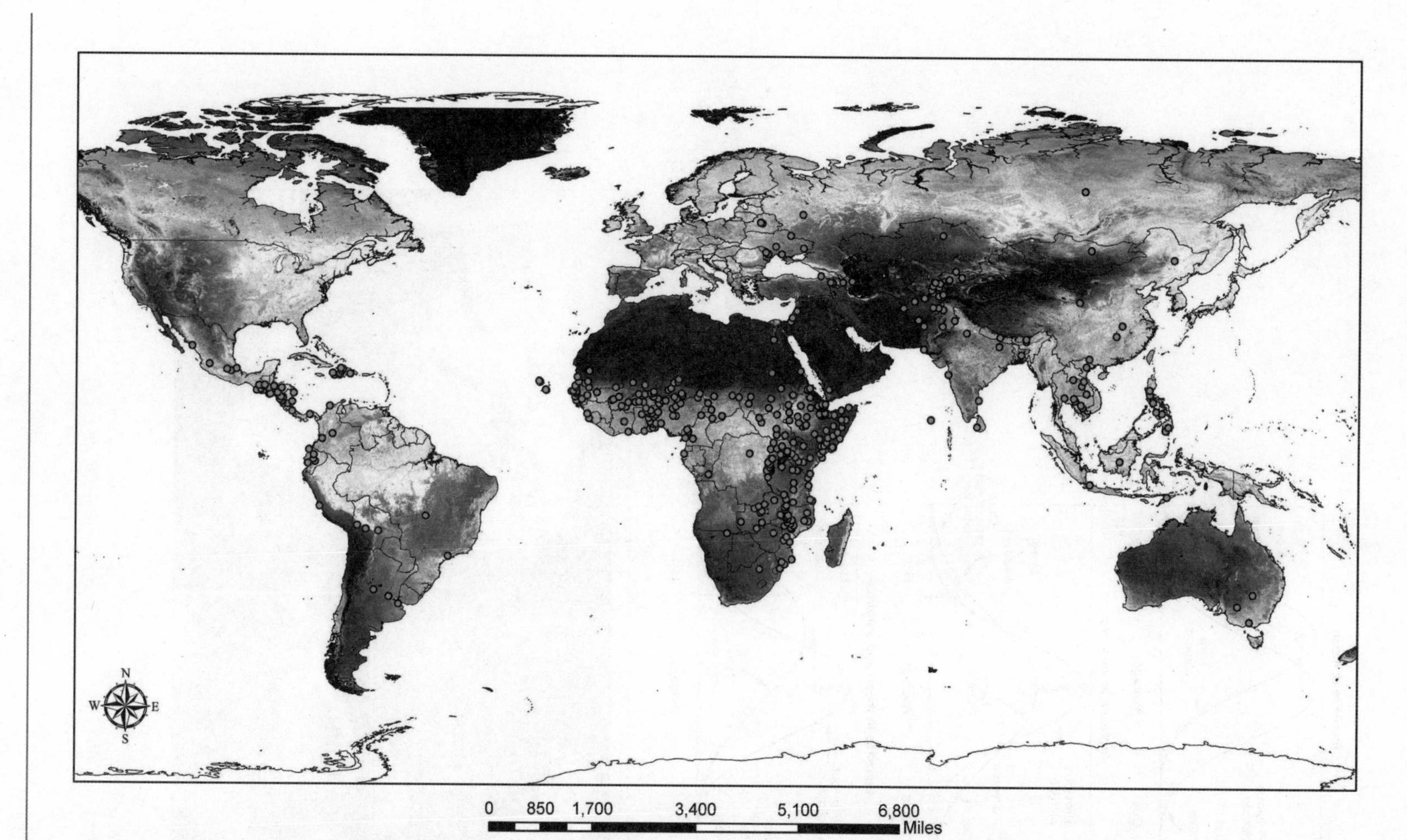

삽화 1. UN 조기식량경보 시스템에서 구한 정기적으로 식량가격이 업데이트되는 지역과 UASAID의 조기기근경보 시스템망의 가격 자료(출처: Mark Carroll)

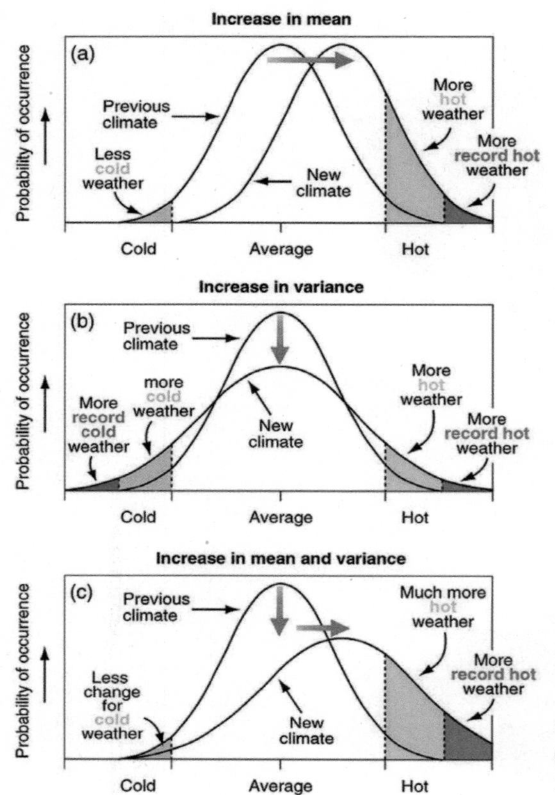

삽화 2. 정규분포하는 기온에서 (a) 평균기온이 상승하는 경우, (b) 분산이 커지는 경우, (c) 평균과 분산이 모두 커지는 경우 극한 기온에 대한 효과(출처: IPCC(2007)의 그림 2.32)

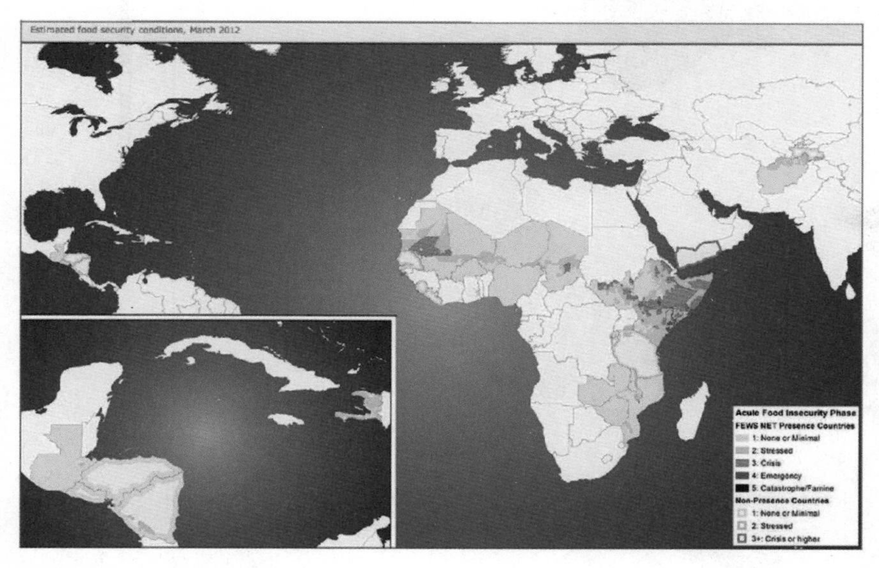

삽화 3. 2012년 FEWS NET 국가의 분포

주: 초록색이나 적황색은 국가 사무소가 있는 국가. 컬러 외곽선은 FEWS NET 보고는 있지만 지역 사무소가 없는 국가. 현지 식량보장 상황에 대한 보다 정확한 견해와 뉘앙스를 볼 수 있는 식량보장 상황에 대한 준국가적 대표성에 주목해야 한다.

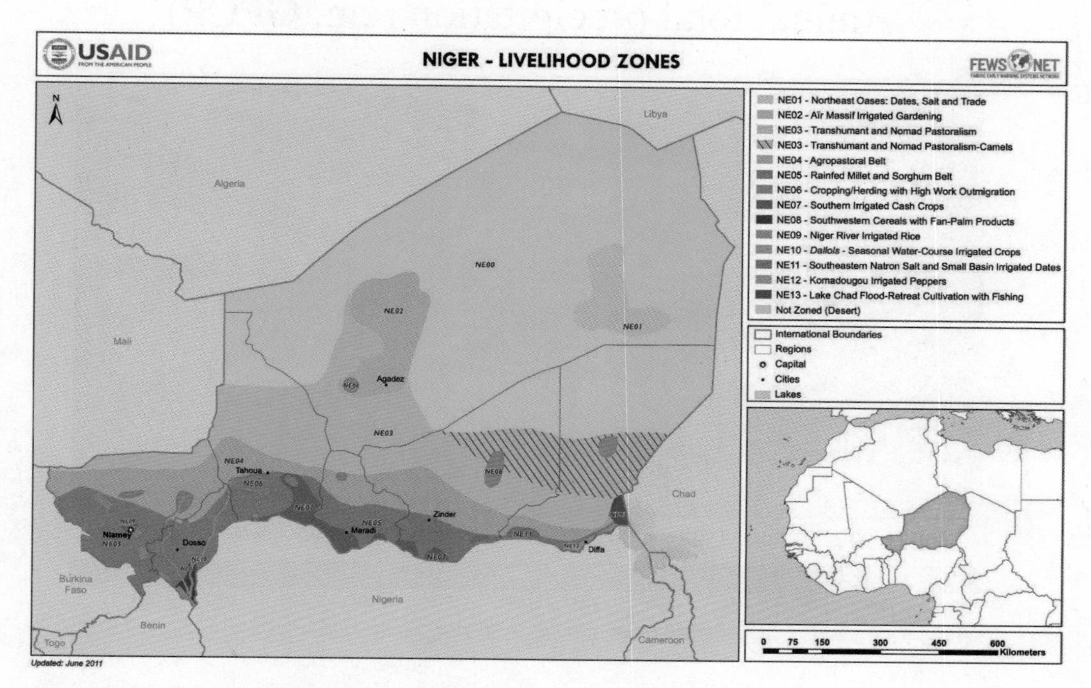

삽화 4. 니제르의 생계 구역(출처: FEWS NET Niger livelihood zoning document, 2011)

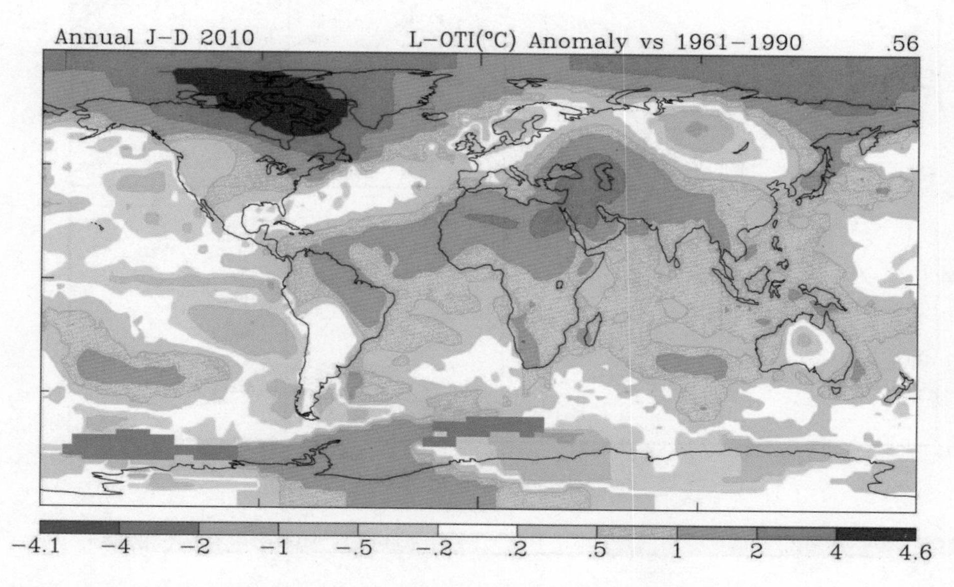

삽화 5. 1951–1980년 평균기온 14℃에 대한 과거 129년 동안의 전구 관측기온 편차 기록(출처: Hansen et al.(2006)의 자료를 사용하여 작성한 NASA Goddard Institute for Space Studies)

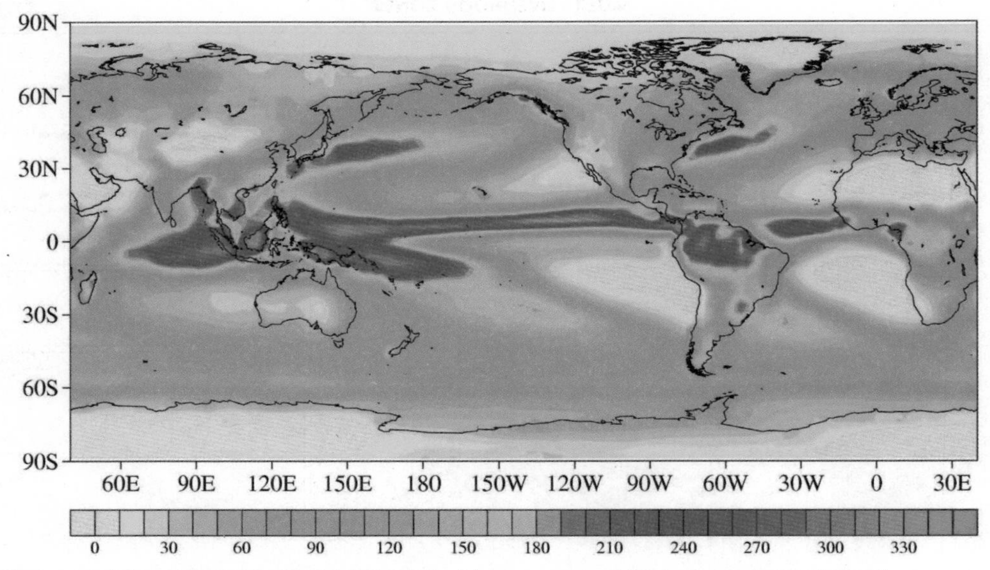

삽화 6. GPCP 버전 2.2의 1988-2004년 동안의 연강수량(cm) (Adler et al., 2003) (출처: NOAA 지구시스템 연구실)

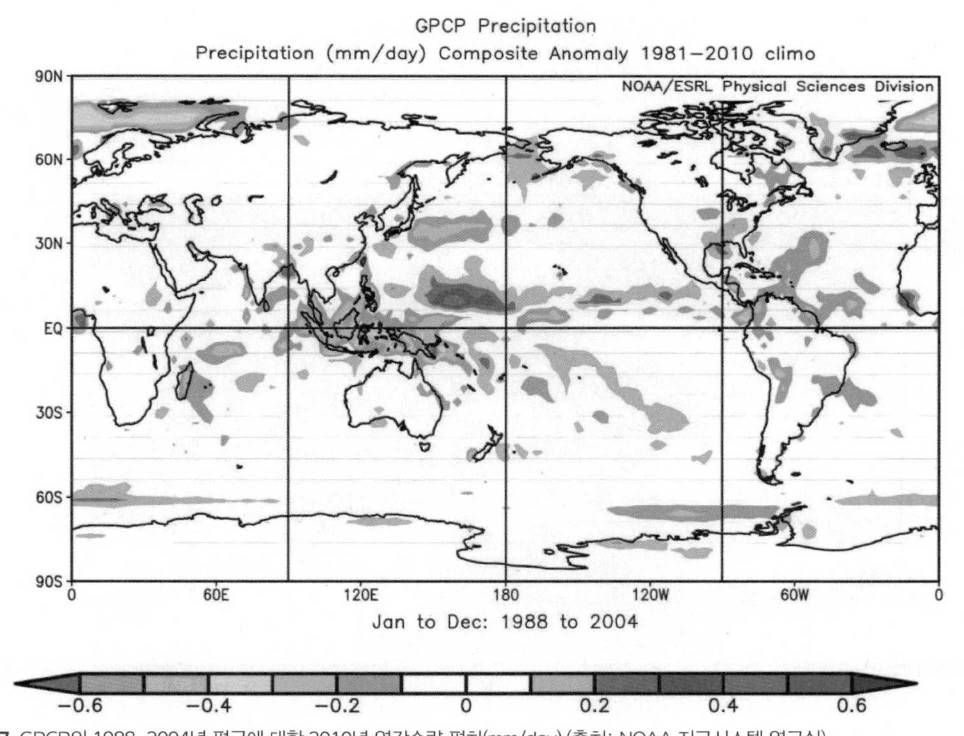

삽화 7. GPCP의 1988-2004년 평균에 대한 2010년 연강수량 편차(mm/day) (출처: NOAA 지구시스템 연구실)

주: 해양에서의 편차가 대륙에서보다 훨씬 크지만, 이런 경향은 일반적으로 관측기간이 짧고 강수량 변동이 큰 특성 때문에 약하다 (Adler et al., 2003).

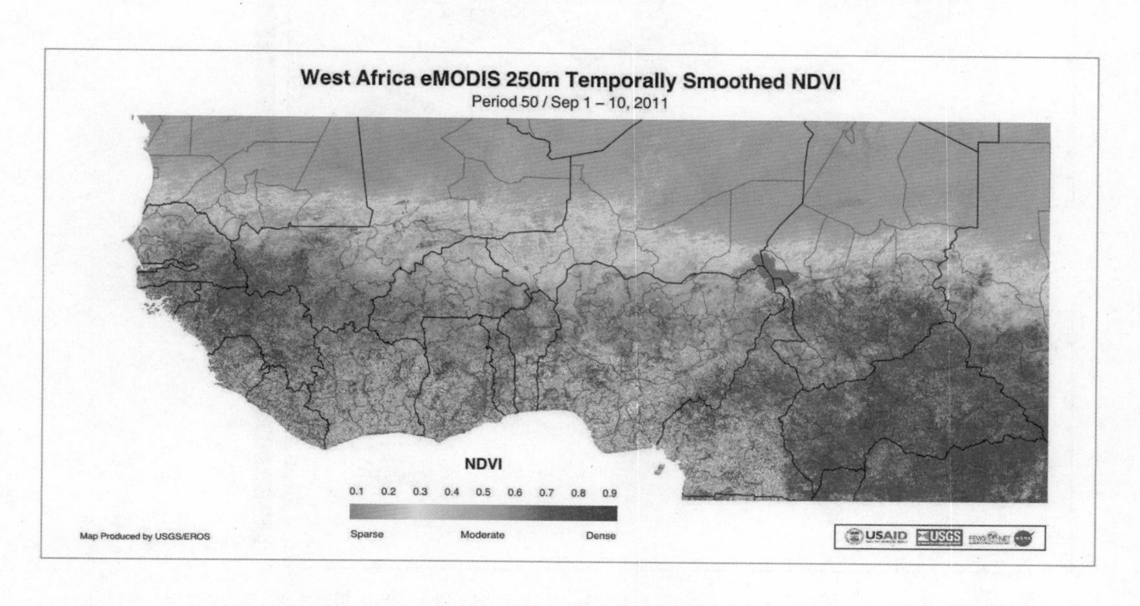

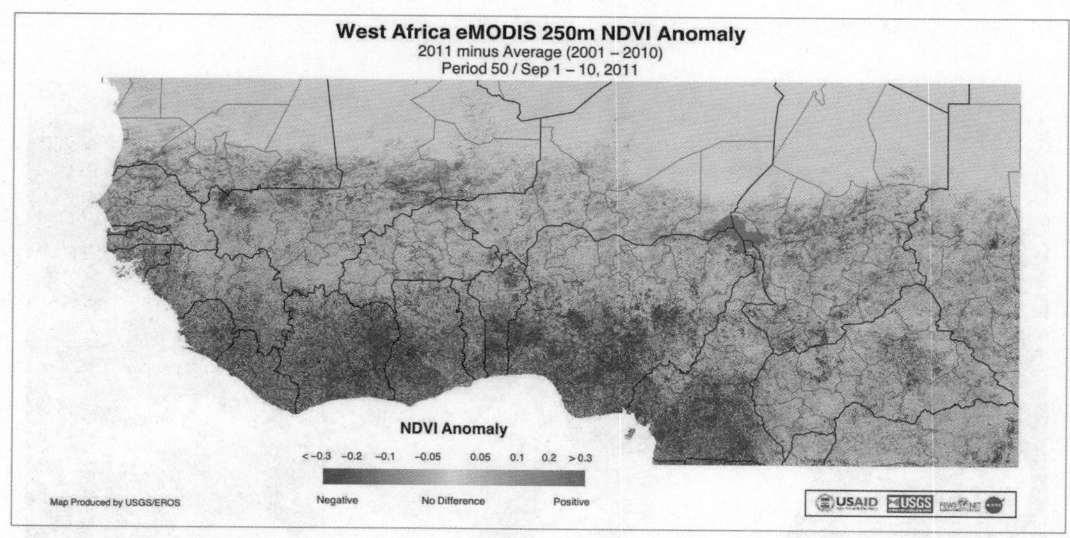

삽화 8. MODIS 자료를 사용한 서아프리카의 NDVI 2010년 9월 1-10일의 평균(A)과 2001-2010년 평균에 대한 편차(B) (출처: 사우스 다코타의 수폴스(Sioux Falls)의 USGS EROS에서 만든 지도로 USGS 조기경보자료 웹사이트에 등재)
주: 갈색은 NDVI가 평균 이하인 지역이고, 초록색은 식생밀도가 평균 이상인 지역임.

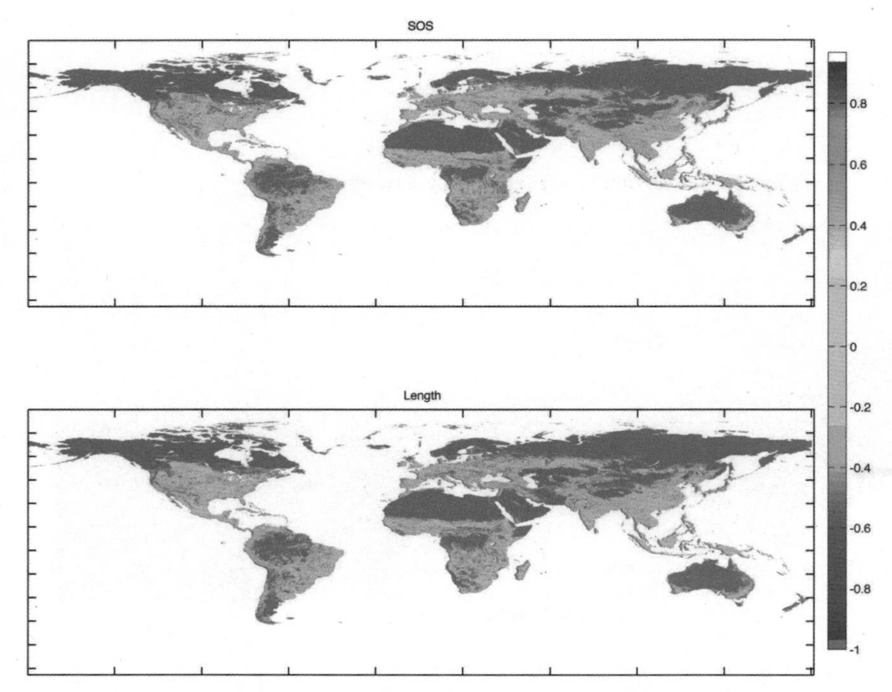

삽화 9. NDVI 자료를 사용한 모델에서 구한 생물계절의 변화 경향. 위 지도는 계절의 시작시기, 아래는 계절의 길이를 나타냄(출처: Brown et al.(2012)에 표현된 자료를 사용하여 그림).

삽화 10. 말리 몹티(Mopti)의 소규모 주말 곡물시장(저자 사진)

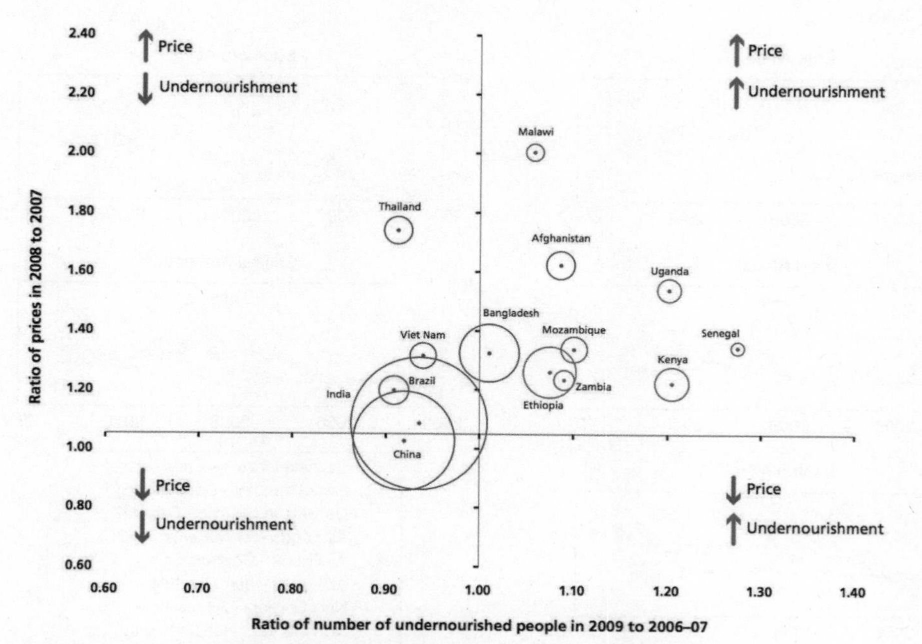

삽화 11. 국가별 식량가격에 대한 탄력성의 차이(출처: FAO(2011), UN 저작권 소유)

주: 원의 크기는 2008년 영양실조 인구에 비례한다. 빨간색, 초록색은 각각 아프리카, 아시아, 라틴아메리카 국가를 나타낸다. 사용된 가격은 각 시장의 인구와 각 주식의 에너지 섭취 정도의 가중치가 부여된 물가 상승을 조정한 주요 시장에서 주식의 소매가격이다.

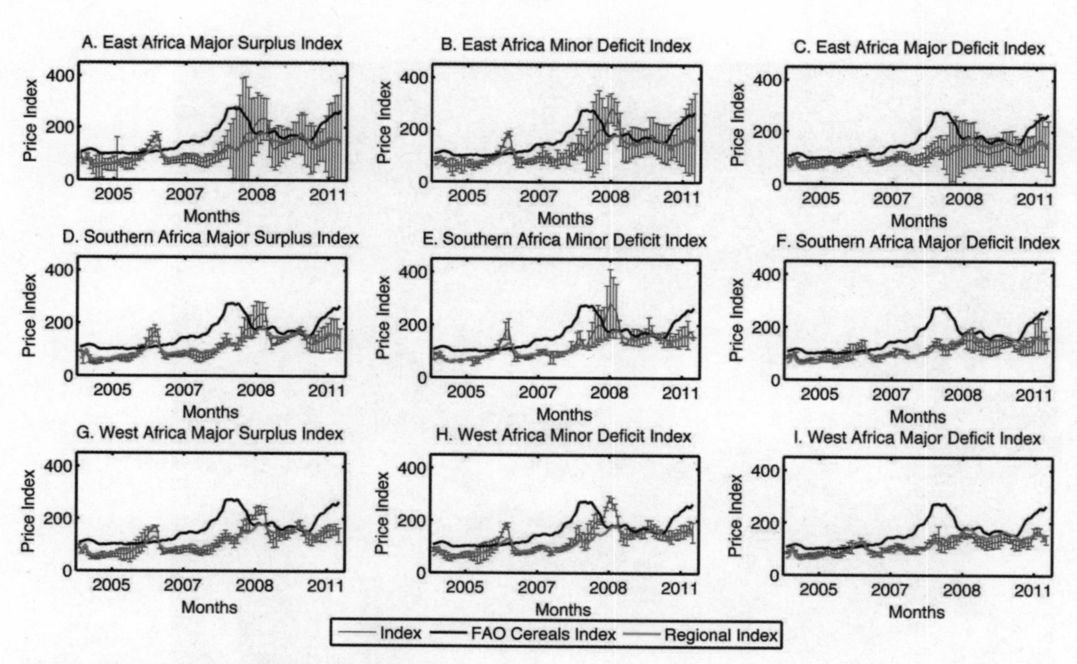

삽화 12. 지역별 가격지수(출처: Brown et al.(2012))

주: 그림은 서, 동, 남 아프리카의 지역별 가격지수(굵은선)와 FAO 곡물가격(검은선), 대규모 과잉과 소규모 부족, 대규모 부족 지역의 가격지수(가는 파란선)를 보여 준다. 오차막대는 모든 표본 시장의 각 시기에 가격의 범위를 보여 준다.

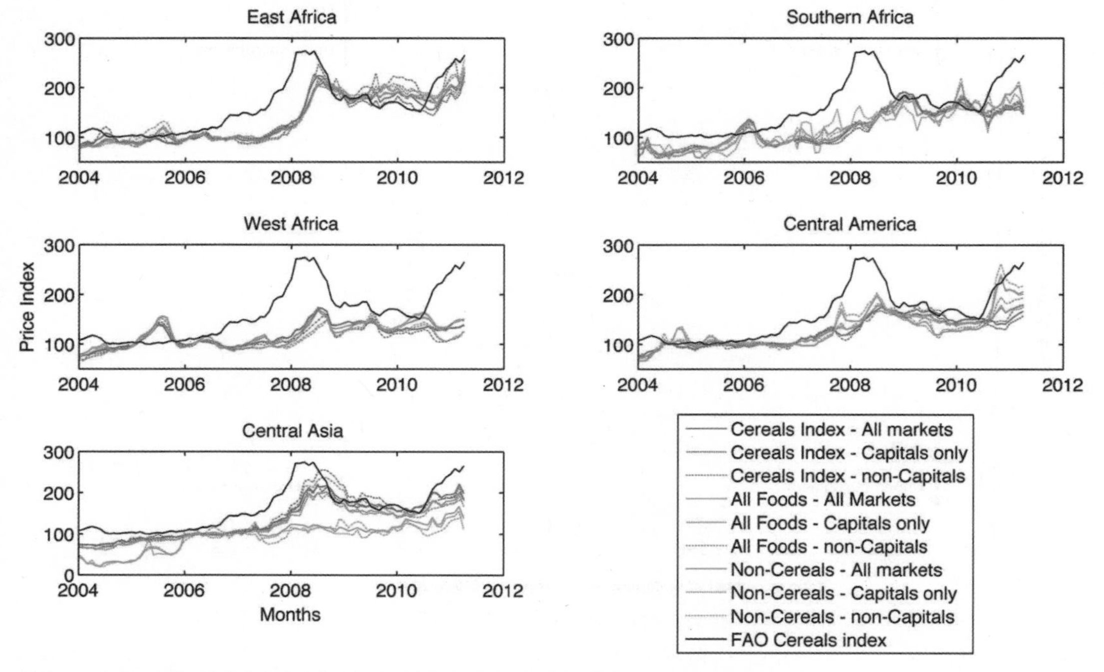

삽화 13. 서, 동, 남 아프리카와 중앙아메리카, 남아시아의 지역별 가격지수(출처: Brown et al., 2012)
주: 각 그림에 곡물, 비곡물, 원자재, 수도의 시장과 비수도 도시의 시장 가격이 FAO 곡물 가격지수와 함께 제시되어 있다.

삽화 14. 태국 방콕의 야외 채소시장(저자 사진)

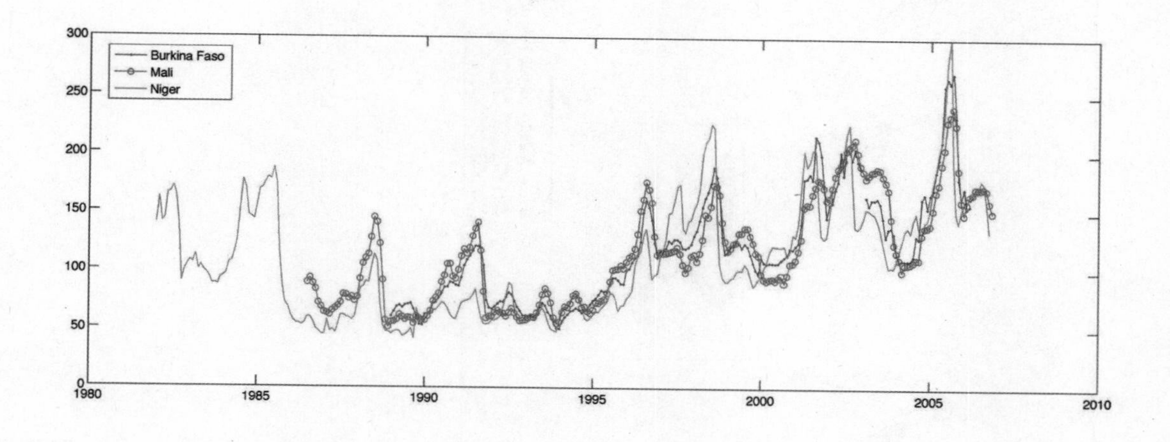

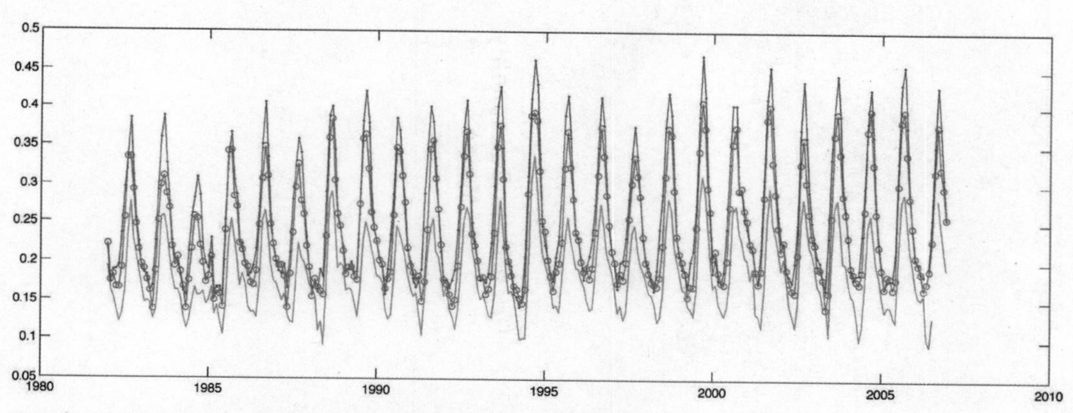

삽화 15. 1982-2007년 동안 부르키나파소와 말리, 니제르의 평균 기장 가격(위)과 평균 NDVI

주: NDVI 자료는 각 기간 동안 각 시장 주변의 평균이며, 국가별로 모든 시장을 평균한 값이다.

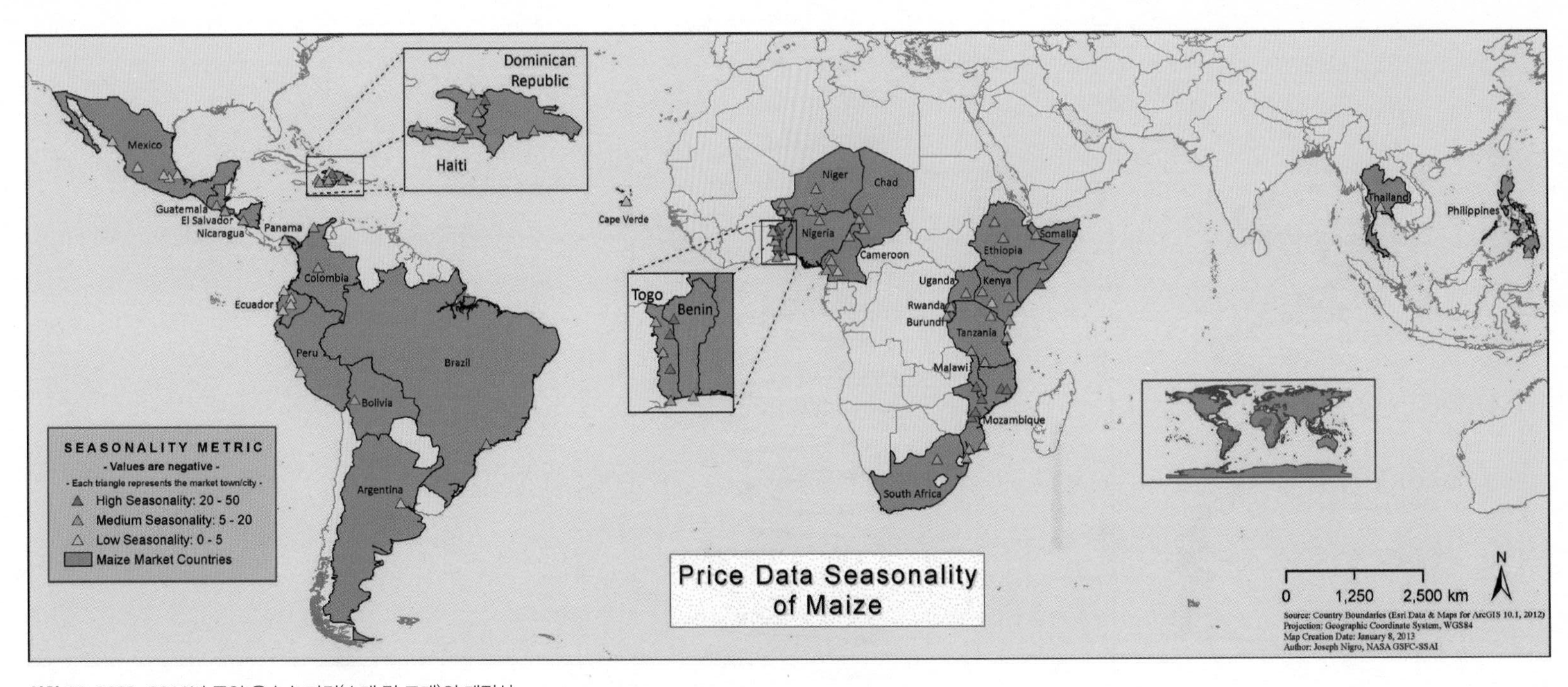

삽화 16. 2003-2011년 동안 옥수수 가격(소매 및 도매)의 계절성

주: 값은 옥수수 자료 기간 동안 최대 계절의 백분율 증가임.

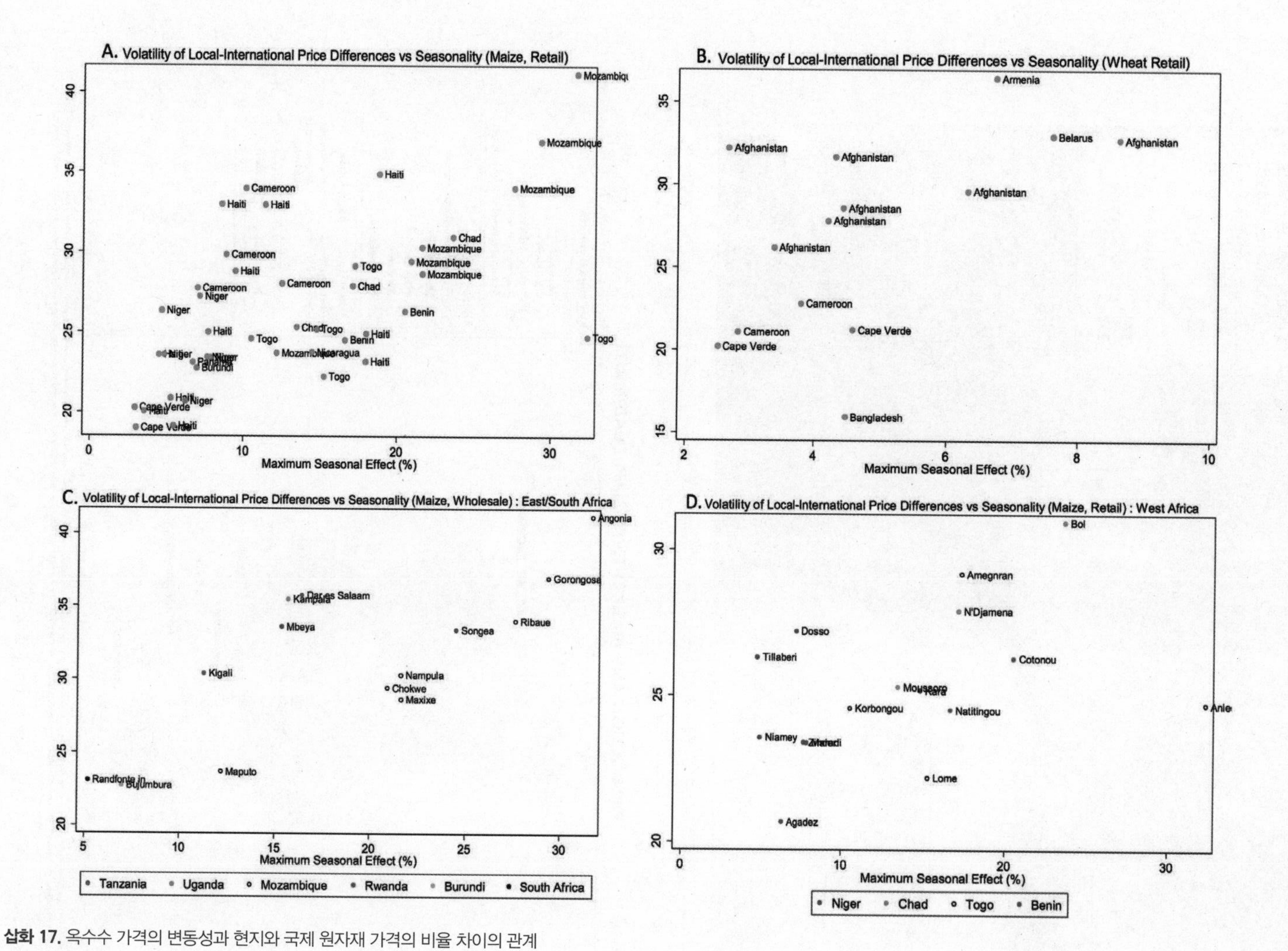

삽화 17. 옥수수 가격의 변동성과 현지와 국제 원자재 가격의 비율 차이의 관계

주: 산포도는 옥수수 가격의 변동성(월별 표준편차의 변화 비율)과 현지 시장과 국제시장에서 원자재 가격의 비율 차이(A), 밀 가격 변동성과 현지와 국제 밀 가격의 비율 차이(B), 동·남아프리카의 옥수수 가격 변동성과 계절성(C), 서아프리카의 옥수수 소매가격의 변동성과 계절성(D)을 보여 준다. 옥수수의 경우, 국가별로 여러 도시가 사용되어 같은 국가에 여러 사례가 있다.

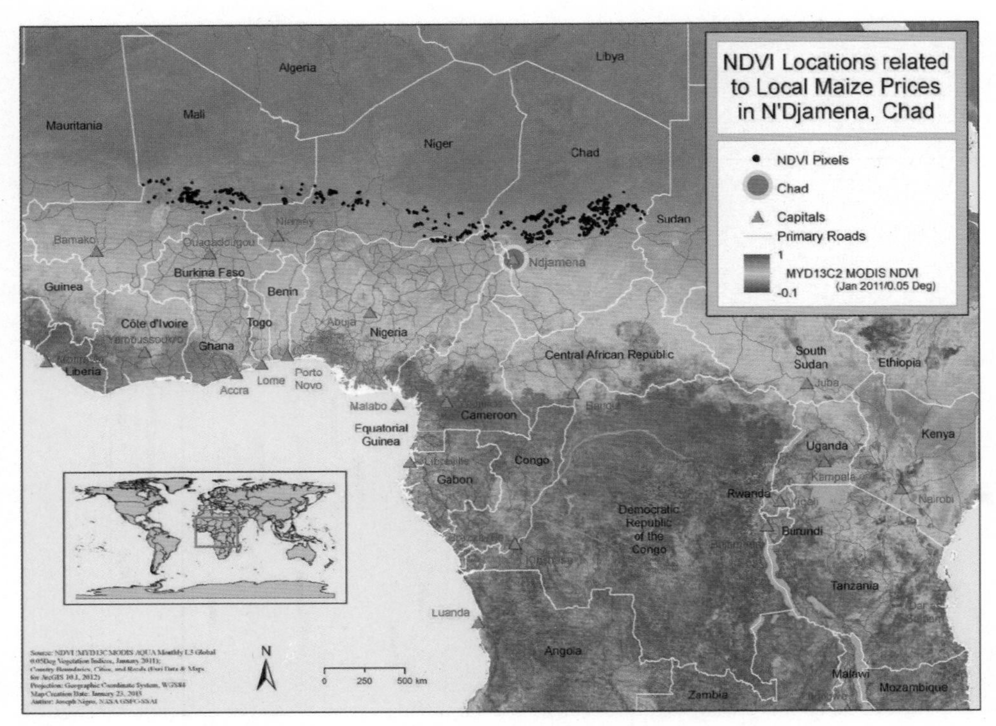

삽화 18. 2003-2008년 동안 차드 은자메나의 옥수수 가격과 관련된 NDVI 분포

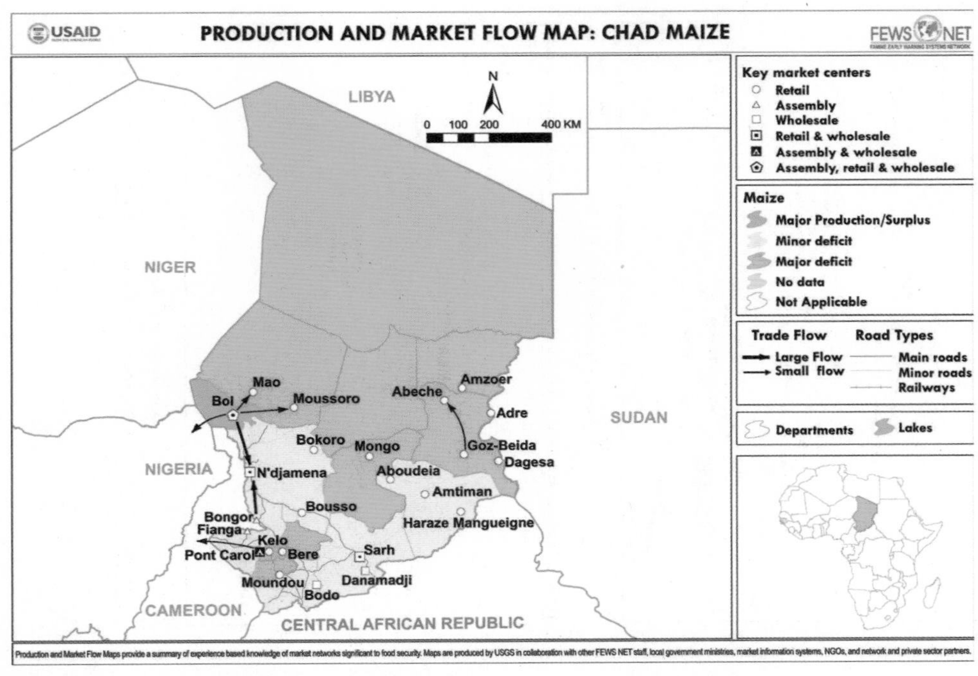

삽화 19. 차드의 교역 흐름(FEWS NET의 시장과 무역부)

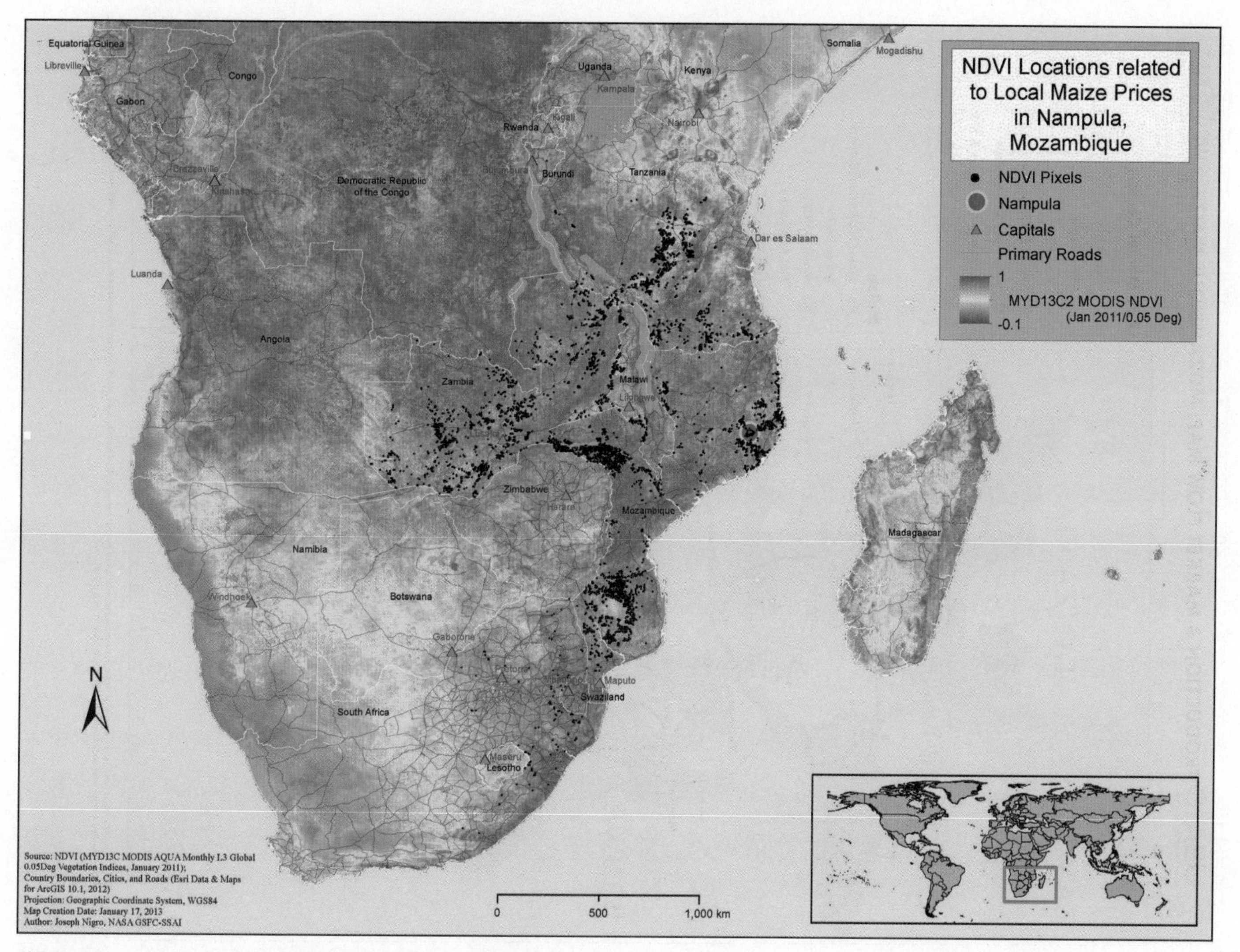

삽화 20. 2003–2008년 동안 모잠비크 남풀라의 옥수수 가격과 관련된 NDVI 분포

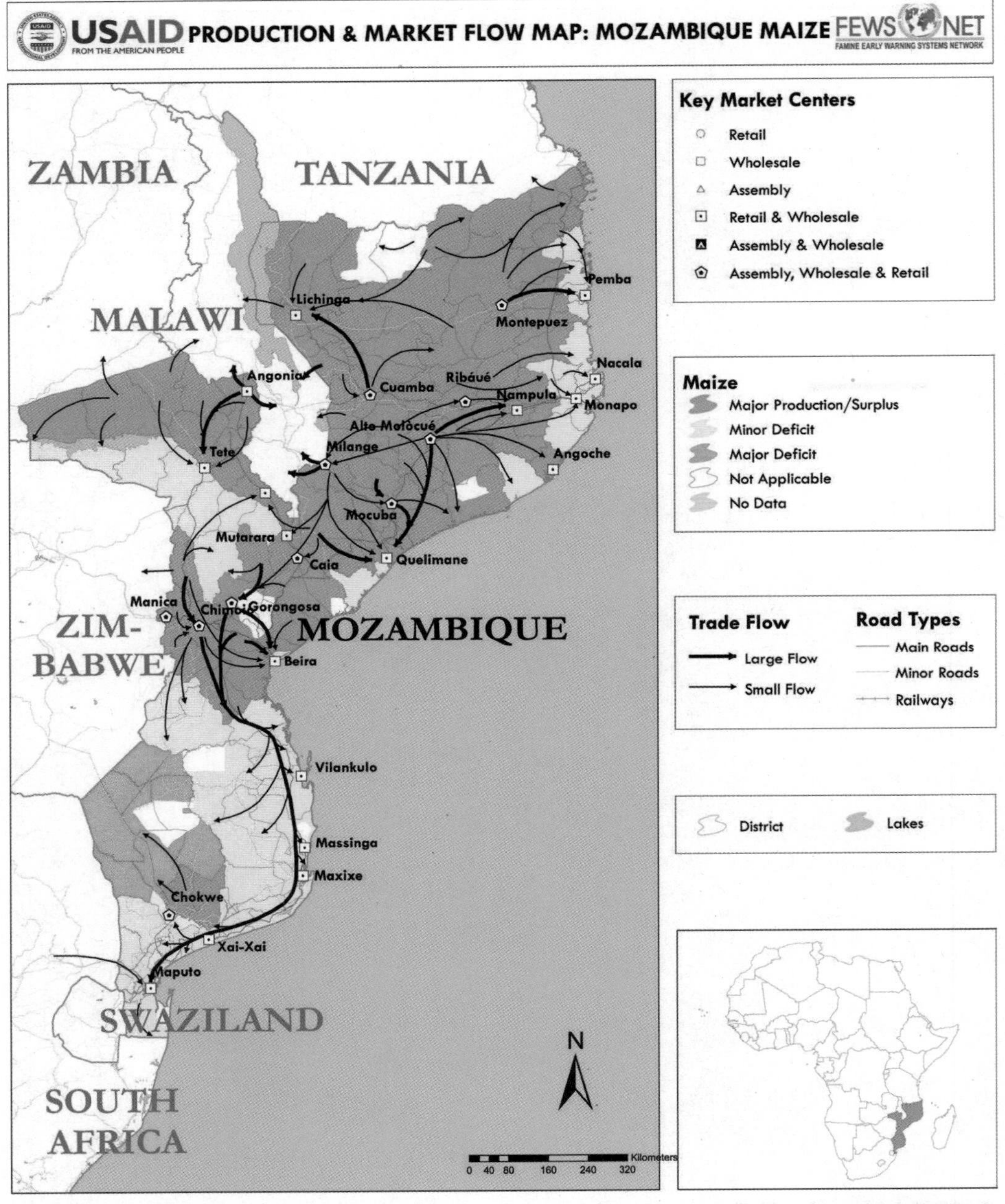

삽화 21. 모잠비크의 무역 흐름(FEWS NET의 시장과 무역부)

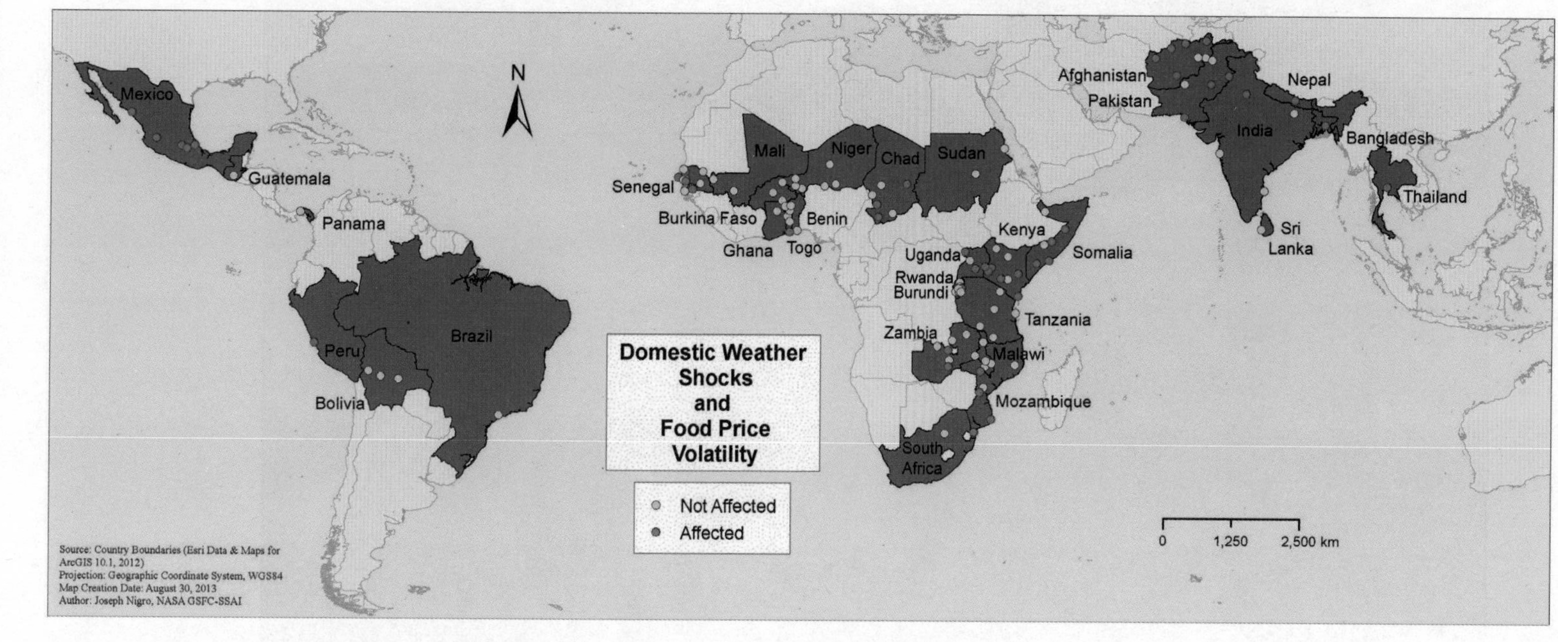

삽화 22. 지역별 2008–2012년 동안 쌀, 밀, 기장, 수수, 옥수수의 현지 가격에 대한 날씨 영향과 국제 가격충격의 분포

삽화 23. 에티오피아 티그라이주의 아디하에서 답사를 통하여 얻은 테프 재배 지역
출처: 미시간대학교 Bristol Mann의 사진을 허가받아 제공받음.